Mathematik Primarstufe und Sekundarstufe I + II

Reihe herausgegeben von

Friedhelm Padberg, Universität Bielefeld, Bielefeld, Deutschland

Andreas Büchter, Universität Duisburg-Essen, Essen, Deutschland

Die Reihe „Mathematik Primarstufe und Sekundarstufe I + II" (MPS I+II) ist die führende Lehrbuchreihe im Bereich Mathematik und ihre Didaktik für die Lehrämter aller Schulstufen. Sie wurde von Prof. Dr. Friedhelm Padberg als Herausgeber gegründet und mehrere Jahrzehnte lang von ihm gestaltet. Zielgruppen sind Lehrende und Studierende an Universitäten und Pädagogischen Hochschulen, Referendar:innen sowie Lehrkräfte, die nach neuen Ideen für ihren täglichen Unterricht suchen.

Die Reihe enthält eine große Anzahl weit verbreiteter und bekannter Klassiker sowohl bei den speziell für die Lehrkräftebildung konzipierten Mathematikwerken als auch bei den Werken zur Didaktik der Mathematik für die Primarstufe (einschließlich der frühen mathematischen Bildung), die Sekundarstufe I und die Sekundarstufe II. Aktuell werden mit weit über 50 lieferbaren sowie einer großen Zahl in Planung befindlicher Bände alle relevanten Themenfelder bedient.

Die schon langjährige Position als Marktführerin wird durch in regelmäßigen Abständen erscheinende, gründlich überarbeitete Neuauflagen ständig neu erarbeitet und ausgebaut. Ferner wird durch die Einbindung jüngerer Koautor:innen bei schon lange laufenden Titeln gleichermaßen für Kontinuität und Aktualität der Reihe gesorgt. Die Reihe wächst seit Jahren dynamisch und behält dabei die sich ständig verändernden Anforderungen an den Mathematikunterricht und die Lehrkräftebildung im Auge.

Friedhelm Padberg ist im deutschsprachigen Raum als einer der renommiertesten Autoren und Herausgeber mathematikdidaktischer und mathematischer Grundlagenwerke bekannt und geschätzt und hat selbst zahlreiche Bücher in dieser Reihe geschrieben. Nach seinem Tod führt Prof. Dr. Andreas Büchter, der schon seit über einem Jahrzehnt als Mitherausgeber und Autor fungiert, die Reihe in seinem Sinne weiter.

Konkrete Hinweise auf weitere Bände dieser Reihe finden Sie am Ende dieses Buches und unter http://www.springer.com/series/8296

Gilbert Greefrath · Reinhard Oldenburg ·
Hans-Stefan Siller · Volker Ulm ·
Hans-Georg Weigand

Digitalisierung im Mathematikunterricht

Theorie und Praxis digitaler Medien
in der Sekundarstufe I

Springer Spektrum

Gilbert Greefrath
Institut für Didaktik der Mathematik und der
Informatik
Universität Münster
Münster, Deutschland

Hans-Stefan Siller
Lehrstuhl für Didaktik der Mathematik
Universität Würzburg
Würzburg, Deutschland

Hans-Georg Weigand
Lehrstuhl für Didaktik der Mathematik
Universität Würzburg
Würzburg, Deutschland

Reinhard Oldenburg
Institut für Mathematik
Universität Augsburg
Augsburg, Deutschland

Volker Ulm
Lehrstuhl für Mathematik und ihre Didaktik
Universität Bayreuth
Bayreuth, Deutschland

ISSN 2628-7412   ISSN 2628-7439 (electronic)
Mathematik Primarstufe und Sekundarstufe I + II
ISBN 978-3-662-68681-2   ISBN 978-3-662-68682-9 (eBook)
https://doi.org/10.1007/978-3-662-68682-9

Die Deutsche Nationalbibliothek verzeichnet diese Publikation in der Deutschen Nationalbibliografie; detaillierte bibliografische Daten sind im Internet über https://portal.dnb.de abrufbar.

Planung/Lektorat: Iris Ruhmann
Springer Spektrum ist ein Imprint der eingetragenen Gesellschaft Springer-Verlag GmbH, DE und ist ein Teil von Springer Nature.
Die Anschrift der Gesellschaft ist: Heidelberger Platz 3, 14197 Berlin, Germany

Wenn Sie dieses Produkt entsorgen, geben Sie das Papier bitte zum Recycling.

Hinweis des Herausgebers

Dieser Band von Gilbert Greefrath, Reinhard Oldenburg, Hans-Stefan Siller, Volker Ulm und Hans-Georg Weigand thematisiert Digitalisierung im Mathematikunterricht mit theoretischen und konzeptionellen Grundlagen sowie unterrichtspraktischen Beispielen zu allen Themengebieten der Sekundarstufe I. Der Band erscheint in der Reihe Mathematik Primarstufe und Sekundarstufe I + II, aus der Sie insbesondere die folgenden Bände unter mathematikdidaktischen oder mathematischen Gesichtspunkten interessieren könnten:

- H. Albrecht: Elementare Koordinatengeometrie
- H. Albrecht: Geometrie und GPS
- S. Bauer: Mathematisches Modellieren
- A. Büchter/H.-W. Henn: Elementare Analysis
- A. Büchter/F. Padberg: Arithmetik und Zahlentheorie
- R. Danckwerts/D. Vogel: Analysis verständlich unterrichten
- A. Filler: Elementare Lineare Algebra
- C. Geldermann et al.: Unterrichtsentwürfe Mathematik Sekundarstufe II
- G. Greefrath: Anwendungen und Modellieren im Mathematikunterricht
- G. Greefrath et al.: Didaktik der Analysis
- K. Heckmann/F. Padberg: Unterrichtsentwürfe Mathematik Sekundarstufe I
- H.-W. Henn/A. Filler: Didaktik der Analytischen Geometrie und Linearen Algebra
- H. Humenberger/B. Schuppar: Mit Funktionen Zusammenhänge und Veränderungen beschreiben
- H. Kautschitsch/G. Kadunz: Elemente der Codierungstheorie
- K. Krüger et al.: Didaktik der Stochastik in der Sekundarstufe I
- H. Kütting/M. Sauer: Elementare Stochastik
- T. Leuders: Erlebnis Algebra
- F. Padberg/A. Büchter: Elementare Zahlentheorie
- F. Padberg/S. Wartha: Didaktik der Bruchrechnung
- A. Pallack: Digitale Medien im Mathematikunterricht der Sekundarstufe I + II
- B. Schuppar/H. Humenberger: Elementare Numerik für die Sekundarstufe

- B. Schuppar: Geometrie auf der Kugel
- V. Ulm/M. Zehnder: Mathematische Begabung in der Sekundarstufe
- H.-G. Weigand et al.: Didaktik der Algebra
- H.-G. Weigand et al.: Didaktik der Geometrie für die Sekundarstufe I
- G. Wittmann: Elementare Funktionen und ihre Anwendungen

Essen   Andreas Büchter
Nov 2023

Vorwort

Die Digitalisierung im Schulunterricht hat sich in den letzten Jahren und Jahrzehnten erheblich beschleunigt. So wurden durch die fortschreitende Ausstattung der Schulen mit moderner Hard- und Software sowie durch die weitgehend allgemeine Verfügbarkeit mobiler Technologien bei Schülerinnen und Schülern die technischen Voraussetzungen geschaffen, um digitale Medien adäquat einsetzen zu können. Von politischer Seite ist dabei mehrfach und nachdrücklich auf die Bedeutung einer „Bildung in der digitalen Welt" (KMK, 2017) oder die Notwendigkeit einer „Bildungsoffensive für die digitale Wissensgesellschaft" (BMBF, 2016) hingewiesen worden. Schließlich ist im Rahmen der Neubearbeitung der Bildungsstandards der KMK von 2022 für den Mathematikunterricht die Kompetenz „Mit Medien mathematisch arbeiten" in den Kanon der prozessbezogenen Kompetenzen aufgenommen worden. Mathematische Bildung in der digitalen Welt wird dabei durch den Leitsatz beschrieben: „Fachliche Kompetenzen digital zu fördern und digitale Kompetenzen fachlich zu fördern" (KMK, 2022, S. 13).

Die Mathematikdidaktik beschäftigt sich seit Jahrzehnten mit dem sinnvollen Einsatz digitaler Medien im Mathematikunterricht. Das Buch „Computer im Mathematikunterricht" von Hans-Georg Weigand und Thomas Weth hat im Jahr 2002 den damaligen Stand der Diskussion vor allem in den Bereichen der Algebra und Geometrie für die Sekundarstufe I abgebildet. Seitdem ist die Entwicklung mit großen Schritten vorangegangen. Digitale Medien sind im Mathematikunterricht zu obligatorischen Lernwerkzeugen und Unterrichtsmedien geworden, sie sind in den Konzeptionen der Schulbücher fest verankert, und sie werden zunehmend auch in Prüfungen verwendet.[1] In der Mathematikdidaktik und der Didaktik allgemein sind zahlreiche theoretische Konzeptionen und Unterrichtsvorschläge entwickelt und vielfach in – auch längerfristigen – empirischen Untersuchungen überprüft worden (z. B. Pinkernell et al., 2022). Es gibt allerdings auch warnende Stimmen im Hinblick auf eine übertriebene

---

[1] Hier gibt es bzgl. der Zulassung von digitalen Medien deutschlandweit im Jahr 2024 und wohl auch in den Folgejahren erhebliche Unterschiede zwischen den Bundesländern und auch weltweit unterschiedliche Entwicklungen.

Technikgläubigkeit und den Verlust traditioneller Inhalte sowie wichtiger Fertigkeiten durch die Auslagerung von Wissens- und Könnenselementen an technische Geräte. Diese Argumente und Einwände gilt es kritisch zu reflektieren.

Das vorliegende Buch ist eine vollständige Neubearbeitung von „Computer im Mathematikunterricht" aus dem Jahr 2002. Es greift einerseits die dort entwickelten Inhalte und Theorien des Einsatzes der nach wie vor im Mathematikunterricht zentralen digitalen Werkzeuge – insbesondere Computeralgebrasysteme, dynamische Geometriesysteme und Tabellenkalkulation – auf und stellt deren technische und inhaltliche Fort- und Weiterentwicklung im Rahmen der Sekundarstufe I heraus. Es erweitert andererseits den Blick auf eine größere Vielfalt an digitalen Medien im Hinblick auf allgemeine digitale Werkzeuge – wie etwa Internet-Browser oder 3D-Druck – sowie mathematikspezifische digitale Lernmedien – wie etwa interaktive Lernumgebungen, digitale Schulbücher, virtuelle und augmentierte Realitäten.

Dieses Buch wendet sich an Studierende des Lehramts Mathematik, an Referendarinnen und Referendare sowie praktizierende Lehrkräfte. Es zeigt sowohl durch theoretische Überlegungen und Konzeptionen als auch an vielen unterrichtspraktischen Beispielen, wie digitale Medien, also z. B. Taschenrechner, Computer, Laptops oder Smartphones und das Internet mit der entsprechenden Software, als Lern- und Lehrhilfsmittel sowie als sinnvolle Werkzeuge in den Unterricht integriert werden können. Dabei wird sich deren Einsatz stets am zentralen Ziel des Mathematikunterrichts orientieren, die Entwicklung vielfältiger Kompetenzen bei Schülerinnen und Schülern nachhaltig zu unterstützen.

Das Buch konzentriert sich auf Inhalte der Sekundarstufe I, also Zahlen, Algebra, Funktionen, Geometrie sowie Statistik und Stochastik. Es ist das Ziel, neue Wege zu bewährten, traditionellen Zielen des Mathematikunterrichts aufzuzeigen. Es will auch zur eigenständigen Auseinandersetzung mit digitalen Medien stets inhaltsbezogen anregen, weshalb am Ende jedes Kapitels Aufgaben zur individuellen Bearbeitung angefügt sind.

Zu diesem Buch gibt es eine eigene Internetseite: www.digitalisierung-im-mathematikunterricht.de, auf der zusätzliche bzw. ergänzende Materialien (z. B. Konstruktionen mit dynamischer Mathematiksoftware, Tabellenkalkulationsblätter, Programmcode) bereitgestellt werden.

Die Autoren dieses Buches möchten postum ihre Wertschätzung für Friedhelm Padberg zum Ausdruck bringen und dafür danken, dass er die Aufnahme des Buches in diese Reihe des Springer Spektrum Verlages ermöglicht hat. Unserem Kollegen Andreas Büchter danken wir dafür, dass er die kritische Durchsicht des Manuskripts übernommen und zahlreiche Denkanstöße gegeben hat. Bei unserem Kollegen Thomas Weth bedanken wir uns besonders für sein Einverständnis, dass Ideen und Inhalte des Buches von 2002 auch in die Neuauflage übernommen werden konnten.

Januar 2024, die Autoren

Literatur

BMBF. (Hrsg.). (2016). *Bildungsoffensive für die digitale Wissensgesellschaft.* KMK. https://www.kmk.org/fileadmin/pdf/Themen/Digitale-Welt/Bildungsoffensive_fuer_die_digitale_Wissensgesellschaft.pdf. Zugegriffen am 05.05.2024.

KMK. (Hrsg.). (2017). *Bildung in der digitalen Welt. Strategie der Kultusministerkonferenz.* KMK. https://www.kmk.org/aktuelles/artikelansicht/strategie-bildung-in-der-digitalen-welt.html. Zugegriffen am 05.05.2024.

KMK. (Hrsg.). (2022). *Bildungsstandards für das Fach Mathematik. Erster Schulabschluss (ESA) und Mittlerer Schulabschluss (MSA) (Beschluss der Kultusministerkonferenz vom 15.10.2004 und vom 04.12.2003, i.d.F. vom 23.06.2022).* Sekretariat der Ständigen Konferenz der Kultusminister der Länder in der Bundesrepublik Deutschland. https://www.kmk.org/fileadmin/Dateien/veroeffentlichungen_beschluesse/2022/2022_06_23-Bista-ESA-MSA-Mathe.pdf. Zugegriffen am 05.05.2024.

Pinkernell, G., Reinhold, F., Schacht, F., & Walter, D. (Hrsg.) (2022). *Digitales Lehren und Lernen von Mathematik in der Schule* (S. 91–108). Springer Spektrum.

Weigand, H.-G., & Weth, Th. (2002). *Computer im Mathematikunterricht – Neue Wege zu alten Zielen.* Springer Spektrum.

Inhaltsverzeichnis

Digitale Medien – Kompetenzen und Herausforderungen

In diesem einführenden Kapitel spannen wir einen Theorierahmen für die nachfolgenden Kapitel auf. Wir klären die Begriffe *digitale Medien* sowie *digitale Werkzeuge* und betrachten sie insbesondere aus kognitiver Perspektive. Mit engem Bezug zu Beschlüssen der Kultusministerkonferenz der Länder in der Bundesrepublik Deutschland konkretisieren wir, welche mathematischen und medienbezogenen Kompetenzen Schülerinnen und Schüler in der Sekundarstufe I mit digitalen Medien erwerben sollen. Wir beschreiben Kompetenzen von Lehrkräften für ein Unterrichten mit digitalen Medien, diskutieren zugehörige im Schulalltag zu bewältigende Herausforderungen und lenken den Blick auf Leistungserhebungen mit digitalen Medien.

1.1 Arten digitaler Medien

Die Begriffe *digitale Medien* und *digitale Werkzeuge* verwenden wir in einem weiten Sinn und orientieren uns an der Übertragung aus dem gegenständlich-technischen Bereich. Allgemein ist ein Medium etwas Vermittelndes, etwa zwischen Personen und mathematischen Inhalten (Reinhold et al., 2023). Ein *Medium* „ermöglicht oder erleichtert die Information bzw. den Austausch von Information: Es dient zur Wahrnehmung, zur Mitteilung und zur Kommunikation" (Heymann, 2013, S. 140). Entsprechend können *digitale Medien* „als Träger oder Übermittler von Informationen" (Heintz et al., 2017, S. 13) auf der Basis von Informationstechnologien beschrieben werden. Unter einem *Werkzeug* verstehen wir „ein Hilfsmittel für das aktive Handeln. … Werkzeuge in diesem Sinne sind außer den bekannten Werkzeugen des Handwerkers beispielsweise … Zeichengeräte [und] Taschenrechner" (Heymann, 2013, S. 140).

G. Greefrath et al., *Digitalisierung im Mathematikunterricht*, Mathematik Primarstufe und Sekundarstufe I + II, https://doi.org/10.1007/978-3-662-68682-9_1

Digitale Lernmedien und digitale Werkzeuge

Unter den weiten Begriff der digitalen Medien fallen sowohl Hardware als auch Software. Wir betrachten im vorliegenden Buch vor allem Letztere: Software, die dem Lehren und Lernen von Mathematik dienen kann. Auf technische Geräte wie etwa Laptops, Tablets, Smartphones, interaktive Whiteboards oder Beamer gehen wir dabei nur insofern ein, als wir sie als technische Voraussetzungen ansehen, um Software in der Schule nutzen zu können.

In Abb. 1.1 ist dargestellt, welche Arten digitaler Medien im vorliegenden Buch im Hinblick auf Mathematikunterricht im Fokus stehen. *Digitale Lernmedien* wurden konzipiert, um Lernprozesse anzustoßen und zu begleiten; Beispiele sind Erklärvideos oder interaktive Lernumgebungen. Hingegen sind *digitale Werkzeuge* universell einsetzbare digitale Medien wie z. B. Browser, dynamische Geometriesysteme (DGS), Tabellenkalkulation (TK) oder Computeralgebrasysteme (CAS) zur Bearbeitung einer breiten Klasse von Problemen – auch unabhängig von Lehr-Lern-Prozessen. Allerdings können digitale Werkzeuge als flexibel einsetzbare Hilfsmittel auch das Lehren und Lernen unterstützen (Heintz et al., 2017, S. 13).

Mathematikspezifische digitale Lernmedien Im Bereich digitaler Lernmedien betrachten wir solche mit spezifischem inhaltlichem Bezug zum Fach Mathematik. *Mathematikspezifische digitale Lernmedien* zielen also explizit darauf ab, dass Lernende mathematische Kompetenzen entwickeln.

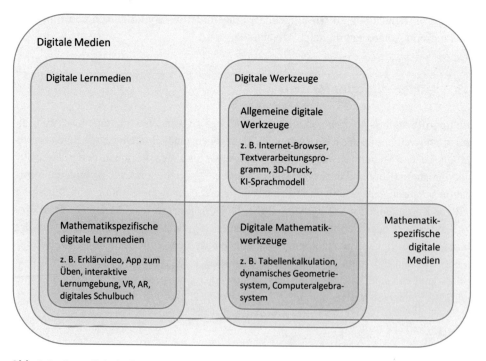

Abb. 1.1 Arten digitaler Medien

Ein Beispiel sind *Erklärvideos* zu mathematischen Inhalten; sie haben in den letzten Jahren bei vielen Schülerinnen und Schülern vor allem im Hinblick auf die Vorbereitung auf Prüfungen und die Wiederholung von Unterrichtsinhalten große Nachfrage und Beliebtheit erlangt (Engelbrecht et al., 2020). Die Homeschooling-Situation im Rahmen der COVID-19-Pandemie in den Jahren 2020 bis 2022 hat dazu nicht unerheblich beigetragen (Thurm & Graewert, 2022). Eine Fülle an Erklärvideos zu mathematischen Inhalten ist etwa auf YouTube zu finden. Aus fachdidaktischer Sicht wird an zahlreichen dieser Videos kritisiert, dass hier das Training von prozeduralen Fertigkeiten (zu) häufig (zu) sehr im Vordergrund steht, ohne dass der theoretische konzeptionelle Hintergrund mit aufgegriffen wird (etwa Bersch et al., 2020; Korntreff & Prediger, 2021). Darüber hinaus ist eine Konzentration auf algebraische und analytische Themen zu beobachten, wohingegen geometrische und stochastische Themen unterrepräsentiert sind (Bednorz & Bruhn, 2021). Es existieren inzwischen verschiedene Instrumente, die eine Qualitätsbeurteilung solcher Videos ermöglichen. Ein aus der Mathematikdidaktik stammender Fragebogen, mit dem sich zentrale Elemente von Erklärvideos in Form einer Likert-Skala beurteilen lassen, findet sich bei Bruder et al. (2015).

Die zunehmende Vernetzung digitaler Lernmedien und digitaler Werkzeuge führt in der Mathematik zu mathematikspezifischen digitalen Medien in Form interaktiver digitaler Lernumgebungen. *Interaktive Lernumgebungen* organisieren und regulieren Lernprozesse für selbstständiges Arbeiten, integrieren digitale Werkzeuge, bieten individuell abrufbare Hilfen sowie Möglichkeiten der Reflexion und Kontrolle des Gelernten (Roth, 2022, S. 110 f.). Es gibt unterschiedliche Klassifizierungen interaktiver Lernumgebungen (vgl. etwa Pepin et al., 2017). In technischer Hinsicht lassen sie sich z. B. als HTML-, wiki-, LMS-Pfade[1] oder GeoGebraBooks[2] erstellen. Zahlreiche Beispiele finden sich bei Lehrer Online,[3] etwa die Lernumgebung zu Sportwetten, die in Kap. 6 thematisiert wird, weiterhin unter den Lernpfaden auf https://unterrichten.zum.de/wiki/Mathematik-digital und https://projekte.zum.de/wiki/Digitale_Werkzeuge_in_der_Schule oder den zahlreichen Lernvideos und interaktiven Übungsaufgaben mit Musterlösungen bei Serlo.[4]

In neuerer Zeit erlangen *Virtual* und *Augmented Reality* im beruflichen und privaten Leben eine immer größere Bedeutung. Zum Teil haben diese digitalen Medien auch bereits ihren Weg in die Schule gefunden. Virtuelle Realität oder Virtual Reality (VR) ermöglicht es, reale (dreidimensionale) Umgebungen zu simulieren und der Betrachterin oder dem Betrachter die Illusion zu vermitteln, sich in dieser virtuellen Umgebung bewegen zu können (Dörner et al., 2019). Dies geschieht in der Regel durch die Verwendung einer VR-Brille mit einem entsprechenden Headset (vgl. Abschn. 5.4.5). VR ermöglicht es vor allem, die reale Welt mit der virtuellen Welt in Form von graphischen 2D- und 3D-Darstellungen in Beziehung zu setzen. Darüber hinaus wird über die Ver-

---

[1] LMS = Learning Management System; Beispiele sind ILIAS oder Moodle.

[2] https://www.geogebra.org. (05.05.2024)

[3] https://lehrer-online.de. (05.05.2024)

[4] https://de.serlo.org. (05.05.2024)

wendung von Programmiersprachen, vor allem beim 3D-Druck, eine Beziehung zwischen Mathematik und Informatik hergestellt.

Augmented Reality (AR) erweitert die reale Umgebung um virtuelle, digitale Elemente. Bei der VR wird die gesamte Umgebung virtuell erzeugt; bei AR ist die reale Umgebung weiterhin auf dem Bildschirm des Smartphones, Notebooks oder Tablets sichtbar, zusätzlich werden mathematische Objekte in die Umgebung eingeblendet (ebd.). Dadurch ist es etwa möglich, reale Bauwerke durch geometrische Körper zu modellieren (vgl. Abschn. 5.4.6).

Mittlerweile haben *digitale Schulbücher*, insbesondere im Zuge der Einführung von sog. Laptop-Klassen oder Tablet-Klassen, erheblich an Bedeutung gewonnen (Brnic & Greefrath, 2021). Schulbuchverlage haben neben den klassischen Papierversionen auch digitale Versionen ihrer Schulbücher herausgebracht. Einen didaktischen Mehrwert erhalten diese vor allem dann, wenn sie Schülerinnen und Schüler zum eigenständigen Lernen anregen, wenn sie die Inhalte mit individuell aufrufbaren Hilfen ergänzen, wenn sie Lernende problem- bzw. aufgabenbezogenes Feedback geben oder wenn sie adaptiv gestaltet sind, d. h., wenn zu bearbeitende Aufgaben individualisiert entsprechend dem Lernstand der bzw. des Lernenden angeboten werden. Beispiele hierfür beziehen sich auf die Bruchrechnung bei Hoch et al. (2018) bzw. Reinhold et al. (2018) oder auf die Untersuchung geometrischer Eigenschaften bei Noster et al. (2022).

Digitale Lernmedien ohne Bezug zu Mathematik sind in Abb. 1.1 nicht aufgeführt, da sie im vorliegenden Buch nicht thematisiert werden.

Allgemeine digitale Werkzeuge Digitale Werkzeuge können dahingehend unterschieden werden, ob sie spezifisch für mathematikbezogenes Handeln konzipiert sind oder nicht. In letzterem Fall sprechen wir von *allgemeinen digitalen Werkzeugen*. Auch sie können im Mathematikunterricht von Nutzen sein. Beispielsweise wird ein Browser benötigt, um im Internet mathematikbezogene Informationen zu recherchieren. Mit einer Präsentationssoftware oder einem Textverarbeitungsprogramm können z. B. Ergebnisse mathematischen Arbeitens von Schülerinnen und Schülern dargestellt und weitergegeben werden.

Mithilfe von *3D-Druck* lassen sich einerseits Lehr- und Arbeitsmittel bei Bedarf seitens der Lehrkraft selbst herstellen, andererseits kann er aber auch zum Unterrichtsinhalt werden, indem der Druck von 3D-Objekten geplant, durchgeführt und bewertet wird (vgl. Witzke & Heitzer, 2019). Es ist eine offene Frage, ob und wie 3D-Druck (zukünftig) einen substanziellen Beitrag zur Unterstützung von Unterrichtszielen liefern kann; in Abschn. 5.4.4 werden Möglichkeiten im Rahmen des Geometrieunterrichts aufgezeigt.

Sprachmodelle der künstlichen Intelligenz (KI; wie beispielsweise ChatGPT) ermöglichen eine Kommunikation mit digitalen Medien in umgangssprachlicher Form. Im Gegensatz dazu erfordert die Benutzung herkömmlicher digitaler Werkzeuge wie Tabellenkalkulation oder Computeralgebrasystem, dass die gewünschten mathematischen Berechnungen in einer formalen Syntax präzise ausgedrückt werden. Da KI-Sprachmodelle teilweise auch unzulängliche Formulierungen verstehen, wird die Technologie zugänglicher. Außerdem können sie Erklärungen und Begründungen generieren. Dies stellt einerseits ein Problem dar, wenn solche Systeme etwa unbemerkt in Prüfungen verwendet werden, aber andererseits ermöglichen sie auch neue Formen der Unterstützung von Lernenden. Da solche Systeme auch fehlerhafte Antworten oder tendenziöse Darstellungen generieren können, wird es gleichzeitig notwendig, Lernende in die Lage zu versetzen, die Qualität von Argumentationen zu beurteilen und Strategien zu ihrer Überprüfung zu entwickeln.

Digitale Mathematikwerkzeuge *Mathematikspezifische digitale Werkzeuge* – auch *digitale Mathematikwerkzeuge* genannt (Barzel & Klinger, 2022) – sind Werkzeuge speziell für mathematische Tätigkeiten. Hierzu gehören dynamische Geometriesysteme (DGS), Tabellenkalkulation (TK), Statistiktools, Funktionenplotter und Computeralgebrasysteme (CAS) (Barzel & Greefrath, 2015).

Dynamische Geometriesysteme ermöglichen die Konstruktion geometrischer Objekte auf einem digitalen Zeichenblatt, wobei diese Objekte variabel sind sowie vermessen und zueinander in Beziehung gesetzt werden können. Tabellenkalkulation dient der Erfassung von Daten in Tabellen, dem Rechnen mit Daten und deren Darstellungen in Diagrammen. Ein Statistiktool erweitert Tabellenkalkulation um Möglichkeiten zur interaktiven Datenerfassung und -analyse in Tabellen und Diagrammen. Funktionenplotter erlauben das schnelle Erstellen von Funktionsgraphen nach Eingabe eines Funktionsterms. Ein Computeralgebrasystem zeichnet sich durch die Möglichkeit des Durchführens numerischer Berechnungen sowie der symbolischen Manipulation algebraischer Ausdrücke aus.

Viele der heutigen digitalen Mathematikwerkzeuge enthalten mehrere dieser Funktionalitäten – teilweise oder vollständig miteinander vernetzt. Sie werden dementsprechend als *Multirepräsentationssysteme* bezeichnet und bieten aus didaktischer Sicht den Vorteil, dass damit ein mathematischer Sachverhalt aus verschiedenen Perspektiven (z. B. numerisch, algebraisch, geometrisch, graphisch) betrachtet werden kann (z. B. Hegedus et al., 2017). Beispiele sind dynamische Mathematiksysteme: Sie sind zum einen Werkzeuge für dynamische Geometrie, bieten zum anderen aber auch Möglichkeiten des Arbeitens mit (beweglichen) Funktionsgraphen, Termen oder Tabellen.

Die in Abb. 1.1 dargestellten Arten digitaler Medien werden in der Unterrichtspraxis auch in vernetzter Weise genutzt, wenn beispielsweise eine interaktive Lernumgebung im Browser bearbeitet wird und eine Konstruktionsfläche für dynamische Geometrie integriert ist. Mit den begrifflichen Differenzierungen in Abb. 1.1 werden insbesondere unterschiedliche Zielsetzungen betont, wobei die Grenzen fließend verlaufen. Der Begriff *digitales Lernmedium* akzentuiert die Intention, Lernprozesse anzustoßen und zu begleiten. Mit dem Begriff *digitales (Mathematik-)Werkzeug* wird der Charakter eines Hilfsmittels für (mathematisches) Handeln ausgedrückt. Dabei können aber natürlich digitale (Mathematik-)Werkzeuge auch zum Lernen von Mathematik genutzt werden – beispielsweise beim Bearbeiten von Aufgabenstellungen.

1.2 Kompetenzen von Lernenden beim Umgang mit digitalen Medien

1.2.1 Mathematische Kompetenzen gemäß den Bildungsstandards der KMK

Mit Bildungsstandards hat die Kultusministerkonferenz (KMK) der Länder in der Bundesrepublik Deutschland beschrieben, welche Kompetenzen Schülerinnen und Schüler bis zum Ende eines bestimmten Abschnitts ihrer Schullaufbahn erworben haben sollen. Die Bildungsstandards im Fach Mathematik für den Ersten und Mittleren Schulabschluss (KMK, 2022) gliedern die bis zum Ende von Jahrgangsstufe 9 bzw. 10 zu erwerbenden Kompetenzen zum einen in *prozessbezogene Kompetenzen* und zum anderen in *inhaltsbezogene Kompetenzen*, die mathematischen Leitideen zugeordnet sind. Zudem werden drei *Anforderungsbereiche* differenziert; diese beziehen sich jeweils auf unterschiedliche kognitive Ansprüche mathematischer Aktivitäten (vgl. Tab. 1.1). Diese Bildungsstandards gelten für alle Schularten, die zum Ersten oder zum Mittleren Schulabschluss führen – also beispielsweise Gymnasien, Realschulen, Mittelschulen oder Gesamtschulen.

Gegenüber früheren Fassungen von Bildungsstandards hat die Kultusministerkonferenz 2022 das mathematische Arbeiten mit Medien deutlich stärker betont, indem dazu im Kompetenzmodell eine eigenständige prozessbezogene Kompetenz eingeführt wurde. Konkretisiert wird die Kompetenz „Mit Medien mathematisch arbeiten" in den drei Anforderungsbereichen durch die in Tab. 1.2 dargestellten Beschreibungen.

Prozessbezogene Kompetenzen entwickeln und zeigen sich in der Auseinandersetzung mit mathematischen Inhalten. Entsprechend stellen die Bildungsstandards der KMK (2022) bei der Beschreibung inhaltlicher Kompetenzen systematisch heraus, dass Schülerinnen

Tab. 1.1 Mathematische Kompetenzen gemäß den Bildungsstandards für den Ersten und den Mittleren Schulabschluss (KMK, 2022)

Prozessbezogene Kompetenzen	Leitideen für inhaltsbezogene Kompetenzen	Anforderungsbereiche
- Mathematisch argumentieren - Mathematisch kommunizieren - Probleme mathematisch lösen - Mathematisch modellieren - Mathematisch darstellen - Mit mathematischen Objekten umgehen - Mit Medien mathematisch arbeiten	- Zahl und Operation - Größen und Messen - Strukturen und funktionaler Zusammenhang - Raum und Form - Daten und Zufall	- Reproduzieren - Zusammenhänge herstellen - Verallgemeinern und Reflektieren

Tab. 1.2 Prozessbezogene Kompetenz „Mit Medien mathematisch arbeiten" gemäß KMK (2022)

Anforderungsbereich	Die Schülerinnen und Schüler …
Reproduzieren	- verwenden allgemeine Medien zur Kommunikation (z. B. Recherche in Fachliteratur oder Internet, Nutzung von Lernplattformen) und zur Präsentation mathematischer Inhalte in Situationen, in denen der Einsatz geübt wurde - nutzen analoge und digitale Lernumgebungen zum Lernen von Mathematik - nutzen analoge und digitale Mathematikwerkzeuge (z. B. wissenschaftliche Taschenrechner), die aus dem Unterricht vertraut sind - ziehen Informationen aus mathematikhaltigen Darstellungen in Alltagsmedien
Zusammenhänge herstellen	- nutzen analoge und digitale Mathematikwerkzeuge (z. B. Geometriesoftware, Tabellenkalkulation, Computeralgebrasystem, Stochastiktool) zum Problemlösen, Entdecken, Modellieren, Verarbeiten von Daten, Kontrollieren und Darstellungswechseln etc. - nutzen weitere mathematikspezifische Medien (z. B. Apps zur Lernstandsbestimmung, Erklärvideos zum Verstehen, Programme zum Üben) zum selbstgesteuerten Lernen und Anwenden von Mathematik - nutzen bekannte Algorithmen mit digitalen Mathematikwerkzeugen - vergleichen mathematikhaltige Informationen und Darstellungen in Alltagsmedien unter mathematischen Gesichtspunkten - wählen analoge und digitale Medien kriteriengeleitet je nach Zielsetzung bewusst aus
Verallgemeinern und Reflektieren	- reflektieren Möglichkeiten und Grenzen der Nutzung mathematikspezifischer Medien, auch im Vergleich zwischen analogem und digitalem Medium - konzipieren und erstellen selbst analoge und digitale Medien, um mathematische Sachverhalte darzustellen oder zu bearbeiten, und stellen ihre Ergebnisse vor (z. B. Präsentation, Videos) - beurteilen analoge und digitale Medien kriteriengeleitet je nach Zielsetzung - beurteilen mathematikhaltige Informationen und Darstellungen in Alltagsmedien unter mathematischen Gesichtspunkten - setzen bekannte mathematische Verfahren mit Hilfe digitaler Mathematikwerkzeuge (z. B. Tabellenkalkulation) als Algorithmus um - nutzen Algorithmen mithilfe digitaler Werkzeuge, um den jeweils zugrunde liegenden mathematischen Inhalt zu untersuchen

und Schüler insbesondere auch digitale Medien beim mathematischen Arbeiten nutzen sollen. In Tab. 1.3 ist dies exemplarisch mit einem Beispiel pro Leitidee illustriert.

In diesen Leitideen spiegeln sich die klassischen Sachgebiete der Sekundarstufe I wider: Zahlen, Algebra, Funktionen, Geometrie und Stochastik. Um das Potenzial digitaler Medien in allen Sachgebieten klar herauszustellen, haben wir uns entschieden, das Buch längs dieser Sachgebiete zu gliedern.

Tab. 1.3 Beispiele für inhaltsbezogene Kompetenzen mit Bezug zu digitalen Medien gemäß KMK (2022)

Leitidee	Die Schülerinnen und Schüler …
Zahl und Operation	- implementieren ein algorithmisches Verfahren (z. B. Heron-Verfahren zur Bestimmung von Quadratwurzeln, Intervallschachtelung) mit digitalen Mathematikwerkzeugen
Größen und Messen	- nehmen in ihrer Umwelt gezielt Messungen vor, auch mithilfe digitaler Medien (als Informationsquelle oder Messinstrument), entnehmen Maßangaben aus Quellenmaterial, führen damit Berechnungen durch und bewerten die Ergebnisse sowie den gewählten Weg in Bezug auf die Sachsituation
Strukturen und funktionaler Zusammenhang	- erkennen und verwenden funktionale Zusammenhänge und stellen diese in verschiedenen Repräsentationen dar (sprachlich, tabellarisch, grafisch, algebraisch) und können zwischen diesen Darstellungsformen wechseln, auch mithilfe digitaler Mathematikwerkzeuge
Raum und Form	- stellen ebene geometrische Figuren (z. B. Dreiecke, Vierecke) und elementare geometrische Abbildungen (z. B. Verschiebungen, Drehungen, Spiegelungen, zentrische Streckungen) im ebenen kartesischen Koordinatensystem dar, auch mithilfe digitaler Mathematikwerkzeuge
Daten und Zufall	- werten grafische Darstellungen und Tabellen von statistischen Erhebungen aus, auch mithilfe von Tabellenkalkulation oder Stochastiktools

1.2.2   Medienbezogene Kompetenzen gemäß der Strategie „Bildung in der digitalen Welt" der KMK

Während die Bildungsstandards fachbezogene Kompetenzen beschreiben, hat die Kultusministerkonferenz darüber hinaus in einem Strategiepapier „Bildung in der digitalen Welt" fachunabhängig dargelegt, „über welche Kenntnisse, Kompetenzen und Fähigkeiten Schülerinnen und Schüler am Ende ihrer Pflichtschulzeit verfügen sollen, damit sie zu einem selbstständigen und mündigen Leben in einer digitalen Welt befähigt werden" (KMK, 2017, S. 11). Es werden dabei sechs Bereiche medienbezogener Kompetenzen unterschieden (vgl. Tab. 1.4).

Zur Umsetzung in der Schulpraxis sieht die KMK (2017) vor, dass das zugehörige Lernen im jeweiligen Unterricht aller Fächer erfolgen soll. Fachbezogene Kompetenzen und medienbezogene Kompetenzen sollen also eng verwoben entwickelt werden. Dies lässt sich mit Bezug zum Fach Mathematik beispielsweise folgendermaßen konkretisieren:

- *Informationen digital suchen, verarbeiten, aufbewahren:* Schülerinnen und Schüler nutzen das Internet, um etwa Informationen zu mathematischen Inhalten zu suchen (z. B.: Was sind Fibonacci-Zahlen?) oder um statistische Daten zu recherchieren (z. B.: Wie hoch ist der Wasserverbrauch in Deutschland?). Die Informationen werden strukturiert, analysiert, interpretiert, bewertet, gespeichert und bei Bedarf abgerufen; die Informationsquellen werden kritisch bewertet.

Tab. 1.4 Kompetenzen in der digitalen Welt gemäß KMK (2017)

Medienbezogene Kompetenzen
- Informationen digital suchen, verarbeiten, aufbewahren
- Mit digitalen Medien kommunizieren und kooperieren
- Digitale Produkte entwickeln und präsentieren
- Daten schützen und sicher agieren
- Mit digitalen Medien problemlösend handeln
- Digitale Medien analysieren und reflektieren

- *Mit digitalen Medien kommunizieren und kooperieren:* Schülerinnen und Schüler nutzen digitale Kommunikationsmöglichkeiten zielgerichtet und situationsgerecht. Sie verwenden digitale Werkzeuge für die Zusammenarbeit, um etwa Informationen zu teilen und zusammenzuführen und um gemeinsam Dokumente zu erarbeiten. Dabei beachten sie Umgangsformen für angemessene, respektvolle Kommunikation.

- *Digitale Produkte entwickeln und präsentieren:* Schülerinnen und Schüler erstellen mit digitalen Werkzeugen digitale Produkte (z. B. Videos, Konstruktionen mit einem dynamischen Geometriesystem, Diagramme mit Tabellenkalkulation, Textdokumente, Präsentationen, Webseiten). Sie präsentieren oder veröffentlichen ihre Ergebnisse; dabei beachten sie Urheber-, Nutzungs- und Persönlichkeitsrechte.

- *Daten schützen und sicher agieren:* Schülerinnen und Schüler kennen, reflektieren und berücksichtigen Risiken und Gefahren in digitalen Umgebungen. Sie schützen persönliche Daten und ihre Privatsphäre. Beispielsweise wird die Sicherheit von kurzen und langen Passwörtern mit Wahrscheinlichkeitsüberlegungen verglichen.

- *Mit digitalen Medien problemlösend handeln:* Schülerinnen und Schüler setzen digitale Werkzeuge bedarfsgerecht ein, um Probleme zu bearbeiten (z. B. Verwendung eines CAS für algebraische Berechnungen). Sie identifizieren und lösen dabei auftretende technische Schwierigkeiten. Sie verwenden digitale Medien für die Gestaltung eigener Lernprozesse (z. B. interaktive Lernumgebungen oder mathematikspezifische Apps). Zudem erkennen sie algorithmische Strukturen in genutzten digitalen Medien und können selbst Algorithmen zur Lösung von Problemen entwickeln und verwenden (z. B. einen Algorithmus zur Berechnung einer Zahlenfolge mit Tabellenkalkulation oder einer Programmiersprache umsetzen).

- *Digitale Medien analysieren und reflektieren:* Schülerinnen und Schüler analysieren, reflektieren und bewerten Potenziale, Wirkungen, Grenzen und Risiken digitaler Medien (z. B.: Welche Möglichkeiten bietet der Einsatz digitaler Mathematikwerkzeuge in der Schule? Welche Veränderungen beim Lehren und Lernen sind damit verbunden?).

Die Kultusministerkonferenz stellt mit den Bildungsstandards (KMK, 2022) und dem Strategiepapier „Bildung in der digitalen Welt" (KMK, 2017) zwei Zielfelder der Nutzung digitaler Medien im Mathematikunterricht heraus:

- Zum einen sollen digitale Medien Schülerinnen und Schüler bei der Entwicklung *mathematischer Kompetenzen* unterstützen;
- zum anderen sollen Schülerinnen und Schüler im Mathematikunterricht *medienbezogene Kompetenzen* für aktive Teilhabe in der digitalen Welt entwickeln.

Im vorliegenden Buch zeigen wir an vielfältigen Beispielen, wie beides Hand in Hand beim Arbeiten mit mathematischen Inhalten erfolgen kann, d. h., wie Lernende im Mathematikunterricht inhalts- und prozessbezogene mathematische Kompetenzen sowie medienbezogene Kompetenzen in vernetzter Form erwerben können.

1.3   Kompetenzen von Lehrenden beim Unterrichten mit digitalen Medien

Für Unterricht mit digitalen Medien bedarf es auf Seiten der Lehrkräfte spezifischer professioneller Kompetenzen (Ostermann et al., 2022). Um diese strukturiert zu beschreiben, stellen wir im Folgenden das TPACK-Modell und das SAMR-Modell vor. Die Auswahl dieser beiden Modelle ist dadurch begründet, dass sie seit Jahren international etabliert sind, unmittelbar auf das Lehren und Lernen im Mathematikunterricht bezogen werden können und eine gewisse Einfachheit und Übersichtlichkeit aufweisen.

Ein umfassenderes Modell bietet etwa der Europäische Referenzrahmen für die Digitale Kompetenz von Lehrenden („European Framework for the Digital Competence of Educators", DigiCompEdu). Er gliedert die digitale Kompetenz von Lehrenden an allgemein- und berufsbildenden Schulen in sechs Kompetenzbereiche mit 22 Teilkompetenzen (vgl. Redecker, 2017).

1.3.1   Das TPACK-Modell

Der Begriff der *professionellen Kompetenz von Lehrkräften* beschreibt nach Baumert und Kunter (2011) „die persönlichen Voraussetzungen zur erfolgreichen Bewältigung spezifischer situationaler Anforderungen" (S. 31) als Lehrkraft. Sie gliedern dabei diesen Kompetenzbegriff in die vier Aspekte

- Professionswissen,
- Überzeugungen, Werthaltungen, Ziele,
- motivationale Orientierungen und
- Selbstregulation.

Der Begriff des Professionswissens umfasst dabei deklaratives, prozedurales und strategisches Wissen – hier sind also insbesondere Fähigkeiten zum Handeln („Können") explizit eingeschlossen. Diesen Wissensbegriff verwenden auch Mishra und Koehler (2006) im sog. TPACK-Modell. Es strukturiert das Wissen von Lehrkräften, das für Unterricht mit

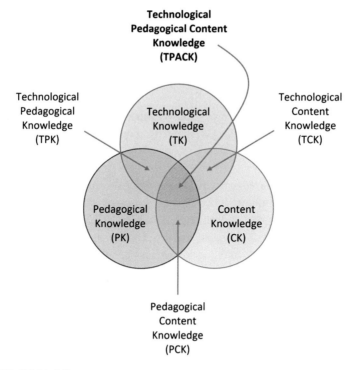

Abb. 1.2 TPACK-Modell

digitalen Medien erforderlich ist. Das TPACK-Modell hat international weite Anerkennung und Verbreitung gefunden und ist in Abb. 1.2 skizziert. Die Abkürzung TPACK steht dabei für „Technology, Pedagogy, and Content Knowledge" – auch bezeichnet als „Technological Pedagogical Content Knowledge" (Koehler et al., 2013; Koehler & Mishra, 2009; www.tpack.org):

- *Content Knowledge* (CK) bezeichnet inhaltsbezogenes Wissen zum jeweiligen Fach. Dazu gehören beispielsweise neben Wissen über fachliche Begriffe, Konzepte und Theorien auch Fähigkeiten zur Nutzung von fachbezogenen Arbeitsweisen und Methoden des fachlichen Wissenserwerbs. Beispielsweise umfasst Content Knowledge im Fach Mathematik Wissen zu Funktionen, etwa Kenntnisse zu Definitionen, Beispielen, Eigenschaften, Sätzen und Beweisen, aber auch Fähigkeiten im Umgang mit Funktionen in Anwendungs- und Problemkontexten.
- *Pedagogical Knowledge* (PK) ist fachunabhängiges pädagogisches bzw. erziehungswissenschaftliches Wissen zum Lehren und Lernen. Es umfasst u. a. Wissen zu Bildungszielen, aber auch Fähigkeiten zu Unterrichtsplanung, Unterrichtsgestaltung, Classroom Management, Lernzielüberprüfung und Leistungsbewertung.
- *Technological Knowledge* (TK) bezieht sich auf den Umgang mit Hard- und Software. Koehler und Mishra (2009) beschreiben dies als „understanding and mastery of

information technology for information processing, communication, and problem solving" (S. 64). In Bezug auf das Fach Mathematik bedeutet dies beispielsweise, dass man digitale Mathematikwerkzeuge wie dynamische Geometriesysteme oder Computeralgebrasysteme zielgerichtet und produktiv zur Bearbeitung von Problemen nutzen kann und sich der Potenziale und Grenzen der Systeme bewusst ist.

Zentral im TPACK-Modell ist, dass diese drei Wissensbereiche nicht voneinander isoliert gesehen werden, sondern gerade die Überlappungen betont werden. Die drei Kreise in Abb. 1.2 bilden entsprechend vier Schnittmengen:

- *Pedagogical Content Knowledge* (PCK): Dieser Begriff wurde von Shulman (1986) geprägt und kann mit „fachdidaktisches Wissen" übersetzt werden. Diese Komponente professionellen Wissens von Lehrkräften bezieht sich darauf, wie fachliche Inhalte anderen Personen verständlich gemacht werden können. Lehrkräfte benötigen dieses Wissen, wenn sie fachliche Inhalte für den Unterricht auswählen, aufbereiten und darstellen, wenn sie Lernprozesse von Schülerinnen und Schülern fachbezogen anstoßen und begleiten, wenn sie auf fachliche Schwierigkeiten, Vorwissen und Fehlvorstellungen der Lernenden eingehen und an der Entwicklung tragfähiger Grundvorstellungen zu fachlichen Konzepten arbeiten. Durch PCK im professionellen Wissen von Lehrkräften werden Content Knowledge und Pedagogical Knowledge für die Gestaltung fachbezogener Lehr-Lern-Prozesse nutzbar.
- *Technological Content Knowledge* (TCK) bezeichnet Wissen zur wechselseitigen Beziehung zwischen Technologie und fachlichen Inhalten. So hat etwa die Entwicklung von Computertechnologie zur Entwicklung neuer Gebiete der Mathematik geführt (z. B. in der numerischen Mathematik, der Stochastik oder der fraktalen Geometrie). Umgekehrt wurden für mathematisches Arbeiten digitale Werkzeuge geschaffen (z. B. dynamische Geometriesysteme, Computeralgebrasysteme oder Statistiktools). Dadurch sind wiederum neue Perspektiven der Mathematik entstanden. So spricht man beispielsweise in der dynamischen Geometrie davon, dass ein Punkt auf eine Gerade gesetzt und auf dieser bewegt wird. In der klassischen euklidischen Geometrie ist hingegen eine Gerade eine Menge von unendlich vielen, „unbeweglichen" Punkten (vgl. Abschn. 5.1.7).
- *Technological Pedagogical Knowledge* (TPK) ist fachunspezifisches Wissen zu Potenzialen digitaler Medien für Lehr-Lern-Prozesse sowie zu Anforderungen, Beschränkungen und Wirkungen bei ihrem Einsatz in pädagogischen Situationen. So kann beispielsweise durch digitale Lernumgebungen die Fähigkeit von Schülerinnen und Schülern zu eigenständigem, selbstorganisiertem Lernen in besonderem Maße gefordert, aber auch gefördert werden.
- *Technological Pedagogical Content Knowledge* (TPACK) kann im Deutschen etwa als „technologisches fachdidaktisches Wissen" bezeichnet werden. Es bildet den Kernbereich im Modell in Abb. 1.2 und ist Wissen zum Lehren und Lernen fachlicher Inhalte mit digitalen Medien. TPACK geht über die bislang beschriebenen sechs

Wissensfacetten dadurch hinaus, dass es die drei Bereiche *Content*, *Pedagogy* und *Technology* vernetzt. Technologisches fachdidaktisches Wissen ermöglicht Lehrkräften, für den Unterricht Entscheidungen zu treffen, die diese drei Bereiche und ihre Wechselbeziehungen gleichzeitig berücksichtigen. Dies ist beispielsweise erforderlich, um

- zu einem mathematischen Inhalt (*Content*) für eine Lerngruppe verständnisfördernden Unterricht zu gestalten, bei dem digitale Medien zielorientiert eingesetzt werden,
- im Hinblick auf ein pädagogisch-didaktisches Ziel (*Pedagogy*), wie z. B. die Förderung von Kommunikationsfähigkeit, passende fachliche Inhalte und digitale Medien für den Unterricht zu wählen,
- in Bezug auf ein digitales Werkzeug (*Technology*), wie z. B. ein CAS, zu beurteilen, bei welchen mathematischen Inhalten und in welchen didaktischen Situationen es sinnvoll eingesetzt werden kann.

Das vorliegende Buch möchte seinen Leserinnen und Lesern vielfältige Impulse geben, um vernetztes Wissen in den Bereichen *Mathematik*, *Mathematikdidaktik* und *digitale Medien* zu entwickeln und damit *Technological Pedagogical Content Knowledge* aufzubauen bzw. zu erweitern.

Auf Basis des TPACK-Modells wurden auch Testinstrumente entwickelt, um Ausprägungen der beschriebenen Wissenskomponenten bei (angehenden) Lehrkräften zu messen (vgl. z. B. Valtonen et al., 2015).

Weiterentwicklungen hat das TPACK-Modell mit dem sog. DPACK-Modell erfahren. So heben Huwer et al. (2019) hervor, dass der Begriff des *Technologischen Wissens (TK)* zu eng gefasst sei, um das in Bezug auf digitale Medien erforderliche professionelle Wissen von Lehrkräften zu beschreiben. Die Autoren ersetzen deshalb diesen Begriff im Modell in Abb. 1.2 durch den weiter gefassten Begriff des *Digitalitätsbezogenen Wissens (DK)*. Dieser umfasst alle Aspekte des Wissens zu Digitalität in unserer Welt – also z. B. gesellschaftliche, soziale, kulturelle, kommunikationsbezogene und ethische Aspekte. Ein solches professionelles Wissen ist für Lehrkräfte erforderlich, um bei Schülerinnen und Schülern das breite Spektrum an digitalitätsbezogenen Kompetenzen für „Bildung in der digitalen Welt" gemäß Abschn. 1.2.2 zu fördern. Insgesamt betrachten Huwer et al. (2019) in Abwandlung des Modells in Abb. 1.2 also die drei Wissensbereiche *Digitalitätsbezogenes Wissen (DK)*, *Pädagogisches Wissen (PK)* und *Inhaltliches Wissen (CK)*. Die Schnittmenge dieser drei Bereiche stellt damit *Digitalitätsbezogenes pädagogisches und inhaltliches Wissen (DPACK)* dar.

Eine Erweiterung des Drei-Kreise-Modells in Abb. 1.2 nimmt auch Döbeli Honegger (2021) vor, indem er zum einen nicht den Wissensbegriff, sondern den Kompetenzbegriff zugrunde legt. Zum anderen erweitert er den Bereich des *Technologischen Wissens* zu *Digitalitätskompetenz*, die neben der technologischen Perspektive („Wie funktioniert das?") auch eine Anwendungsperspektive („Wie nutze ich das?") und eine gesellschaftlich-kulturelle Perspektive („Wie wirkt das?") einschließt (vgl. Gesellschaft für Informatik,

2016). Damit stehen die drei Kreise im Modell für *Digitalitätskompetenz, Pädagogische Kompetenz* und *Inhaltliche Kompetenz*; ihre Schnittmenge stellt *Digitale pädagogische und inhaltliche Kompetenz* dar.

1.3.2 Das SAMR-Modell

Professionelle Kompetenzen von Lehrkräften in Bezug auf digitale Medien lassen sich auch dadurch charakterisieren, inwieweit Lehrkräfte fachbezogene, inhaltliche Anforderungen an Lernende mit digitalen Medien weiterentwickeln können. Digitale Medien können Zugänge zu mathematischen Fragestellungen eröffnen, die ohne diese Medien nicht oder nur sehr schwer zu bearbeiten wären. Entsprechende Veränderungen von Unterricht auf der Ebene der inhaltlichen Anforderungen an Lernende beschreiben wir im Folgenden mit dem SAMR-Modell von Puentedura (2006). Die vier Buchstaben SAMR stehen dabei für *Substitution, Augmentation, Modification* und *Redefinition* (vgl. Abb. 1.3). Es werden damit vier Arten unterschieden, wie Lehrkräfte mit digitalen Medien Unterricht verändern können. Zentral ist dabei, ob und wie sich inhaltliche Anforderungen an die Lernenden ändern (vgl. Bikner-Ahsbahs, 2022, S. 15 ff.; IQSH, 2018, S. 20 ff.).

- *Substitution (Ersetzen):* Analoge Medien werden durch digitale Medien ersetzt, wobei die inhaltlichen Anforderungen an die Lernenden gleich bleiben und keine erweiterten Funktionsweisen der digitalen Medien genutzt werden. Es findet eine Eins-zu-Eins-Übersetzung vom Analogen ins Digitale statt. Eine solche Situation liegt beispielsweise vor, wenn eine Lehrkraft an einem interaktiven Whiteboard oder Bildschirm das gleiche Tafelbild entwickelt, das sie auch an einer Kreidetafel entwickeln würde. Ein anderes Beispiel hat man, wenn Schülerinnen und Schüler Arbeitsblätter nicht auf Papier, sondern eingescannt über eine Lernplattform zur Verfügung gestellt bekommen. Auch wenn durch einen solchen Medienwechsel kein inhaltlicher Mehrwert entsteht, so können dadurch doch alle Beteiligten den Umgang mit digitalen Medien praktizieren und zugehörige Bedienerfertigkeiten erwerben.

Abb. 1.3 SAMR-Modell

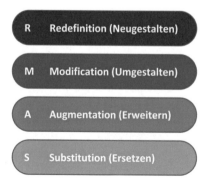

- *Augmentation (Erweitern):* Analoge Medien werden durch digitale Medien ersetzt, wobei die inhaltlichen Anforderungen an die Lernenden gleich bleiben, aber erweiterte Funktionsweisen der digitalen Medien genutzt werden. Ein Beispiel ist der Arbeitsauftrag: „Konstruiere die Mittelsenkrechten eines Dreiecks!" Wenn Schülerinnen und Schüler diesen Auftrag nicht auf Papier, sondern mit einem dynamischen Geometriesystem ausführen, zeigt sich ein Mehrwert digitaler Medien: Das DGS besitzt ein Konstruktionswerkzeug speziell für Mittelsenkrechten; dadurch gelingt die Konstruktion ohne weitere Hilfslinien leichter und schneller als mit Zirkel und Lineal. Zudem ist die Konstruktion am Bildschirm in der Regel präziser als auf Papier, sodass sich die konstruierten Geraden tatsächlich in einem Punkt schneiden. Schließlich ist die Konstruktion am Bildschirm beweglich. So zeigt sich, dass die Schnitteigenschaft der Mittelsenkrechten bei beliebiger Veränderung der Dreiecksform erhalten bleibt. Die technischen Möglichkeiten des DGS werden also beim Arbeiten genutzt.
- *Modification (Umgestalten):* Traditionelle Aufgabenstellungen für Lernende werden so verändert, dass sich neue inhaltliche Anforderungen ergeben, für deren Bearbeitung digitale Medien mit ihrem spezifischen Potenzial erforderlich sind. Das Beispiel zu Mittelsenkrechten aus dem vorhergehenden Absatz könnte etwa um den Auftrag erweitert werden: „Variiere die Form des Dreiecks und erkunde, wann der Schnittpunkt der Mittelsenkrechten im Dreieck, auf einer Dreiecksseite oder außerhalb des Dreiecks liegt." Wenn die Schülerinnen und Schüler ihre dynamische Konstruktion variieren, können sie entdecken, dass die drei genannten Fälle genau den Dreieckseigenschaften „spitzwinklig", „rechtwinklig", „stumpfwinklig" entsprechen, und eine Querverbindung zum Satz des Thales herstellen (vgl. Abschn. 5.1.4). Mit DGS ergeben sich also im Vergleich zu analogen Medien neuartige Erweiterungen und Vernetzungen mathematischen Arbeitens.
- *Redefinition (Neugestalten):* Unterricht wird so gestaltet, dass die Lernenden vor grundlegend neuartigen inhaltlichen Anforderungen stehen, die nur mit digitalen Medien zugänglich sind. Beispiele für den Mathematikunterricht wären etwa Aufgaben, bei denen Informationen erst im Internet recherchiert und Suchergebnisse analysiert, reflektiert und bewertet werden müssen (z. B.: „Informiere dich über CO_2-Emissionen in Deutschland, stelle dazu statistische Daten aussagekräftig dar und interpretiere sie."). Weitere Beispiele wären Aufgaben, bei denen Berechnungen so umfangreich oder anspruchsvoll sind, dass sie nur mit digitalen Medien – ggf. näherungsweise – bewältigt werden können (z. B.: „Für welche Zahl x ist $x^x = 2$?").

Das SAMR-Modell kann für Lehrkräfte hilfreich sein, um zu reflektieren, wie digitale Medien so in den Unterricht integriert werden können, dass damit Anforderungen an Lernende gezielt weiterentwickelt werden. Alle vier Arten der Nutzung digitaler Medien können im Mathematikunterricht didaktisch sinnvoll sein, je nachdem, welche Ziele man in einer Unterrichtssituation anstrebt. Entsprechend sollten Lehrkräfte in der Lage sein, gemäß ihren Zielen digitale Medien flexibel auf die unterschiedlichen Arten im Mathematikunterricht einzusetzen.

1.4 Herausforderungen beim Einsatz digitaler Medien

1.4.1 Spezifische Herausforderungen im Mathematikunterricht

Beim Einsatz digitaler Medien in der Praxis des Mathematikunterrichts stehen Lernende wie Lehrende spezifischen Herausforderungen gegenüber (Pinkernell et al., 2022; Reinhold et al., 2023). Schon Barzel et al. (2005, S. 38 ff.) haben die nach wie vor vorhandenen und zu beachtenden Herausforderungen und Schwierigkeiten treffend zusammengefasst:

- *Bedienerfertigkeiten:* Damit digitale Werkzeuge zielführend bei mathematischem Arbeiten genutzt werden können, muss der technische Umgang mit diesen Werkzeugen gelernt werden. Beispielsweise ist bei dynamischen Geometriesystemen zu lernen, wie die Konstruktions- und Messwerkzeuge zu verwenden sind; bei Tabellenkalkulation ist es z. B. wesentlich zu wissen, wie Anweisungen für Berechnungen mit Zellbezügen formuliert werden. Im Mathematikunterricht bietet es sich an, den Erwerb von Bedienerfertigkeiten mit mathematischem Arbeiten zu verbinden. Schülerinnen und Schüler lernen dann die Bedienung der Software beim Bearbeiten mathematischer Aufgaben. Derartige Lernprozesse sind bei der Unterrichtsplanung explizit zu berücksichtigen und benötigen entsprechende Zeit, damit mathematisches Arbeiten nicht an Überforderung bei der Softwarebedienung scheitert.
- *Oberflächliche Wahrnehmung:* In digitalen Lernumgebungen kann mit interaktiven Elementen und vielfältigen Darstellungsmöglichkeiten das Verständnis für Mathematik gefördert werden (Barzel, 2012; Hoyles & Lagrange, 2010), allerdings besteht auch die Gefahr, dass Schülerinnen und Schüler Darstellungen nur oberflächlich wahrnehmen, dass sie digitale Lernmedien nur „durchklicken" und technische Effekte austesten, ohne zum mathematischen Gehalt der Darstellungen vorzudringen. Um dies zu verhindern, sollten Lernende regelmäßig zur Reflexion aufgefordert werden. Dazu können beispielsweise Aufgabenstellungen integriert werden, die ein Notieren von Beobachtungen und Überlegungen oder den Transfer und flexibles Wechseln zwischen Darstellungen erfordern.
- *Unübersichtlichkeit:* Digitale Medien bieten die Möglichkeit, für das Erkunden mathematischer Zusammenhänge, für das Bilden von Begriffen oder das Lösen von Problemen eine Vielzahl an Beispielen als Ausgangspunkte zu generieren. Allerdings kann das beliebige Erzeugen von Beispielen einen Sachverhalt auch unübersichtlich werden lassen und somit das Lernen erschweren. Dem können Lernumgebungen entgegenwirken, die gezielt auf reflektiertes, systematisches Arbeiten mit Beispielen hinwirken.
- *Verlust hilfsmittelfreier Fertigkeiten:* Wenn der Umgang mit Kalkülen (z. B. zum Vereinfachen von Termen oder Lösen von Gleichungen) und das Erstellen von Zeichnungen (z. B. von statistischen Diagrammen) verstärkt an digitale Medien abgegeben werden, besteht die Gefahr, dass solche grundlegenden Fertigkeiten nicht mehr hilfsmittelfrei durchgeführt werden können und damit nicht nur das Verständnis für die auszuführenden Tätigkeiten, sondern auch für die damit verbundenen Begrifflichkeiten

verloren gehen (Barzel & Greefrath, 2015). Deshalb ist zunächst zu überlegen, welche hilfsmittelfreien Fertigkeiten auch bei verstärktem Einsatz digitaler Medien im Mathematikunterricht weiterhin zu entwickeln sind. Zur Förderung dieser Fertigkeiten sollten zum einen immer wieder hilfsmittelfreie Aktivitäten im Unterricht durchgeführt werden (z. B. Ingelmann, 2009). Zum anderen kann einer unverstandenen Verwendung digitaler Werkzeuge mit dem sog. White-Box-Black-Box-Prinzip (vgl. Abschn. 3.1.2) entgegengewirkt werden.

- *Verfügbarkeit von Hard- und Software:* Schließlich sind an jeder Schule fächer-unabhängig auch rein technische und organisatorische Herausforderungen zu be-wältigen, damit Schülerinnen und Schüler mit digitalen Medien arbeiten können (z. B. Anschaffung und Wartung von Hardware, Installation und Pflege von Software). Hier gibt es zum einen den Weg, dass die Schule die Hard- und Software zur Verfügung stellt – beispielsweise in traditionellen Computerräumen oder anhand mobiler Rechner (z. B. Tablets). Zum anderen bietet es sich aber auch an, im Unterricht Geräte der Schü-lerinnen und Schüler zu nutzen, die sie entweder ohnehin dabeihaben oder für den Unterricht von zu Hause mitbringen („Bring your own device", BYOD). So können etwa die in einer Klasse vorhandenen Smartphones im Mathematikunterricht beispiels-weise zur Internetrecherche, für die Bearbeitung von Lern-Apps oder zum Konstruie-ren mit dynamischen Geometriesystemen verwendet werden.

Für den Mathematikunterricht muss im Einzelfall im Hinblick auf pädagogische und di-daktische Ziele abgewogen werden, ob und wie die Potenziale digitaler Medien für die Kompetenzentwicklung von Schülerinnen und Schülern genutzt und die zugehörigen Herausforderungen unter Berücksichtigung rechtlicher Rahmenbedingungen bewältigt werden können.

1.4.2   Leistungsüberprüfung mit und durch digitale Medien

In vielen Ländern der Welt, insbesondere in allen Bundesländern Deutschlands, werden heute digitale Werkzeuge bei Prüfungen eingesetzt. Dabei erfolgt die Bearbeitung der Aufgaben im Allgemeinen in Papierform; als digitale Werkzeuge sind entweder ein arith-metischer Taschenrechner, ein graphischer oder symbolischer Taschenrechner oder evtl. auch ein Notebook oder ein Tablet-Computer zugelassen. Zentrale schriftliche Prüfungen sind dabei häufig unterteilt in einen sog. hilfsmittelfreien Teil, bei dem keine digitalen Hilfsmittel zugelassen sind, und einen Teil, in dem Hilfsmittel erlaubt sind, der sich dann wieder dahingehend unterteilt, welche digitalen Werkzeuge zugelassen sind. In sog. CAS-Klassen der Sekundarstufe I, die symbolische Taschenrechner im Unterricht ver-wenden, sind diese auch in Prüfungen zugelassen.[5]

---

[5] Beispielsweise gilt dies in Bayern ab Jahrgangsstufe 10.

Neben diesen Prüfungen *mit* digitalen Technologien werden in den letzten Jahren verstärkt auch Prüfungen *durch* digitale Medien angeboten, also technologiebasierte Prüfungen (TBA[6]). So werden etwa die alle drei Jahre stattfindenden PISA-Untersuchungen vollständig am Computer durchgeführt. In Finnland wird mittlerweile auch die Abiturprüfung mit dem computergestützten System „Abitti"[7] direkt am Computer geschrieben. Digitale Werkzeuge wie etwa (verschiedene) CAS, DGS und TK sind in das System integriert. Dabei besteht die größte didaktische bzw. inhaltliche Herausforderung darin, diese Prüfungen so zu gestalten, dass neben dem prozeduralen auch das konzeptionelle Wissen überprüft werden kann.

Neben dem Einsatz digitaler Medien in Tests, Klassenarbeiten und Abschlussprüfungen gibt es eine breite Palette an Software, die zur Diagnose und zur Unterstützung von Lernprozessen im Klassenraum eingesetzt werden kann (Fahlgren et al., 2021). Das „SMART"-Testsystem[8] wird seit 2008 an der Universität von Melbourne entwickelt (Price et al., 2013). Es ist ein Online-System, das Lehrkräften eine informative Diagnose des konzeptionellen Verständnisses von Lernenden liefert. Dabei besteht ein Test nur aus wenigen Fragen zu einem Thema, die in der Regel in etwa zehn Minuten bearbeitet werden können. Antworten an das System werden während der Aufgabenbearbeitung meist durch Einstellungen von Schiebereglern, Positionierungen von Bildern oder das Ankreuzen bei Multiple-Choice-Antworten gegeben. In den Niederlanden werden im „Questify Builder"[9] digitale Werkzeuge wie das CAS Maxima dazu verwendet, algebraische Aufgaben automatisch zu bewerten und so Lernenden eine computergenerierte Rückmeldung zu geben (Drijvers, 2018).

Die Leistungsüberprüfung im Rahmen von Klassenarbeiten und Abschlussprüfungen (summative Evaluation) sowie die diagnostischen Zwecken dienende Überprüfung im Rahmen des Klassenunterrichts (formative Evaluation) wird gerade im Zusammenhang mit dem Einsatz digitaler Medien auch in den nächsten Jahren ein zentrales Thema bleiben (Suurtamm et al., 2016).

1.5   Aufgaben

1. Suchen Sie im Internet – etwa auf Youtube.de – je ein Erklärvideo zu den Begriffen
   a) Kongruenz und
   b) binomische Formeln.
   Nehmen Sie kritisch zu diesen Videos bzgl. fachlicher Korrektheit, Art der Aufbereitung, Verständlichkeit der Erklärungen etc. Stellung.
2. Auf https://unterrichten.zum.de/wiki/Mathematik-digital (05.05.2024) finden Sie u. a. einen Lernpfad für die Klasse 9 zu Potenzfunktionen. Eine Schülerin bzw. ein Schüler

---

[6]TBA = Technology-based Assessment.

[7]https://www.abitti.fi. (05.05.2024)

[8]http://www.smartvic.com, in Deutsch: https://smart.dzlm.de. (05.05.2024)

[9]https://www.cito.nl/kennis-en-innovatie/psychometrisch-onderzoek-en-dienstverlening/software/questify-builder. (05.05.2024)

soll sich mit diesem Lernpfad diesen Themenbereich in selbstständiger, individueller Arbeit aneignen. Wie beurteilen Sie die Aufbereitung dieses Lernpfades unter didaktischen Gesichtspunkten? Wo erwarten Sie Schwierigkeiten bei Schülerinnen und Schülern?

3. Auf https://projekte.zum.de/wiki/Digitale_Werkzeuge_in_der_Schule (05.05.2024) finden Sie einen Lernpfad zu „Quadratischen Funktionen", der eine Wiederholung dieses Funktionentyps am Ende der Sekundarstufe I darstellt. Geben Sie eine persönliche Einschätzung zur Aufbereitung des fachlichen Inhalts in diesem Kurs. Welche Inhalte vermissen Sie im Hinblick auf die Vorbereitung auf den Mathematikunterricht der Oberstufe?

4. Math City Map (https://mathcitymap.eu/de/ - 05.05.2024) ist ein Projekt zum Lernen von Mathematik an außerschulischen Orten. Wenn Sie sich bei diesem Projekt anmelden, finden Sie unter „Portal – Aufgaben" im Allgemeinen auch Aufgaben zu Objekten in Ihrer unmittelbaren örtlichen Umgebung. Bearbeiten Sie einige dieser Aufgaben und schätzen Sie die Bedeutung ein, die Sie in solchen Aufgaben für den Mathematikunterricht sehen.

5. Ein Sprachmodell der künstlichen Intelligenz ist ChatGPT. Über https://openai.com/blog/chatgpt (05.05.2024) können Sie sich kostenlos bei dem System anmelden und damit arbeiten.

   a) Lassen Sie ChatGPT erklären, was ein „Lernpfad" ist. Lassen Sie sich auch ein Beispiel für einen Lernpfad geben.

   b) Fragen Sie ChatGPT nach einer Formel für die Summe der ersten n natürlichen Zahlen und einen Beweis dafür.

   Nehmen Sie jeweils kritisch zu den Ergebnissen Stellung.

6. Bei der prozessbezogenen Kompetenz „Mit Medien mathematisch arbeiten" gemäß KMK (2022) sollen Schülerinnen und Schüler u. a. „mathematikhaltige Informationen und Darstellungen in Alltagsmedien unter mathematischen Gesichtspunkten vergleichen". Geben Sie hierfür ein Beispiel an und erläutern Sie, was Sie erwarten, wenn Sie das im Unterricht behandeln würden.

7. Das TPACK-Modell setzt fachlich inhaltsbezogenes Wissen, fachunabhängiges pädagogisches Wissen und technisches Wissen in Beziehung zum fachdidaktischen Wissen. Erläutern Sie diese Beziehung an einem Beispiel aus der Mathematik.

8. Nach dem SAMR-Modell können fachliche Inhalte auf vier verschiedene Arten weiterentwickelt werden, und zwar durch Neugestalten, Umgestalten, Erweitern und Ersetzen. Geben Sie für jede dieser vier Arten ein Beispiel aus dem Algebraunterricht der Sekundarstufe I an.

9. Geben Sie verschiedene Beispiele aus dem Mathematikunterricht, welche hilfsmittelfreien Fertigkeiten Sie am Ende der Sekundarstufe I für besonders wichtig erachten. Geben Sie entsprechende Aktivitäten an, wie diese Fertigkeiten in der 10. Jahrgangsstufe gefördert werden können.

10. Geben Sie ein Beispiel für eine Prüfungsaufgabe in der 10. Jahrgangsstufe, bei der ein CAS notwendig ist und sinnvoll eingesetzt werden kann. Geben Sie auch an, worauf Sie bei der Lösung besonderen Wert legen.

Literatur

Barzel, B. (2012). *Computeralgebra im Mathematikunterricht: Ein Mehrwert – aber wann?* Waxmann.

Barzel, B., & Greefrath, G. (2015). Digitale Mathematikwerkzeuge sinnvoll integrieren. In W. Blum, S. Vogel, C. Drüke-Noe, & A. Roppelt (Hrsg.), *Bildungsstandards aktuell: Mathematik in der Sekundarstufe II* (S. 145–157). Westermann Schroedel Diesterweg Schöningh Winklers.

Barzel, B., Hußmann, S., & Leuders, T. (2005). *Computer, Internet & Co. im Mathematik-Unterricht.* Cornelsen.

Barzel, B., & Klinger, M. (2022). Digitale Mathematikwerkzeuge. In G. Pinkernell, F. Reinhold, F. Schacht, & D. Walter (Hrsg.), *Digitales Lehren und Lernen von Mathematik in der Schule* (S. 91–108). Springer Spektrum. https://doi.org/10.1007/978-3-662-65281-7_5

Baumert, J., & Kunter, M. (2011). Das Kompetenzmodell von COACTIV. In M. Kunter, J. Baumert, W. Blum, U. Klusmann, S. Krauss, & M. Neubrand (Hrsg.), *Professionelle Kompetenz von Lehrkräften. Ergebnisse des Forschungsprogramms COACTIV* (S. 29–53). Waxmann.

Bednorz, D., & Bruhn, S. (2021). Mehr als nur erklären – eine Bestandsanalyse des Angebots an mathematischen YouTube-Videos. *Mitteilungen der Gesellschaft für Didaktik der Mathematik, 47*(110), 10–17.

Bersch, S., Merkel, A., Oldenburg, R., & Weckerle, M. (2020). Erklärvideos: Chancen und Risiken – Zwischen fachlicher Korrektheit und didaktischen Zielen. *Mitteilungen der Gesellschaft für Didaktik der Mathematik, 46*(109), 58–63.

Bikner-Ahsbahs, A. (2022). Mathematiklehren und -lernen digital – Theorien, Modelle, Konzepte. In G. Pinkernell, F. Reinhold, F. Schacht, & D. Walter (Hrsg.), *Digitales Lehren und Lernen von Mathematik in der Schule* (S. 7–36). Springer. https://doi.org/10.1007/978-3-662-65281-7_2

Brnic, M., & Greefrath, G. (2021). Ein digitales Schulbuch im Mathematikunterricht einsetzen. *MNU-Journal, 74*(3), 224–231.

Bruder, R., Grell, P., Konert, J., Rensing, C., & Wiemeyer, J. (2015). Qualitätsbewertung von Lehr- und Lernvideos. In N. S. Nistor, Nicolae, & S. Schirlitz (Hrsg.), *Digitale Medien und Interdisziplinarität. Herausforderungen, Erfahrungen, Perspektiven* (Fachportal Pädagogik; S. 295–297). Waxmann.

Döbeli Honegger, B. (2021). *DPACK-Modell.* https://mia.phsz.ch/DPACK/. Zugegriffen am 05.05.2024.

Dörner, R., Broll, W., Grimm, P., & Jung, B. (Hrsg.). (2019). *Virtual und Augmented Reality (VR/AR): Grundlagen und Methoden der Virtuellen und Augmentierten Realität.* Springer. https://doi.org/10.1007/978-3-662-58861-1

Drijvers, P. (2018). Digital assessment of mathematics: Opportunities, issues and criteria. *Mesure et évaluation en éducation, 41*(1), 41–66. https://doi.org/10.7202/1055896ar

Engelbrecht, J., Llinares, S., & Borba, M. C. (2020). Transformation of the mathematics classroom with the internet. *ZDM – Mathematics Education, 52*(5), 825–841. https://doi.org/10.1007/s11858-020-01176-4

Fahlgren, M., Brunström, M., Dilling, F., Kristinsdóttir, B., Pinkernell, G., & Weigand, H.-G. (2021). Technology-rich assessment in mathematics. In A. Clark-Wilson, A. Donevska-Todorova, E. Faggiano, J. Trgalová, & H.-G. Weigand (Hrsg.), *Mathematics education in the digital age: Learning, practice and theory* (S. 69–83). Routledge. https://doi.org/10.4324/9781003137580-5

Gesellschaft für Informatik. (Hrsg.). (2016). *Dagstuhl-Erklärung, Bildung in der digitalen vernetzten Welt.* https://dagstuhl.gi.de. Zugegriffen am 05.05.2024.

Hegedus, S., Laborde, C., Brady, C., Dalton, S., Siller, H.-S., Tabach, M., Trgalova, J., & Moreno-Armella, L. (2017). *Uses of Technology in Upper Secondary Mathematics Education.* Springer International Publishing. https://doi.org/10.1007/978-3-319-42611-2

Heintz, G., Elschenbroich, H.-J., Laakmann, H., Langlotz, H., Rüsing, M., Schacht, F., Schmidt, R., & Tietz, C. (2017). *Werkzeugkompetenzen. Kompetent mit digitalen Werkzeugen Mathematik betreiben.* medienstatt.

Heymann, H. W. (2013). *Allgemeinbildung und Mathematik.* Beltz.

Hoch, S., Reinhold, F., Werner, B., Reiss, K., & Richter-Gebert, J. (2018). *Bruchrechnen. Bruchzahlen & Bruchteile greifen & begreifen [Web Version]* (4.). Technische Universität München.

Hoyles, C., & Lagrange, J.-B. (Hrsg.). (2010). *Mathematics Education and Technology – Rethinking the Terrain: The 17th ICMI Study* (Bd. 13). Springer US. https://doi.org/10.1007/978-1-4419-0146-0

Huwer, J., Irion, T., Kuntze, S., Schaal, S., & Thyssen, C. (2019). Von TPaCK zu DPaCK – Digitalisierung im Unterricht erfordert mehr als technisches Wissen. *MNU Journal, 72*(5), 358–364.

Ingelmann, M. (2009). *Evaluation eines Unterrichtskonzeptes für einen CAS-gestützten Mathematikunterricht in der Sekundarstufe I.* Logos.

IQSH. (Hrsg.). (2018). Digitale Medien im Fachunterricht. Institut für Qualitätsentwicklung an Schulen Schleswig-Holstein. https://fachportal.lernnetz.de/files/Fachanforderungen%20und%20 Leitf%C3%A4den/Sek.%20I_II/Leif%C3%A4den/Leitfaden%20digitale%20Medien%20 im%20FU.pdf. Zugegriffen am 05.05.2024.

KMK. (Hrsg.). (2017). *Bildung in der digitalen Welt. Strategie der Kultusministerkonferenz.* KMK. https://www.kmk.org/aktuelles/artikelansicht/strategie-bildung-in-der-digitalen-welt.html. Zugegriffen am 05.05.2024.

KMK. (Hrsg.). (2022). *Bildungsstandards für das Fach Mathematik. Erster Schulabschluss (ESA) und Mittlerer Schulabschluss (MSA) (Beschluss der Kultusministerkonferenz vom 15.10.2004 und vom 04.12.2003, i.d.F. vom 23.06.2022).* Sekretariat der Ständigen Konferenz der Kultusminister der Länder in der Bundesrepublik Deutschland. https://www.kmk.org/fileadmin/ Dateien/veroeffentlichungen_beschluesse/2022/2022_06_23-Bista-ESA-MSA-Mathe.pdf. Zugegriffen am 05.05.2024.

Koehler, M. J., & Mishra, P. (2009). What is technological pedagogical content knowledge? *Contemporary Issues in Technology and Teacher Education, 9*(1), 60–70.

Koehler, M. J., Mishra, P., & Cain, W. (2013). What is technological pedagogical content knowledge (TPACK)? *Journal of Education, 193*(3), 13–19. https://doi.org/10.1177/002205741319300303

Korntreff, S., & Prediger, S. (2021). Fachdidaktische Qualität von YouTube-Erklärvideos. In C. Maurer, K. Rincke, & M. Hemmer (Hrsg.), *Fachliche Bildung und digitale Transformation – Fachdidaktische Forschung und Diskurse* (S. 123–126). Universität Regensburg.

Mishra, P., & Koehler, M. J. (2006). Technological pedagogical content knowledge: A framework for teacher knowledge. *Teachers College Record, 108*(6), 1017–1054. https://doi.org/10.1111/ j.1467-9620.2006.00684.x

Noster, N., Hershkovitz, A., Tabach, M., & Siller, H.-S. (2022). Learners' strategies in interactive sorting tasks. In I. Hilliger, P. J. Muñoz-Merino, T. De Laet, A. Ortega-Arranz, & T. Farrell (Hrsg.), *Educating for a new future: Making sense of technology-enhanced learning adoption* (Bd. 13450, S. 285–298). Springer International Publishing. https://doi.org/10.1007/978-3-031-16290-9_21

Ostermann, A., Ghomi, M., Mühling, A., & Lindmeier, A. (2022). Elemente der Professionalität von Lehrkräften in Bezug auf digitales Lernen und Lehren von Mathematik. In G. Pinkernell, F. Reinhold, F. Schacht, & D. Walter (Hrsg.), *Digitales Lehren und Lernen von Mathematik in der Schule* (S. 59–89). Springer. https://doi.org/10.1007/978-3-662-65281-7_4

Pepin, B., Choppin, J., Ruthven, K., & Sinclair, N. (2017). Digital curriculum resources in mathematics education: Foundations for change. *ZDM – Mathematics Education, 49*(5), 645–661. https://doi.org/10.1007/s11858-017-0879-z

Pinkernell, G., Reinhold, F., Schacht, F., & Walter, D. (Hrsg.). (2022). *Digitales Lehren und Lernen von Mathematik in der Schule: Aktuelle Forschungsbefunde im Überblick.* Springer Spektrum. https://doi.org/10.1007/978-3-662-65281-7

Price, B., Stacey, K., Steinle, V., & Gvozdenko, E. (2013). SMART online assessments for teaching mathematics. *Mathematics Teaching, 235*, 60–70.

Puentedura, R. (2006). *Transformation, technology, and education.* http://hippasus.com/resources/tte/. Zugegriffen am 05.05.2024.

Redecker, C. (2017). *European framework for the digital competence of educators: DigCompEdu.* (Y. Punie, Hrsg.). Publications Office of the European Union. https://data.europa.eu/doi/10.2760/159770. Zugegriffen am 05.05.2024.

Reinhold, F., Hoch, S., Werner, B., Reiss, K., & Richter-Gebert, J. (2018). *Tablet-PCs im Mathematikunterricht der Klasse 6. Ergebnisse des Forschungsprojektes ALICE:Bruchrechnen.* Waxmann. https://doi.org/10.25656/01:16579

Reinhold, F., Walter, D., & Weigand, H.-G. (2023). Digitale Medien. In R. Bruder, A. Büchter, H. Gasteiger, B. Schmidt-Thieme, & H.-G. Weigand (Hrsg.), *Handbuch der Mathematikdidaktik* (S. 523–559). Springer. https://doi.org/10.1007/978-3-662-66604-3_17

Roth, J. (2022). Digitale Lernumgebungen – Konzepte, Forschungsergebnisse und Unterrichtspraxis. In G. Pinkernell, F. Reinhold, F. Schacht, & D. Walter (Hrsg.), *Digitales Lehren und Lernen von Mathematik in der Schule* (S. 109–136). Springer Spektrum. https://doi.org/10.1007/978-3-662-65281-7_6

Shulman, L. S. (1986). Those who understand: Knowledge growth in teaching. *Educational Researcher, 15*(2), Article 2. https://doi.org/10.3102/0013189X015002004

Suurtamm, C., Thompson, D. R., Kim, R. Y., Moreno, L. D., Sayac, N., Schukajlow, S., Silver, E., Ufer, S., & Vos, P. (2016). *Assessment in mathematics education.* Springer International Publishing. https://doi.org/10.1007/978-3-319-32394-7

Thurm, D., & Graewert, L. A. (2022). *Digitale Mathematik-Lernplattformen in Deutschland.* Springer Fachmedien. https://doi.org/10.1007/978-3-658-37520-1

Valtonen, T., Sointu, E. T., Mäkitalo-Siegl, K., & Kukkonen, J. (2015). Developing a TPACK measurement instrument for 21st century pre-service teachers. *Seminar.net, 11*(2). https://doi.org/10.7577/seminar.2353

Witzke, I., & Heitzer, J. (2019). 3D-Druck: Chance für den Mathematikunterricht? *mathematik lehren, 217,* 2–9.

Zahlen und Algorithmen

Das Umgehen mit Zahlen ist im Mathematikunterricht zentral. Schülerinnen und Schüler erweitern in der Sekundarstufe mehrfach den ihnen vertrauten Zahlbereich, sie lernen das Rechnen mit natürlichen, ganzen, rationalen bzw. reellen Zahlen und nutzen dies in Geometrie, Algebra, Stochastik und Analysis.

Digitale Werkzeuge sind beim Umgang mit Zahlen immer nützlich, wenn das Rechnen im Kopf oder „per Hand" aufwendig bzw. nicht möglich ist. Das Standardwerkzeug in der Schule ist dabei der Taschenrechner. Mit diesem stößt man allerdings an Grenzen, wenn viele Rechnungen auszuführen oder größere Datenmengen zu verarbeiten sind. Dann kann es im Mathematikunterricht ausgesprochen sinnvoll sein, digitale Werkzeuge wie Tabellenkalkulation oder Programmierumgebungen zu nutzen. Die Verarbeitungskapazität und die Rechengeschwindigkeit von Computern eröffnen dabei substanziell neue Wege zum Betreiben von Mathematik. Wir illustrieren dies in diesem Kapitel an zahlreichen Beispielen. Es werden jeweils Standardinhalte aus dem Mathematikunterricht aufgegriffen (z. B. Teiler, Primzahlen, Wurzeln, Nullstellen, π), und es wird gezeigt, wie man Facetten dieser Inhaltsbereiche (nur) mit digitalen Medien erschließen kann. Die Weiterentwicklungen von Mathematikunterricht in Bezug auf inhaltliche Anforderungen an Lernende können damit auf allen vier Ebenen des SAMR-Modells aus Abschn. 1.3.2 erfolgen.

Dieses Kapitel verfolgt das Ziel, Leserinnen und Leser beim Kompetenzerwerb in den Bereichen der drei Ringe des TPACK-Modells gemäß Abb. 1.2 zu unterstützen:

- *Mathematik*: Man kann fachliche Inhalte der Sekundarstufenmathematik kennenlernen bzw. vertiefen, bei denen die Berechnung von Zahlen im Fokus steht.
- *Digitale Werkzeuge*: Damit verwoben kann technologisches Wissen zum Umgang mit digitalen Werkzeugen – in diesem Kapitel insbesondere mit Tabellenkalkulation und Programmierumgebungen – erworben bzw. erweitert werden. Dies ist eine Grundlage,

G. Greefrath et al., *Digitalisierung im Mathematikunterricht*, Mathematik Primarstufe und Sekundarstufe I + II, https://doi.org/10.1007/978-3-662-68682-9_2

um als Lehrkraft solche Werkzeuge im Mathematikunterricht nutzen bzw. um Lernenden Impulse zum Arbeiten mit diesen Werkzeugen geben zu können.
- *Mathematikdidaktik*: Zudem will das Kapitel zu fachdidaktischem Reflektieren anregen – beispielsweise über das Potenzial der mathematischen Inhalte und digitalen
  Werkzeuge für die Gestaltung von Lehr-Lern-Prozessen oder über die Bedeutung numerischer und algorithmischer Aspekte im Mathematikunterricht.

Damit die im Folgenden besprochenen Algorithmen möglichst ohne Hürden anhand eines
Computers umgesetzt werden können, werden Anweisungen für Tabellenkalkulation explizit dargestellt und Programmcodes in einer Programmiersprache angegeben. Hierfür
wurde die Sprache Python gewählt, denn einerseits gehört diese Sprache zu den weltweit
meistgefragten professionellen Programmiersprachen; zugehörige Entwicklungsumge-
bungen sind kostenfrei verfügbar. Andererseits ist sie für didaktische Zwecke und einen
Einstieg ins Programmieren sehr gut geeignet, da sie mit wenigen Schlüsselwörtern aus-
kommt und der Code ohne viel „Ballast" sehr prägnant ist. Der zu den Beispielen an-
gegebene Programmcode ist jeweils vollständig und lauffähig; zugehörige Dateien stehen
auf der Webseite zum Buch http://www.digitalisierung-im-mathematikunterricht.de zum
Download zur Verfügung.

Schülerinnen und Schüler, aber auch Leserinnen und Leser des vorliegenden Buches,
die noch keine oder kaum Erfahrungen im Programmieren haben, können anhand der vorgestellten Beispiele einen Einstieg ins Programmieren finden. Dabei können sie erleben,
welch mächtige Werkzeuge Programmierumgebungen für mathematisches Arbeiten darstellen können. Als Unterstützung für einen Einstieg in eine Programmiersprache wie Python sind – auch für Schülerinnen und Schüler – zahlreiche Text- und Video-Tutorials im
Internet sowie entsprechende Literatur verfügbar. Weitere Informationen hierzu finden
sich auf der Webseite zum Buch.

2.1   Natürliche bzw. ganze Zahlen

Zu Beginn der Sekundarstufe erschließen Schülerinnen und Schüler die Zahlenbereiche
der natürlichen und der ganzen Zahlen. Damit sind die in diesem Abschn. 2.1 besprochenen
mathematischen Inhalte ab Jahrgangsstufe 5 zugänglich. Sie können auch Lernenden in
höheren Jahrgangsstufen eine Grundlage bieten, um mathematische Kompetenzen – insbesondere zum Umgang mit Algorithmen – und medienbezogene Kompetenzen gemäß
Abschn. 1.2.2 weiterzuentwickeln.

2.1.1   Große Zahlen berechnen

Die folgende Aufgabe ist ein „Klassiker" zur Thematik exponentiellen Wachstums. Einerseits kann sie bereits in Jahrgangsstufe 5 im Rahmen der Einführung des Bereichs der

natürlichen Zahlen Impulse zum Rechnen mit „großen" natürlichen Zahlen (hier Trillionen) geben. Andererseits kann sie in höheren Jahrgangsstufen als Einstieg ins Thema der Exponentialfunktionen dienen.

Reiskörner auf einem Schachbrett

Einer alten Legende nach wollte ein König den Erfinder des Schachspiels für seine Erfindung belohnen. Der Erfinder bat den König: Legt auf das erste Feld des Schachbretts ein Reiskorn, auf das zweite Feld zwei Reiskörner, auf das dritte Feld vier Körner, auf das vierte Feld acht Körner und so weiter. Auf jedem Feld sollen doppelt so viele Reiskörner liegen wie auf dem vorhergehenden. Gebt mir dann bitte den Reis auf allen 64 Feldern des Schachbretts. Der König war erzürnt, weil er den Wunsch für zu bescheiden hielt.

Berechne, wie viele Reiskörner der Erfinder des Schachspiels bekommen müsste. Vergleiche das Ergebnis mit der Jahresproduktion an Reis auf der Erde. ◄

Möchte man die Anzahlen der Körner auf jedem einzelnen Feld berechnen und diese Zahlen addieren, so wäre dies „per Hand" oder mit einem Taschenrechner sehr mühsam und fehleranfällig. Es bietet sich an, dass Schülerinnen und Schüler hierfür einen Computer nutzen; mit ihm lassen sich die Rechenschritte automatisiert durchführen. Möglichkeiten der methodischen Umsetzung im Mathematikunterricht werden in Abschn. 2.1.5 besprochen. Insbesondere eignet sich die vorliegende Aufgabe für den regulären Mathematikunterricht in der Klasse.

Bearbeitung mit Tabellenkalkulation

In Tab. 2.1 und Abb. 2.1 ist eine Umsetzung der Berechnungen mit Tabellenkalkulation dargestellt. In Spalte A steht die Zahl der Reiskörner auf dem n-ten Feld, in Spalte B wird die Summe bis zum n-ten Feld berechnet ($1 \leq n \leq 64$). Dazu werden in Tabellenzeile 2 jeweils die Startwerte 1 für das erste Feld eingegeben. Die Werte der weiteren Felder berechnet dann das Tabellenkalkulationsprogramm. In Spalte A erfolgt dies, indem jeweils der Wert aus der darüberstehenden Tabellenzelle verdoppelt wird. In Spalte B werden jeweils die Werte aus der darüberstehenden Zelle (vorherige Summe) und linksstehenden Zelle (neuer Summand) addiert.

Tab. 2.1 Reiskörner auf einem Schachbrett

	A	B
1	Reiskörner auf einem Feld	Summe
2	1	1
3	= A2 * 2	= B2+A3
4	= A3 * 2	= B3+A4
5	= A4 * 2	= B4+A5
6	…	…

Abb. 2.1 Reiskörner auf
einem Schachbrett

	A	B
1	Reiskörner auf einem Feld	Summe
2	1	1
3	2	3
4	4	7
5	8	15
6	16	31
7	32	63
8	64	127
9	128	255
10	256	511
11	512	1023
12	1024	2047

Hintergrund zu Tabellenkalkulation

- Zellbezüge werden durch die Nennung der Spalten (A, B, C, ...) und der Zeilen (1, 2, 3, ...) bezeichnet, z. B. steht B3 für die Zelle in der zweiten Spalte und dritten Zeile.
- Berechnungen in Zellen beginnen mit einem Gleichheitszeichen, z. B. = B3+A4.
- Beim Kopieren einer Zelle (z. B. durch Markieren und Ziehen mit der Maus) wird der Zellbezug automatisch zeilen- bzw. spaltenweise weitergezählt, z. B. = B3+A4, = B4+A5, = B5+A6 , ...
- Ist das automatische Weiterzählen im Zellbezug beim Kopieren nicht erwünscht, kann dies durch ein Dollarzeichen verhindert werden, z. B. = B$3+A4, = B$3+A5, = B$3+A6, ...

Auf diese Weise erhält man mit einem Tabellenkalkulationsprogramm als Anzahl der Reiskörner auf allen 64 Feldern etwa das Ergebnis „1,84467E+19". Die Schülerinnen und Schüler sind hier zum einen gefordert, diese Schreibweise als $1{,}84467 \cdot 10^{19}$ zu interpretieren. Zum anderen sollten sie sich bewusstmachen, dass es sich hierbei um eine natürliche Zahl handelt, auch wenn in der Schreibweise ein Komma vorkommt. Auf dem gefüllten Schachbrett würden sich etwa 18 Trillionen Reiskörner befinden. Lässt man das Ergebnis vom Tabellenkalkulationsprogramm mit allen Stellen anzeigen, erhält man z. B. 18446744073709600000. Hier sollten die Lernenden misstrauisch werden: Können diese vielen Nullen am Ende der Zahl richtig sein? Die Summe $1 + 2 + 4 + 8 + 16 + ...$ ist doch eine ungerade Zahl! Man stößt hier auf das Phänomen, dass das Tabellenkalkulationsprogramm die korrekte natürliche Zahl als Ergebnis gar nicht liefern kann, weil es etwa auf 15 Stellen genau rechnet. Deutlich wird dies auch, wenn man beispielsweise $(1 + 10^{-15}) - 1$ vom Tabellenkalkulationsprogramm berechnen lässt und als Ergebnis den Wert 0 erhält.

Bearbeitung mit einer Programmiersprache

Bei der obigen Aufgabe bietet es sich auch an, dass – zumindest mathematisch besonders interessierte – Schülerinnen und Schüler ein Programm mit einer Programmiersprache erstellen, insbesondere um die Kompetenz „Mit Medien mathematisch arbeiten" gemäß den KMK-Bildungsstandards (Abschn. 1.2.1) in vertiefter Weise zu entwickeln. Sofern sie noch keine Programmierkenntnisse besitzen, kann die Aufgabe als Impuls dienen, eine

Programmiersprache zu lernen. Die Sprache Python besitzt hierbei den Vorteil, dass mit natürlichen Zahlen in beliebiger Stellenzahl exakt gerechnet wird. Damit liefert das folgende Programm die Gesamtzahl aller Reiskörner auf dem Schachbrett:

```
# Reiskörner auf einem Schachbrett
summe = 0
for i in range(64):
    summe = summe + 2**i
print(summe)
```

Mit der Variablen „summe" soll das Ergebnis schrittweise durch Summation entstehen; sie wird zu Beginn auf den Wert 0 gesetzt. Zentral für die Berechnung ist die For-Schleife. Die Zählvariable „i" durchläuft dabei die Zahlen 0, 1, 2, 3, …, 63. In jedem Schritt wird der Wert der Variablen „summe" um die Zweierpotenz 2^i erhöht. Am Ende wird der Wert dieser Variablen ausgegeben. Man erhält damit die exakte Zahl 18446744073709551615 der Reiskörner als Ergebnis.

Hintergrund zu Python
- Die Funktion „range(n)" liefert die Folge der ersten n natürlichen Zahlen beginnend mit 0.
- Der Operator für das Potenzieren wird mit zwei Sternen „**" notiert.
- Um Variablen einen Wert zuzuweisen, wird das Zeichen „=" verwendet.
- Durch Einrücken macht man deutlich, wie viele Anweisungen die For-Schleife umfassen soll. Im obigen Beispiel bezieht sie sich also nur auf die Zuweisung des neuen Wertes für „summe".

Im Internet recherchieren
Um der ermittelten Zahl der Reiskörner weitere inhaltliche Bedeutung zu geben, sollen die Schülerinnen und Schüler dies mit der jährlichen Reisproduktion auf der Erde vergleichen. Mit Internetrecherchen sind die hierfür nötigen Daten leicht zu finden: die Masse des weltweit pro Jahr produzierten Reises und die durchschnittliche Masse eines Reiskorns. Dabei stellt man fest, dass unterschiedliche Quellen verschiedene Daten angeben. Die Lernenden sind dadurch gefordert, sich bewusst zu machen, dass solche Zahlenangaben immer auf Annahmen und Abschätzungen beruhen und dadurch zwangsläufig auch mit Fehlern behaftet sind. Zudem müssen sie beurteilen, wie verlässlich die gefundenen Quellen im Internet sind. Diese Aktivitäten fördern damit insbesondere auch allgemeine medienbezogene Kompetenzen gemäß Abschn. 1.2.2. Kombinieren die Lernenden die gewonnenen Daten miteinander, gelangen sie zu dem Ergebnis, dass man die jährliche Weltjahresproduktion an Reis mehrere hundert Male bräuchte, um den Reis auf dem Schachbrett zu erhalten.

Diskussion: Tabellenkalkulation oder Programmieren?
Nachdem nun zwei Möglichkeiten vorgestellt wurden, die Berechnungen zur obigen Aufgabe durchzuführen, stellt sich die Frage, welche Gesichtspunkte für bzw. gegen die Verwendung von Tabellenkalkulation bzw. einer Programmiersprache sprechen. Aus mathe-

matischer Sicht ist es unerheblich, welches digitale Werkzeug man zum Addieren der 64 Zweierpotenzen verwendet. Die Frage nach dem Technologieeinsatz ist primär eine fachdidaktische: Welche Kompetenzen zum Umgang mit digitalen Medien sollen Schülerinnen und Schüler erwerben? Wie lässt sich dies innerhalb der schulischen Rahmenbedingungen realisieren?

Tabellenkalkulation gehört in vielen Berufsfeldern zur „Standardsoftware" für die Erfassung, Verarbeitung, Verwaltung und Darstellung von Daten. Insofern kann es ein Lernziel in der Schule sein, dass Schülerinnen und Schüler medienbezogene Kompetenzen zum Umgang mit Tabellenkalkulation gemäß Abschn. 1.2.2 erwerben. Um dies sinnvoll in den Mathematikunterricht zu integrieren, bedarf es mathematischer Situationen, bei denen die Verwendung von Tabellenkalkulation einen Mehrwert darstellt – wie etwa bei der Aufgabe zu den Reiskörnern. Wenn dies eng mit mathematischem Arbeiten und dem Erwerb inhalts- und prozessbezogener mathematischer Kompetenzen verbunden ist, wird der Charakter von Tabellenkalkulation als digitalem Mathematikwerkzeug im Sinne von Abschn. 1.1 deutlich. Lernende können es in allen Jahrgangsstufen der Sekundarstufe für mathematisches Lernen nutzen (vgl. z. B. Dopfer & Reimer, 1999; Kunz & Seifert, 2013 sowie Beispiele im vorliegenden Buch).

Ob und in welcher Weise Schülerinnen und Schüler Programmieren lernen sollten, wird sowohl in der Mathematikdidaktik als auch der Informatikdidaktik seit Jahrzehnten diskutiert. Einerseits wird betont, dass das reine Erlernen einer Programmiersprache noch keinen allgemeinbildenden Wert hat (z. B. Hubwieser, 2007, S. 87). Andererseits ist Programmieren mehr als nur das Tippen von Code gemäß der Syntax einer Sprache. So stellen etwa Kortenkamp und Lambert (2015) sowie Kortenkamp (2008, 2015) heraus, dass das Entwickeln, Formalisieren, Implementieren, Anwenden und Bewerten von Algorithmen ausgesprochen anspruchsvolle geistige Tätigkeiten mit hoher Bedeutung innerhalb der Mathematik sind. In Abschn. 2.1.4 werden wir dies weiter vertiefen. Im vorliegenden Buch sehen wir Programmierumgebungen aus mathematikdidaktischer Perspektive als digitale Werkzeuge, die Lernende bei mathematischem Arbeiten unterstützen können. Im Vergleich zu Tabellenkalkulation sind Programmierumgebungen weitaus mächtiger: Es können komplexere Algorithmen umgesetzt werden, man kann mit komplexeren Datenstrukturen umgehen, und es sind weitaus mehr Berechnungsschritte realisierbar. Aber soll deshalb Programmieren verbindlicher Bestandteil des Mathematikunterrichts sein? Immerhin sind die zeitlichen Ressourcen in der Schule begrenzt sowie die Ansprüche an Mathematikunterricht und seine Ziele sehr vielfältig.

Dieses Spannungsfeld lässt sich in der Praxis leicht auflösen: durch Differenzierung. Es muss nicht jede Schülerin bzw. jeder Schüler lernen, Programme zu mathematischen Inhalten zu erstellen. Es wäre aber auch schade, wenn keine Schülerin bzw. kein Schüler entsprechende Lernangebote hierzu erhielte. Im Sinne differenzierter Förderung bietet es sich an, potenziell interessierten Lernenden Impulse zu geben, um einen Einstieg ins Programmieren zu finden und mit Programmierumgebungen als digitale Werkzeuge mathematische Kompetenzen in vertiefter Weise zu entwickeln. Wie dies im Unterrichtsalltag organisatorisch und methodisch realisiert werden kann, wird in Abschn. 2.1.5 besprochen.

2.1.2 ggT berechnen

Um den größten gemeinsamen Teiler zweier natürlicher Zahlen zu bestimmen, gibt es verschiedene Wege:

- *Teilermengen:* Man bestimmt zu beiden Zahlen jeweils alle Teiler und nimmt die größte Zahl, die in beiden Teilermengen vorkommt.
- *Primfaktorzerlegungen:* Beide Zahlen werden in Primfaktoren zerlegt. Die Primfaktoren, die in beiden Zerlegungen vorkommen, bilden in entsprechender Vielfachheit den ggT.
- *Euklidischer Algorithmus:* Durch wiederholte Subtraktionen oder Divisionen mit Rest lässt sich der ggT berechnen.

Die ersten beiden Wege sind insbesondere praktikabel, wenn der ggT für eher kleine Zahlen „per Hand auf Papier" oder „im Kopf" bestimmt wird. Für große Zahlen sind diese beiden Wege sehr aufwendig. Im Gegensatz dazu stellt der euklidische Algorithmus ein einfaches und leistungsfähiges Verfahren dar, das relativ leicht auf einem Rechner implementiert werden kann und dadurch den ggT auch für große Zahlen liefert.

Der euklidische Algorithmus basiert darauf, dass die beiden Zahlen, von denen der ggT gesucht wird, schrittweise kleiner gemacht werden. Dies lässt sich in zwei Varianten formulieren: Bei der Fassung mit Subtraktionen wird iterativ die kleinere von der größeren Zahl abgezogen; dies beruht auf dem Zusammenhang $ggT(a; b) = ggT(b; a - b)$. Wir stellen im Folgenden die Fassung mit Divisionen dar, da sie in der Regel in weniger Schritten zum Ergebnis führt.

Euklidischer Algorithmus für den ggT

Der Mathematiker Euklid lebte etwa um 300 v. Chr. in Griechenland. Sein berühmtestes Werk „Die Elemente" ist ein Schriftwerk, in dem er das mathematische Wissen seiner Zeit zusammengefasst und systematisiert hat. In diesem Werk wird auch ein Verfahren zur Berechnung des größten gemeinsamen Teilers zweier natürlicher Zahlen beschrieben. Dieses Verfahren wird euklidischer Algorithmus genannt, auch wenn es bereits vor Euklid bekannt war.

Divisionen mit Rest und der ggT

Die ganzzahlige Division von 17 durch 5 ergibt 3 mit dem Rest 2, denn es ist $17 = 3 \cdot 5 + 2$. Im Folgenden betrachten wir allgemein zwei natürliche Zahlen a und b. Bei der ganzzahligen Division von a durch b bezeichnen wir den Rest mit r. Es ist also $0 \leq r < b$, und es gibt eine Zahl $q \in \mathbb{N}_0$ mit $a = q \cdot b + r$.

Überlege dir, warum folgende Aussagen zutreffen:

1. Wenn n die Zahlen a und b teilt, dann teilt n auch den Rest $r = a - qb$.
2. Wenn n die Zahlen b und r teilt, dann teilt n auch die Zahl a.

3. Die Zahlen *a* und *b* haben genau die gleichen gemeinsamen Teiler wie die Zahlen *b* und *r*.

4. $ggT(a;b) = ggT(b;r)$

Euklidischer Algorithmus

Mit der letzten Gleichung kann man anstelle des ggT von *a* und *b* den ggT von *b* und *r* suchen. Diesen Schritt kann man so oft wiederholen, bis die Division den Rest 0 ergibt, und dann den ggT direkt ablesen. Ein Beispiel:

$$ggT(368;161) = ggT(161;46) = ggT(46;23) = ggT(23;0) = 23$$

Ermittle auf diese Weise den ggT selbst gewählter Zahlen.

Umsetzung am Computer

Erstelle mit Tabellenkalkulation und/oder einer Programmiersprache ein Tabellenblatt bzw. Programm, das mit diesem Verfahren den ggT zweier einzugebender Zahlen berechnet. ◄

Mit den ersten Arbeitsaufträgen können Schülerinnen und Schüler verstehen, warum die Zahlen *a* und *b* die gleichen Teiler und damit auch den größten gemeinsamen Teiler wie die Zahlen *b* und *r* besitzen. Anstelle des ggT von *a* und *b* kann man also auch den ggT von *b* und *r* suchen. Wendet man dieses Prinzip ggf. mehrfach hintereinander an, werden die beiden zu betrachtenden nicht-negativen Zahlen immer kleiner. Nach endlich vielen Schritten erhält man also einen Ausdruck der Form $ggT(n;0)$ und hat damit die Zahl *n* als ggT gefunden.

Umsetzung mit Tabellenkalkulation

Tab. 2.2 und Abb. 2.2 zeigen, wie der euklidische Algorithmus mit Tabellenkalkulation umgesetzt werden kann. In Zeile 1 sind in den Spalten A und B die beiden Zahlen *a* und *b* einzutragen, deren ggT gesucht wird. In Zeile 2 wird in Spalte A der Wert aus der

Tab. 2.2 Euklidischer Algorithmus für den ggT

	A	B
1	Wert für a	Wert für b
2	= B1	= REST(A1; B1)
3	= B2	= REST(A2; B2)
4	= B3	= REST(A3; B3)
5	...	...

Abb. 2.2 Euklidischer Algorithmus für den ggT

	A	B
1	368	161
2	161	46
3	46	23
4	23	0

vorhergehenden Zeile in Spalte B übernommen, in Spalte B wird der Rest bei der ganzzahligen Division der beiden Zahlen aus der vorhergehenden Zeile berechnet. Dies wird auch in allen weiteren Zeilen so fortgesetzt.

Gemäß den vorhergehenden Überlegungen ist der ggT der beiden Zahlen in allen Zeilen jeweils gleich. Die Tabelle wird so weit betrachtet, bis der Wert in Spalte B gleich Null ist. In Spalte A steht dann der gesuchte ggT.

Umsetzung mit einer Programmiersprache
Die iterative Berechnung des ggT mit dem euklidischen Algorithmus lässt sich relativ leicht mit einer Programmiersprache umsetzen. Der folgende Programmcode zeigt eine Formulierung in Python:

```
# Euklidischer Algorithmus für den ggT
a = int(input("Geben Sie die natürliche Zahl a ein: "))
b = int(input("Geben Sie die natürliche Zahl b ein: "))
while b != 0:
    a, b = b, a % b
print("Der ggT ist: ", a)
```

Nach Start des Programms kann der Bediener zwei Zahlen eingeben, deren ggT gesucht wird. Sie werden den Variablen a und b zugewiesen. Die anschließende While-Schleife wird durchlaufen, solange der Wert der Variablen b ungleich null ist. Bei jedem Schleifendurchlauf wird dem Paar (a, b) das Wertepaar $(b, a \% b)$ zugewiesen, wobei der Ausdruck $a \% b$ den Rest bei der ganzzahligen Division von a durch b liefert. Nach Beendigung der Schleife ist also b gleich null, und die Variable a enthält den gesuchten ggT.

Hintergrund zu Python
- Mit „input()" wird über die Tastatur eine Zeichenkette eingelesen.
- Die Funktion „int()" wandelt die eingegebene Zeichenkette in eine ganze Zahl („Integer-Zahl") um.
- Durch Einrücken macht man deutlich, wie viele Anweisungen die While-Schleife umfassen soll.

Vergleich der beiden Umsetzungen
Das fachliche Ziel, den ggT zweier natürlicher Zahlen zu berechnen, kann man sowohl mit Tabellenkalkulation als auch mit einer Programmiersprache erreichen. Wie bereits am Ende von Abschn. 2.1.1 besprochen, ist die Frage, welches digitale Werkzeug man dazu in der Schule nutzt, fachdidaktischer Art. Lernende können mit beiden Werkzeugen inhaltsbezogene und prozessbezogene mathematische Kompetenzen vertiefen (vgl. Abschn. 1.2.1). Die Frage ist also insbesondere, welche medienbezogenen Kompetenzen sie erwerben sollen. Sollen sie eher Fähigkeiten zum Umgang mit Tabellenkalkulation oder zum Programmieren erwerben bzw. vertiefen? Dass die Antwort hierauf nicht für jede Schülerin bzw. jeden Schüler gleich ausfallen muss, wurde bereits in Abschn. 2.1.1 betont. Hier bietet sich also binnendifferenzierendes Arbeiten im Mathematikunterricht an.

Mit dem ggT weiterforschen

Aufbauend auf ihre Ergebnisse zum ggT können interessierte Schülerinnen und Schüler mit digitalen Medien weiterforschen. Sie könnten von der Lehrkraft beispielsweise Impulse erhalten, um die Beziehung $ggT(a,b) \cdot kgV(a,b) = a \cdot b$ zu entdecken und zu begründen (z. B. mit Primfaktorzerlegungen), und damit ein Programm zur Berechnung kleinster gemeinsamer Vielfacher erstellen.

Eine Verbindung zwischen Zahlen, Geometrie und Stochastik stellt folgender Forschungsimpuls her:

Häufigkeiten teilerfremder Zahlen

Im kartesischen Koordinatensystem wird für $n \in \mathbb{N}$ die Menge aller Punkte (x,y) mit natürlichen Zahlen $1 \leq x, y \leq n$ als Koordinaten betrachtet (also ein quadratisches Punktemuster).

- Wie groß ist der Anteil der Punkte (x,y), bei denen $ggT(x,y) = 1$ ist?
- Wie verhält sich dieser Anteil für zunehmende n?

Erkunde diese Thematik mit digitalen Werkzeugen. ◀

Dieses Beispiel lädt Schülerinnen und Schüler zu vertieftem Arbeiten mit Begriffen und Inhalten der Schulmathematik ein („Enrichment"). Mit digitalen Werkzeugen wie etwa einer Programmierumgebung können sie den beschriebenen Anteil berechnen sowie seine Abhängigkeit von n numerisch untersuchen und graphisch darstellen. Beispielsweise ergibt sich für $n = 1000$ ein Anteil von etwa 0,608. Mit heuristischen Überlegungen zeigt Engel (1991, S. 31), dass der Anteil für $n \to \infty$ gegen $\dfrac{6}{\pi^2}$ konvergiert.

2.1.3 Primzahlen erkunden

Auf Primzahlen stößt man im Mathematikunterricht beispielsweise im Zusammenhang mit Teilbarkeit. Die Zahl 24 besitzt die acht Teiler 1, 2, 3, 4, 6, 8, 12, 24. Hingegen hat die Zahl 23 nur die beiden (trivialen) Teiler 1 und 23. Derartige Beispiele führen zur Definition:

▶ Eine natürliche Zahl nennt man *Primzahl*, wenn sie genau zwei Teiler hat.

Eine natürliche Zahl $n \geq 2$ ist also genau dann eine Primzahl, wenn alle natürlichen Zahlen a mit $1 < a < n$ keine Teiler von n sind. Dies ist äquivalent dazu, dass man n nicht als Produkt $n = a \cdot b$ mit $a, b < n$ darstellen kann. Primzahlen sind also genau die natürlichen Zahlen, die sich nicht in ein Produkt aus lauter kleineren natürlichen Zahlen als sie selbst zerlegen lassen. Sie werden deshalb auch *irreduzibel* genannt.

Primzahlen sind die multiplikativen Bausteine der natürlichen Zahlen. Jede natürliche Zahl größer als 1 lässt sich als Produkt von Primzahlen darstellen, und diese Darstellung ist bis auf die Reihenfolge eindeutig. Diese Aussage ist der sog. *Hauptsatz der elementaren Zahlentheorie* (vgl. z. B. Padberg & Büchter, 2018, S. 68). Ein Beispiel für eine Primfaktorzerlegung ist etwa $60 = 2 \cdot 2 \cdot 3 \cdot 5$.

Wir besprechen im Folgenden Primzahltests und Verfahren zur Bestimmung von Primzahlen im Hinblick auf den Nutzen digitaler Werkzeuge im Mathematikunterricht. Dabei stehen zunächst fachliche und medienbezogene Überlegungen im Fokus. Möglichkeiten der methodischen Umsetzung in der Schule werden in Abschn. 2.1.5 diskutiert.

Test, ob eine natürliche Zahl prim ist

Ist die Zahl 221 eine Primzahl? Wenn Schülerinnen und Schüler diese Frage anhand obiger Definition klären möchten, können sie Teiler suchen. Prüft man dazu die natürlichen Zahlen ab 2 der Reihe nach (z. B. anhand von Teilbarkeitsregeln und mit dem Taschenrechner), so hat man bei 13 einen „Treffer", denn $221 : 13 = 17$. Es ist offensichtlich, dass solch ein Primzahltest im Kopf oder „per Hand" nur für relativ kleine Zahlen praktikabel ist.

Wie kann man aber feststellen, ob z. B. $n = 1.000.003$ eine Primzahl ist? Dazu ist zweierlei hilfreich: mathematisches Argumentieren und der Einsatz eines Computers. Ersteres führt zur Einsicht, bis zu welcher Zahl man denn überhaupt Teiler suchen muss. Hierzu ist folgende Überlegung fundamental: Wenn $n = a \cdot b$ ein Produkt natürlicher Zahlen ist, dann ist einer der Faktoren kleiner gleich $\sqrt{n}$ und der andere größer gleich $\sqrt{n}$. Wenn man also geprüft hat, dass es (außer 1) keine Teiler kleiner gleich $\sqrt{n}$ gibt, dann gibt es auch keine größeren Teiler (außer n). Beim Primzahltest kann man sich also auf die Suche nach Teilern kleiner gleich $\sqrt{n}$ beschränken. Dies bedeutet im Beispiel $n = 1.000.003$, dass diese Zahl prim ist, wenn sie keine Teiler größer gleich 2 und kleiner gleich 1000 hat.

Zu dieser Thematik können Schülerinnen und Schüler etwa folgenden Auftrag erhalten:

Primzahltest

Erstelle ein Programm, mit dem du feststellen kannst, ob eine einzugebende Zahl eine Primzahl ist. ◄

Eine mögliche Umsetzung in Python zeigt folgender Programmcode:

```
# Primzahltest
def prim(n):
    if n == 1: return False
    a = 2
    while a*a <= n:
        if n%a == 0: return False
        a = a + 1
    return True
```

```
n = int(input("Geben Sie eine natürliche Zahl ein: "))
if prim(n): print("Die Zahl ist prim.")
else: print("Die Zahl ist nicht prim.")
```

Definiert wird eine Funktion mit dem Namen „prim". Dieser Funktion wird eine natürliche Zahl n übergeben. Wenn diese Zahl eine Primzahl ist, soll die Funktion den Wahrheitswert *True* zurückgeben, ansonsten den Wert *False*. Zu Beginn wird getestet, ob die übergebene Zahl gleich 1 und damit keine Primzahl ist. Der Kern des Codes ist die While-Schleife. Hier wird der Wert der Variablen a ausgehend von 2 in Einerschritten erhöht, solange $a^2 \leq n$, d. h. $a \leq \sqrt{n}$, ist. Jeweils wird getestet, ob die Ganzzahldivision von n durch a den Rest 0 ergibt, d. h., ob a ein Teiler von n ist. In diesem Fall ist n keine Primzahl; die Schleife wird beendet, und die Funktion gibt den Wert *False* zurück. Wenn die Schleife ohne vorzeitigen Abbruch durchlaufen wurde, so wurde kein Teiler gefunden; die Zahl n ist eine Primzahl, und die Funktion liefert den Wert *True*.

Der dargestellte Algorithmus ließe sich in Bezug auf die benötigte Laufzeit noch optimieren, aus Gründen der Übersichtlichkeit wurde hierauf jedoch verzichtet. Beispielsweise könnte die Teilbarkeit durch 2 vor der While-Schleife separat getestet werden. Dann bräuchte man in der While-Schleife die geraden Zahlen nicht mehr zu testen, die Variable a könnte also ausgehend von 3 in Zweierschritten erhöht werden.

Grundsätzlich könnte man das darstellte Verfahren zum Primzahltest auch mit einem Tabellenkalkulationsprogramm umsetzen. Zeile für Zeile könnten natürliche Zahlen dahingehend getestet werden, ob sie eine gegebene Zahl teilen. Wenn die Anzahl der erforderlichen Zeilen hierbei aber etwa im Millionenbereich liegt, so wird entweder die Tabelle recht „unhandlich", oder ihre Größe übersteigt die von der Software gesetzten Grenzen. Dieses Beispiel zeigt, dass eine Programmierumgebung einer Tabellenkalkulation deutlich überlegen ist, wenn eine hohe Anzahl an Wiederholungen von Rechenschritten erforderlich ist.

Alle Primzahlen bis zu einer Grenze – das Sieb des Eratosthenes
Im Mathematikunterricht interessiert nicht nur, ob eine gegebene Zahl prim ist. Es ist auch ein Überblick interessant, welche Primzahlen es bis zu bestimmten Grenze – z. B. 100 oder 1000 – eigentlich gibt.

Mit der im letzten Abschnitt definierten Funktion „prim" lässt sich dies recht einfach umsetzen. Im folgenden Programm durchläuft die Variable i die natürlichen Zahlen von 1 bis n. Wenn der jeweilige Wert eine Primzahl ist, wird er ausgegeben.

```
# Primzahlen bis n
n = 100
for i in range(1,n+1):
    if prim(i): print(i)
```

Ein anderes Verfahren zur Bestimmung aller Primzahlen bis zu einer gegebenen Grenze ist das sog. Sieb des Eratosthenes. Es ist nach dem griechischen Gelehrten Eratosthenes von Kyrene (um 275–194 v. Chr.) benannt, war aber bereits vor ihm bekannt. Das Sieb des Eratosthenes eignet sich besonders gut dazu, dass Schülerinnen und Schüler es selbstständig erarbeiten und nutzen, denn die Funktionsweise ist leicht zu durchschauen, die Durchführung ist recht einfach, und es gibt zu diesem Thema zahlreiche, leicht zugängliche digitale Lernmedien im Internet (z. B. Erklärvideos, erklärende Texte und Animationen). Das folgende Beispiel zeigt dazu Arbeitsaufträge an Schülerinnen und Schüler:

Sieb des Eratosthenes

Im Internet recherchieren
Informiere dich im Internet zum Begriff „Sieb des Eratosthenes". Kläre die Fragen:

- Wozu dient das Sieb des Eratosthenes?
- Wie funktioniert es?
- Warum funktioniert es?

Sieh dir dazu mindestens drei Erklärvideos an, lies mindestens drei erklärende Texte zum Sieb des Eratosthenes und befrage eine künstliche Intelligenz.
   Vergleiche die Qualität der Videos und der Texte: Was findest du gut? Was findest du schlecht? Warum? Welche Kriterien wendest du dabei an?
   Informiere dich auch zur Person des Eratosthenes.

Ergebnisse darstellen
   Stelle deine Ergebnisse mit digitalen Werkzeugen dar (z. B. Video, Präsentation, Textdokument, HTML-Seite).
   Präsentiere damit deine Resultate deinen Mitschülerinnen und Mitschülern. ◄

Schülerinnen und Schüler können mit diesen Arbeitsaufträgen nicht nur mathematische Kompetenzen, sondern insbesondere auch allgemeine medienbezogene Kompetenzen gemäß Abschn. 1.2.2 entwickeln bzw. vertiefen. Die Lernenden sind gefordert, Informationen aus dem Internet zu recherchieren und zu verarbeiten. Sie sollen Informationsangebote analysieren und bewerten sowie deren Nutzen reflektieren. Des Weiteren sollen sie selbst ein digitales Produkt mit digitalen Werkzeugen erstellen, um Ergebnisse ihres Lernens zu dokumentieren und zu präsentieren.

Fachlicher Hintergrund zum Sieb des Eratosthenes Das Sieb des Eratosthenes dient dazu, alle Primzahlen bis zu einer gegebenen Zahl n zu bestimmen. Dazu werden zunächst alle natürlichen Zahlen von 2 bis n betrachtet. Dann werden hiervon systematisch all die Zahlen gestrichen, die sich als Produkt $a \cdot b$ mit $a, b > 1$ darstellen lassen. Ein zentraler Gedanke hierbei ist, dass es genügt, sich auf Werte für a zu beschränken, die kleiner gleich $\sqrt{n}$ sind. Warum genügt dies? Wenn sich eine der betrachteten Zahlen von 2 bis n in ein Produkt zerlegen lässt, dann können nicht beide Faktoren größer als $\sqrt{n}$ sein.

Nach dem Streichen aller multiplikativ zerlegbaren Zahlen bleiben also nur noch die Primzahlen bis *n* übrig. Der zugehörige Algorithmus kann folgendermaßen formuliert werden:

```
Schritt 1: Schreibe die natürlichen Zahlen von 2 bis n auf.
Schritt 2: Setze a = 2.
Schritt 3: Streiche in der Liste alle Vielfachen von a ab der Zahl a*a.
Schritt 4: Erhöhe a auf den Wert der nächsten nicht gestrichenen Zahl.
Schritt 5: Falls a*a ≤ n, gehe zurück zu Schritt 3.
```

Für Schülerinnen und Schüler kann das oben begründete Abbruchkriterium eine durchaus überraschende und tiefsinnige Erkenntnis darstellen. Wenn man beispielsweise alle Primzahlen bis 100 haben möchte, muss man bei Schritt 3 des Algorithmus lediglich die Vielfachen von 2, 3, 5 und 7 streichen.

Umgang mit einem Sprachmodell der künstlichen Intelligenz Bei der Internetrecherche ist es auch naheliegend, dass Schülerinnen und Schüler ein *Sprachmodell der künstlichen Intelligenz* nutzen. Beispielsweise gibt ChatGPT in der Version vom März 2023 auf die Aufforderung „Erkläre mir das Sieb des Eratosthenes!" folgende Antwort:

Beispiel

Das Sieb des Eratosthenes ist ein Verfahren, das verwendet wird, um alle Primzahlen bis zu einer bestimmten Grenze zu finden. Es wurde vom antiken griechischen Mathematiker Eratosthenes erfunden. Das Verfahren besteht aus den folgenden Schritten:

1. Schreibe alle Zahlen von 2 bis zu der gewünschten Grenze n auf eine Liste.
2. Markiere die Zahl 2 als prim.
3. Durchlaufe die Liste und markiere alle Vielfachen von 2 (also 4, 6, 8 usw.) als zusammengesetzt (also nicht prim).
4. Finde die nächste unmarkierte Zahl auf der Liste und markiere sie als prim. Diese Zahl ist 3.
5. Durchlaufe die Liste und markiere alle Vielfachen von 3 (also 6, 9, 12 usw.) als zusammengesetzt.
6. Fahre fort, indem du die nächste unmarkierte Zahl findest und als prim markierst (also 5) und ihre Vielfachen als zusammengesetzt markierst.
7. Wiederhole diesen Prozess, bis du alle Zahlen bis zur gewünschten Grenze durchgegangen bist.
8. Alle nicht markierten Zahlen auf der Liste sind prim.

Das Sieb des Eratosthenes ist ein effizientes Verfahren, um alle Primzahlen bis zu einer bestimmten Grenze zu finden, da es die Anzahl der zu überprüfenden Zahlen reduziert. ◄

Eine solche Antwort einer künstlichen Intelligenz bietet Anlass, dass sich Schülerinnen und Schüler mit digitalen Werkzeugen kritisch auseinandersetzen und dadurch fachliche sowie allgemeine medienbezogene Kompetenzen gemäß Abschn. 1.2 entwickeln. So können sie etwa Reflexionen zur Verständlichkeit und zur Korrektheit der Antwort anstellen. Eine Einschätzung könnte lauten, dass die Schritte 1 bis 7 sehr klar und nachvollziehbar beschrieben sind. Alle natürlichen Zahlen von 2 bis zu einer Grenze werden entweder als prim markiert oder als zusammengesetzt markiert. Damit ist allerdings die Formulierung von Schritt 8 unsinnig. Es sind nach Schritt 7 keine „nicht markierten Zahlen" mehr übrig.

Ein weiterer Kritikpunkt kann sich darauf beziehen, dass eine zentrale mathematische Erkenntnis beim Sieb des Eratosthenes nicht berücksichtigt wurde: Man muss bei Schritt 7 nicht bis zur Grenze n gehen, sondern nur bis zur Wurzel $\sqrt{n}$. Für große Werte von n ist dies ein wesentlicher Unterschied.

Eine Stärke von künstlicher Intelligenz ist, dass sie zu Algorithmen auch Programmcodes angeben kann. So führt der Auftrag „Schreib mir ein Python-Programm zum Sieb des Eratosthenes" zu einem lauffähigen Programm, dessen Funktionsweise zusätzlich erklärt wird. Fordert man die KI auf, Alternativen dazu zu erzeugen, so erhält man weitere Programme zum Sieb des Eratosthenes mit entsprechenden Erläuterungen. Schülerinnen und Schüler können damit durch Vergleich verschiedener Implementationen des gleichen Algorithmus verschiedene Programmiertechniken kennenlernen.

Weitere Forschungsfelder zu Primzahlen
Primzahlen stellen ein weites Forschungsfeld mit vielfältigen – auch noch ungelösten – Problemen dar. Das Internet bietet Schülerinnen und Schülern hierzu ein breites Spektrum an Informationsquellen, um mathematische Inhalte zu erarbeiten, interessante Fragen aufzuspüren und eigene Erkundungen anzustellen. Gegebenenfalls bedarf es hierzu entsprechender Impulse durch eine Lehrkraft, damit Schülerinnen und Schüler überhaupt auf solche Inhaltsbereiche aufmerksam werden. Stichwörter für Internetrecherchen und eigene Berechnungen mit digitalen Werkzeugen könnten beispielsweise sein: Primzahlzwillinge, Primzahldrillinge, Mersenne-Zahlen, Fermat-Zahlen, Sophie-Germain-Primzahlen, Goldbachsche Vermutung, Primzahlverteilung, Primzahllücken, Primzahlrekorde, …

2.1.4 Algorithmisch denken

Algorithmen und Schule
Das Umgehen mit Algorithmen ist seit Jahrtausenden Bestandteil des Betreibens von Mathematik. Aus der Hochkultur der Babylonier sind Keilschriften von etwa 1700 v. Chr. über Verfahren zum Berechnen von Quadratwurzeln und zum Lösen quadratischer Gleichungen überliefert. Weit vor Christi Geburt wurden in den Hochkulturen Ägyptens, Chinas, Griechenlands und der Mayas Algorithmen für Berechnungsprobleme genutzt. Einen

Überblick hierüber geben etwa Ziegenbalg et al. (2016). Sie definieren den Begriff des Algorithmus wie folgt:

> „Ein Algorithmus ist eine endliche Folge von eindeutig bestimmten Elementaranweisungen, die den Lösungsweg eines Problems exakt und vollständig beschreiben." (S. 26)

Algorithmen ermöglichen es, komplexe, umfangreiche Probleme zu lösen, indem man einfachere, kleinere Schritte der Reihe nach ausführt. Im Mathematikunterricht finden sich Algorithmen von der Grundschule bis hin zum Abitur. Beispielsweise kann mithilfe der schriftlichen Verfahren für die Grundrechenarten mit großen natürlichen Zahlen gerechnet werden, indem man sich stellenweise auf die einzelnen Ziffern beschränkt. Im Bereich der Geometrie nutzen Schülerinnen und Schüler Algorithmen beispielsweise beim Konstruieren mit Zirkel und Lineal (z. B. von Mittelsenkrechten oder Spiegelpunkten) oder bei Berechnungen in der Analytischen Geometrie (z. B. von Schnittpunkten oder Abständen). Zahlreiche Beispiele für Algorithmen aus dem Themenbereich der Zahlen enthält das vorliegende Kap. 2 (z. B. zu ggT, Primzahlen, Wurzeln, Nullstellen, π).

Als in den 1970er-Jahren Computer (Taschenrechner, Tischrechner, PCs) zunehmend auch an Schulen zur Verfügung standen, setzte die Integration digitaler Werkzeuge in den Mathematikunterricht ein (vgl. Weigand & Weth, 2002, S. 4 ff.). Dies war damit verbunden, die Bedeutung von Algorithmen für die mathematische Bildung von Schülerinnen und Schülern zu betonen. Der Mathematikdidaktiker Arthur Engel schrieb in seinem 1977 erschienenen Buch „Elementarmathematik vom algorithmischen Standpunkt" programmatisch:

> „Durch die weite Verbreitung der Computer und Taschenrechner ist die Zeit reif geworden für die nächste Reform [des Mathematikunterrichts] unter dem Schlagwort ‚algorithmisches Denken'. Der Begriff des Algorithmus sollte als Leitbegriff für die Schulmathematik dienen. Wir müssen den gesamten Schulstoff vom algorithmischen Standpunkt neu durchdenken." (S. 5)

Auch wenn diese Forderung aus heutiger Sicht etwas einseitig und übertrieben erscheinen mag, so ist das Ziel, Kompetenzen von Schülerinnen und Schülern zum Umgang mit Algorithmen zu fördern, auch im 21. Jahrhundert – z. B. unter dem Stichwort „Digitalisierung" – hochaktuell.

Einen Grundlagenbeschluss dazu fasste die Kultusministerkonferenz im bereits in Abschn. 1.2.2 vorgestellten Strategiepapier „Bildung in der digitalen Welt" (KMK, 2017). Ausgangspunkt war die Frage, welche Kompetenzen Kinder und Jugendliche in der Schule erwerben sollen, damit sie zu mündiger, aktiver und verantwortlicher Teilhabe am kulturellen, gesellschaftlichen, politischen, beruflichen und wirtschaftlichen Leben in der digitalen Welt befähigt werden. Im Kompetenzbereich „Mit digitalen Medien problemlösend handeln" (vgl. Tab. 1.4) wurde dazu der Unterbereich „Algorithmen erkennen und formulieren" (KMK, 2017, S. 18) festgelegt, der u. a. mit folgenden Punkten konkretisiert wird:

- Algorithmische Strukturen in genutzten digitalen Tools erkennen und formulieren
- Eine strukturierte, algorithmische Sequenz zur Lösung eines Problems planen und verwenden

Eine Verbindlichkeit dieser Kompetenzformulierungen wurde für das Schulsystem dadurch hergestellt, dass die Länder folgenden einstimmigen Beschluss gefasst haben: „Die Länder verpflichten sich dazu, dafür Sorge zu tragen, dass alle Schülerinnen und Schüler, die zum Schuljahr 2018/2019 in die Grundschule eingeschult werden oder in die Sek I eintreten, bis zum Ende der Pflichtschulzeit die in diesem Rahmen formulierten Kompetenzen erwerben können" (KMK, 2017, S. 19). Da dies in einem integrativen Ansatz in allen Fächern umgesetzt werden soll, ist hier also insbesondere auch das Fach Mathematik gefordert.

Den zugehörigen fachbezogenen Rahmen schaffen die Bildungsstandards für das Fach Mathematik für den Ersten und den Mittleren Schulabschluss (KMK, 2022). Sie konkretisieren die prozessbezogene Kompetenz „Mit Medien mathematisch arbeiten" u. a. dadurch, dass die Schülerinnen und Schüler Algorithmen mithilfe digitaler Werkzeuge nutzen, um mathematische Inhalte zu untersuchen. Unter der Leitidee „Zahl und Operation" ist explizit das Implementieren von algorithmischen Verfahren (z. B. Heron-Verfahren zur Bestimmung von Quadratwurzeln, Intervallschachtelung) mit digitalen Mathematikwerkzeugen vorgesehen.

Algorithmisches Denken

Wie lässt sich der Begriff des algorithmischen Denkens aus mathematikdidaktischer Perspektive fassen? Kortenkamp und Lambert (2015, S. 5) definieren dazu: „Algorithmisches Denken ist eine Denkweise, die typisch für den Umgang mit Algorithmen ist."

Auch wenn diese Formulierung auf den ersten Blick so wirkt, als würde der zu definierende Begriff nur mit Worten erklärt, die wie eine sprachliche Umschreibung wirken, so leistet diese Definition doch Wesentliches. Sie koppelt den zunächst vagen Begriff des algorithmischen Denkens eng an den mathematisch-informatischen Begriff des Algorithmus und macht ihn dadurch fassbar, denn damit kann aus der Perspektive der Mathematikdidaktik differenziert beschrieben werden, was für den gedanklichen Umgang mit Algorithmen typisch ist. Dies konkretisieren Kortenkamp und Lambert (2015, S. 5 f.), indem sie das Arbeiten mit Algorithmen in Phasen gliedern. Eine idealtypische Darstellung in einem Kreislauf zeigt Abb. 2.3. Wir beschreiben und illustrieren dies im Folgenden am Beispiel des Tests, ob eine natürliche Zahl eine Primzahl ist.

- *Entwickeln:* Ausgangspunkt ist eine mathematische Situation mit einem zu bearbeitenden Problem. Hierfür ist zunächst ein Verfahren für eine algorithmische Lösung zu entwickeln. Beim Primzahltest für eine Zahl $n \in \mathbb{N}$ kann das Verfahren etwa darin bestehen, für alle natürlichen Zahlen a mit $1 < a \leq \sqrt{n}$ zu testen, ob sie ein Teiler von n sind. Findet man dabei keinen Teiler, liegt eine Primzahl vor. Findet man einen Teiler, ist n nicht prim. Der Fall $n = 1$ ist gesondert zu betrachten.
- *Formalisieren:* Zum entwickelten Verfahren wird – gemäß der obigen Definition eines Algorithmus – eine endliche Folge von eindeutig bestimmten Elementaranweisungen formuliert. Dies kann beispielsweise durch eine Kombination von natürlicher Sprache und mathematischer Symbolsprache, anhand eines Ablaufdiagramms oder in einer Programmiersprache erfolgen.

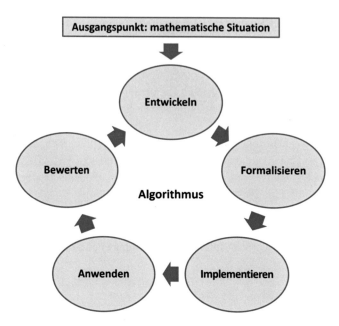

Abb. 2.3 Phasen algorithmischen Denkens

- *Implementieren*: Der Algorithmus wird auf einem Computer mit Software technisch umgesetzt – beispielweise, indem ein Programm in einer Programmierumgebung verfasst oder bestehende Software wie Tabellenkalkulation verwendet wird. Im Fall des Primzahltests kann etwa das in Abschn. 2.1.3 dargestellte Programm in eine Programmierumgebung für Python eingegeben werden.
- *Anwenden:* Die Software wird verwendet, um das Ausgangsproblem zu lösen. Im Beispiel werden eingegebene Zahlen daraufhin getestet, ob sie prim sind. Dabei kann sich beispielsweise zeigen, dass Fehler in den vorhergehenden Phasen des Entwickelns, Formalisierens und Implementierens passiert sind.
- *Bewerten:* Die vielfältigen Entscheidungen, die beim Entwickeln, Formalisieren und Implementieren des Algorithmus getroffen wurden, werden reflektiert und bewertet. Mögliche Fragenkomplexe dabei sind: Wurde für das Ausgangsproblem ein zweckmäßiges Verfahren gewählt? Welche Vor- und Nachteile besitzen alternative Verfahren? Ist der Algorithmus zweckmäßig gestaltet? Kann er optimiert werden? Ist die Umsetzung am Computer passend realisiert? Kann dies verbessert werden? Beim Primzahltest kann beispielsweise die Laufzeit verkürzt werden, indem man zunächst die Teilbarkeit durch 2 testet und sich dann nur noch auf die Suche nach ungeraden Teilern beschränkt. Des Weiteren könnten Eingabefehler eines Benutzers „abgefangen" werden, wenn dieser keine natürliche Zahl eingibt. Derartige Reflexionen können Anlass geben, den Algorithmus weiterzuentwickeln und den in Abb. 2.3 dargestellten Kreislauf erneut zu durchlaufen.

Computational Thinking

Angesichts der Bedeutung digitaler Medien in unserer Welt wies die amerikanische Informatikerin Jeannette Wing im Jahr 2006 darauf hin, dass alle Kinder und Jugendlichen grundlegende Denkfähigkeiten entwickeln sollten, die sie mit *Computational Thinking* bezeichnet:

> „Computational thinking is a fundamental skill for everyone, not just for computer scientists. To reading, writing, and arithmetic, we should add computational thinking to every child's analytical ability." (Wing, 2006, S. 33)

Maßgeblich trug sie dazu bei, dass sich der Begriff *Computational Thinking* international im Bildungsbereich verbreitete. Sie definiert ihn wie folgt:

> „Computational thinking is the thought processes involved in formulating problems and their solutions so that the solutions are represented in a form that can be effectively carried out by an information-processing agent." (Wing, 2011)

Konkretisiert und operationalisiert wurde dieser etwas schillernde Begriff u. a. im Zuge der internationalen Schulleistungsstudie „ICILS 2018 – International Computer and Information Literacy Study". Diese Studie erhob computer- und informationsbezogene Kompetenzen von Schülerinnen und Schülern der achten Jahrgangsstufe. Zudem wurde *Computational Thinking* als eine „vergleichsweise neue Schlüsselkompetenz des 21. Jahrhunderts von steigender Relevanz" (Senkbeil et al., 2019, S. 98) untersucht und dazu folgendermaßen beschrieben:

> „*Computational Thinking* wird […] als Gesamtheit von Denkprozessen betrachtet, die genutzt werden, Probleme sowie Verfahren zu deren Lösungen so zu modellieren, dass eine algorithmische Verarbeitung möglich wird. Die Kompetenzen im Bereich ‚Computational Thinking' betreffen somit kognitive Prozesse, die deutlich über die reine Anwendung von Hard- und Software hinausgehen. Computational Thinking fokussiert in diesem Verständnis auf Problemlösungsprozesse, die durch die Entwicklung und Anwendung von Algorithmen und damit verbundenen Prozesse der Modellierung und Formalisierung einer Umsetzung auf einem Computer bzw. digitalen System zugänglich gemacht werden können. Schülerinnen und Schüler entwickeln beim Erwerb von Kompetenzen im Bereich ‚Computational Thinking' Problemlösefähigkeiten, die unabhängig von einer konkreten Programmiersprache bzw. Entwicklungsumgebung sind und sowohl fachspezifische als auch allgemeine Aspekte von Problemlösefähigkeit umfassen können." (Eickelmann et al., 2019, S. 367 f.)

Zentral bei *Computational Thinking* ist also das Problemlösen mit Algorithmen. Curzon und McOwan (2018) formulieren dies metaphorisch: „Das Denken in Algorithmen ist ein Herzstück des Computational Thinking" (S. 4). Wenn Mathematikunterricht also Fähigkeiten zu algorithmischem Denken fördert – so wie es im vorliegenden Kap. 2 an vielfältigen Beispielen illustriert ist –, dann leistet Mathematikunterricht auch substanzielle Beiträge zur Entwicklung von fächerübergreifenden Kompetenzen im Bereich des *Computational Thinking*.

2.1.5   Differenzierte Umsetzung im Mathematikunterricht

In Bezug auf die Umsetzung der in diesem Abschn. 2.1 dargestellten Konzepte in der alltäglichen Schulpraxis stellt sich auch die grundlegende Frage: Wie kann in methodisch-
organisatorischer Hinsicht in der Schule mit digitalen Medien und den beschriebenen Inhalten gearbeitet werden? Wir skizzieren dazu fünf Szenarien:

- *Gleiche Aufträge für alle:* Die in Abschn. 1.2 dargestellten Kompetenzen zum Umgang
  mit digitalen Medien sollten alle Schülerinnen und Schüler entwickeln. Demgemäß
  sollte der reguläre Mathematikunterricht allen Lernenden entsprechende Impulse
  bieten. Die obigen Beispiele „Reiskörner auf einem Schachbrett" und „Euklidischer
  Algorithmus für den ggT" eignen sich hierfür etwa. Alle Schülerinnen und Schüler
  einer Klasse erhalten dabei die gleichen Aufträge. Sinnvoll kann ein Bearbeiten in
  Gruppen sein, damit sich die Lernenden wechselseitig unterstützen können – z. B. um
  fachliche oder technische Hürden zu überwinden. Abschließend bietet es sich an, dass
  die Arbeitsgruppen ihre Resultate in der Klasse präsentieren und diskutieren. Unter der
  fachkundigen Leitung durch die Lehrkraft kann dabei ein Gesamtergebnis der gesamten Klasse entstehen – insbesondere auch für Lernende, die bei der Gruppenarbeit nicht
  zu einem befriedigenden Ergebnis gekommen sind.
- *Differenzierung im Klassenunterricht:* Schülerinnen und Schüler innerhalb einer Klasse
  unterscheiden sich in vielfältiger Hinsicht – beispielsweise auch in Bezug auf ihr
  mathematikbezogenes Leistungspotenzial und ihr zugehöriges Interesse. Um die Lernenden möglichst individuell passend zu fördern, sind differenzierende Lernangebote
  erforderlich (vgl. z. B. Leuders & Prediger, 2016, 2017). Beispielsweise kann es sinnvoll sein, die oben besprochenen Aufträge „Primzahltest" und „Sieb des Eratosthenes"
  nur einigen Schülerinnen und Schülern in einer Klasse zu geben – etwa in Übungs-
  phasen, in denen Inhalte geübt werden, die diese Lernenden bereits beherrschen. So
  kann die Zeit im Mathematikunterricht für diese Lernenden gewinnbringender genutzt werden.
- *Differenzierung bei Hausaufgaben:* Wenn man nicht das Ziel verfolgt, dass alle Schülerinnen und Schüler die gleichen Hausaufgaben machen, sondern eher anstrebt, dass jede
  Schülerin und jeder Schüler mit Hausaufgaben einen möglichst optimalen individuellen
  Lernfortschritt erreicht, dann muss man auch Hausaufgaben entsprechend differenziert
  gestalten. Während beispielsweise bei einem Teil der Klasse das Wiederholen und Üben
  von Inhalten aus dem Unterricht oder von Grundwissen im Fokus stehen kann, kann ein
  anderer Teil der Klasse Impulse für vertieftes mathematisches Forschen mit digitalen
  Medien erhalten. Alle Inhalte aus diesem Abschn. 2.1 eignen sich für entsprechende Ver-
  tiefungen – inkl. der Umsetzungen mit einer Programmiersprache.
- *Drehtürmodell:* Eine weitere Variante zur differenzierten Förderung im Schulalltag
  stellt das sog. Drehtürmodell dar. Hier dürfen mathematisch besonders begabte Schülerinnen und Schüler beispielsweise während einer Mathematikstunde pro Woche das

Klassenzimmer verlassen, um sich in einem anderen Raum der Schule (z. B. im Computerraum oder der Bibliothek) mit für sie mathematisch anspruchsvollen Themen zu beschäftigen (vgl. Greiten, 2016). Ziel dieser Unterrichtsmethode ist es, die Zeit, die die Lernenden pflichtmäßig in der Schule verbringen, möglichst wirksam für ihre individuelle Entwicklung als Person zu nutzen (vgl. Weigand, 2014). Auf diese Weise entstehen also Zeitfenster im Vormittagsunterricht, in denen Schülerinnen und Schüler beispielsweise vertiefte Kompetenzen zu algorithmischem Denken entwickeln können.

- *Mathematik-AG:* Mathematik mit digitalen Medien eignet sich auch sehr gut für Wahlunterricht, z. B. in Form eines Mathematik-Arbeitskreises an der Schule. Komplementär zum Pflichtunterricht können mathematisch interessierte Schülerinnen und Schüler Inhalte erschließen, die über den Lehrplan hinausgehen bzw. diesen vertiefen (horizontales bzw. vertikales Enrichment). Hierzu bieten sich beispielsweise die in Abschn. 2.1.3 genannten Themen zu Primzahlen an. Wie besprochen, können digitale Werkzeuge etwa der Informationsrecherche, dem mathematischen Forschen oder der Präsentation von Ergebnissen dienen.

2.2 Rationale bzw. reelle Zahlen

Für das Arbeiten mit rationalen und reellen Zahlen im Mathematikunterricht steht – entsprechend der Einteilung in Abschn. 1.1 – eine kaum überschaubare Fülle an *mathematikspezifischen digitalen Lernmedien* (z. B. Erklärvideos, E-Books, Apps zum Üben) sowie an Materialien zur Nutzung *digitaler Mathematikwerkzeuge* (z. B. Tabellenkalkulation, dynamische Geometriesysteme) großteils kostenfrei zur Verfügung. Mit Ersteren werden wir uns im folgenden Abschn. 2.2.1 befassen, Letzteren wenden wir uns anschließend in Abschn. 2.2.2 und 2.2.3 zu.

2.2.1 Verständnis für Brüche mediengestützt entwickeln

Die sog. Bruchrechnung ist ein ausgesprochen umfangreicher und anspruchsvoller Inhaltsbereich der unteren Jahrgangsstufen in der Sekundarstufe. Er stellt Schülerinnen und Schüler vor vielfältige und vielschichtige Herausforderungen. Diese beziehen sich beispielsweise auf die Entwicklung von Grundvorstellungen zu Brüchen, flexibles Umgehen mit Darstellungen von Brüchen, das Rechnen mit Bruchzahlen in Bruch- und Dezimaldarstellung sowie Anwendungen der Prozentrechnung (vgl. z. B. Padberg & Wartha, 2023). Da alle Schülerinnen und Schüler an allgemeinbildenden Schulen entsprechend den Lehrplänen diesen Inhaltsbereich der Mathematik erschließen sollen, ist es nicht verwunderlich, dass zum Thema „Brüche" zahlreiche digitale Medien angeboten werden. Exemplarisch betrachten wir Filme, in denen mathematische Inhalte erklärt werden, und interaktive Lernumgebungen näher.

Erklärvideos

Im Internet findet sich eine Fülle an frei verfügbaren Videos, in denen Inhalte aus dem Themenkreis der Bruchrechnung erklärt werden.

Erklärvideos zu Brüchen

Recherchieren Sie im Internet nach Videos, in denen Inhalte zu Brüchen erklärt werden. Beurteilen Sie die Filme unter fachdidaktischen Gesichtspunkten. ◄

Solche Videos lassen sich im Mathematikunterricht in verschiedenen Situationen und mit unterschiedlichen Zielen nutzen:

- *Erarbeiten:* Wenn Schülerinnen und Schüler mit dem jeweiligen mathematischen Inhalt noch nicht vertraut sind, können Videos zur Erarbeitung des Inhalts verwendet werden. So kann ein Film etwa in den Verlauf einer Unterrichtsstunde integriert werden, oder die Lernenden erhalten den Auftrag, im Sinne von „flipped classroom" vor der zugehörigen Mathematikstunde ein Erklärvideo zum Einstieg in eine Thematik zu Hause anzusehen.
- *Vertiefen:* Wenn Schülerinnen und Schüler einen Lerninhalt bereits erarbeitet haben, kann ein Video neue Perspektiven auf den jeweiligen Inhalt bieten – schon allein dadurch, dass eine andere Person als die Mathematiklehrkraft Dinge erklärt. Damit lassen sich im Mathematikunterricht Phasen des Vertiefens, Übens und Zusammenfassens abwechslungsreich gestalten.
- *Wiederholen:* Erklärvideos können sich als nützlich erweisen, wenn Lernende Wiederholungen bereits früher erarbeiteter Lerninhalte benötigen. Wenn eine Lehrkraft in einer Klasse beispielsweise feststellt, dass einzelne Lernende Wissenslücken zu Inhalten aus früheren Jahrgangsstufen aufweisen, so kann sie ihnen entsprechende Erklärvideos und zugehörige Übungsmaterialien empfehlen.
- *Reflektieren:* Gemäß Abschn. 1.2.2 sollen Lernende auch Kompetenzen zum Analysieren und Reflektieren digitaler Medien entwickeln. Erklärvideos bieten sich dabei als Gegenstand für entsprechende Diskussionen in der Klasse an. Impulsfragen von Seiten der Lehrkraft könnten etwa sein: Ist der Film ansprechend gestaltet? Lädt er zur Beschäftigung mit der Thematik ein? Sind die Inhalte korrekt und klar dargestellt? Wird Verständnis für Zusammenhänge vermittelt? Werden Rechenverfahren nur rezeptartig zum Nachahmen vorgeführt? Wie könnte der Film verbessert werden? Durch derartige Reflexionen können Schülerinnen und Schüler auch eine kritische, differenzierte Haltung zu Erklärvideos entwickeln.

Interaktive Lernumgebungen

Ein weiterer Typ mathematikspezifischer digitaler Lernmedien ist die „interaktive Lernumgebung". Dabei handelt es sich um Hypertextstrukturen, die etwa Texte für Erklärungen und Arbeitsaufträge mit graphischen Visualisierungen verbinden und den Benutzer zu

Interaktion auffordern – z. B. durch die Variation dynamischer Konstruktionen oder die Eingabe von Text bzw. Zahlen.

Ein Beispiel ist die interaktive Lernumgebung zu Brüchen „ALICE", die als E-Book frei verfügbar ist (Hoch et al., 2018a). Inhaltlich bezieht sie sich auf den Anfangsunterricht zu Brüchen etwa in Jahrgangsstufe 6; im Fokus stehen die Einführung des Bruchbegriffs, Erweitern und Kürzen, die Darstellung von Brüchen am Zahlenstrahl, gemischte Zahlen sowie der Vergleich von Brüchen.

Eine Lernumgebung zu Brüchen

Verschaffen Sie sich einen Überblick über die interaktive Lernumgebung zu Brüchen „ALICE" unter https://www.alice.edu.tum.de.

Beurteilen Sie die Lernumgebung unter fachdidaktischen Gesichtspunkten.

Befassen Sie sich mit fachdidaktischen und lernpsychologischen Hintergründen zur Konzeption der Lernumgebung sowie mit Ergebnissen einer Studie zum Einsatz in Jahrgangsstufe 6 anhand der frei verfügbaren Publikation von Reinhold et al. (2018). ◄

Wir betrachten diese Lernumgebung hier exemplarisch, weil ihre Konzeption auf Basis fachdidaktischer und lernpsychologischer Theorien erfolgte, sie Potenziale digitaler Medien in besonderem Maße ausnutzt und fachdidaktische Forschungsresultate zum Einsatz vorliegen. Die Lernumgebung zeichnet sich durch folgende Charakteristika aus und bietet dadurch einen deutlichen Mehrwert gegenüber traditionellen Medien (vgl. Reinhold et al., 2018):

- *Adaptivität:* Der Schwierigkeitsgrad der gestellten Aufgaben wird von der Software während des Arbeitens der Schülerinnen und Schüler auf Basis der Ergebnisse vorher bearbeiteter Aufgaben an den jeweiligen Lernenden angepasst. Dadurch erfolgt insbesondere in leistungsheterogenen Lerngruppen eine automatisierte Differenzierung nach Leistungsfähigkeit.
- *Feedback:* Lernende erhalten bei den Aufgaben unmittelbar Rückmeldung zur Korrektheit ihrer eingegebenen Antworten. Dabei werden sowohl korrigierende als auch erklärende Rückmeldungen zu falschen Antworten gegeben. Er wird teils dargestellt, was an der jeweiligen Antwort inhaltlich falsch ist und wie die Bearbeitung geändert werden müsste, um richtig zu werden.
- *Gestufte Lösungshilfen:* Lernende können wählen, ob und ggf. wie detailliert sie Lösungstipps erhalten möchten. Das Spektrum reicht von einem Denkanstoß in eine zielführende Richtung bis hin zur Darbietung einer vollständig ausgearbeiteten Lösung. Diese gestuften Hilfen können zum einen während der Suche nach einer Lösung unterstützen. Zum anderen werden sie angeboten, wenn ein Lernender eine falsche Lösung eingegeben hat.
- *Dynamische Visualisierungen:* Die Lernumgebung stellt enge Verbindungen zwischen ikonischen und symbolischen Darstellungen von Brüchen her. Ein Teil der Grafiken ist

dabei am Bildschirm veränderlich, sodass den Lernenden eine aktive, handelnde Rolle beim Umgang mit diesen bildlichen Darstellungen zukommt.

- *Gestensteuerung:* Die Lernumgebung ist für den Einsatz auf Touchscreen-Geräten – also z. B. Tablets – konzipiert und über Gesten steuerbar. Die Gesten dienen dabei nicht nur der Navigation, sie sollen auch inhaltliches Lernen fördern, indem Bewegungen zum jeweiligen mathematischen Prozess passend erfolgen (z. B. Teilen und Verteilen). Die Handlungen sollen also kognitive Prozesse unterstützen. Zudem ermöglicht eine integrierte Handschrifterkennung, dass Lernende einzugebende Zahlen per Hand am Touchscreen schreiben.

Die Lernumgebung „ALICE" ist Bestandteil von Forschungsprojekten zum Einsatz digitaler Medien im Mathematikunterricht (z. B. Hoch et al., 2018b; Reinhold et al., 2018; Reinhold et al., 2020). Beispielsweise wurden Wirkungen dieser Lernumgebung in einer Interventionsstudie im regulären Mathematikunterricht über 15 Unterrichtsstunden hinweg in 33 Klassen der Jahrgangsstufe 6 mit 721 Schülerinnen und Schülern erforscht. Jede Klasse wurde einer von drei Gruppen zugewiesen (vgl. Reinhold, 2019, S. 214 ff.): In einer Gruppe hatte jeder Lernende im Mathematikunterricht ein Tablet (iPad) mit der digitalen Lernumgebung „ALICE" zur Verfügung. Die digitalen Materialien sollten dabei in jeder Unterrichtsstunde für mindestens die Hälfte der Unterrichtszeit verwendet werden. In einer zweiten Gruppe erhielt jeder Lernende ein gedrucktes Arbeitsbuch, das inhaltlich mit der digitalen Lernumgebung vergleichbar war. Dieses Buch wurde im Mathematikunterricht schwerpunktmäßig zur Erarbeitung und Übung der Lerninhalte genutzt. In beiden Gruppen wurde der Unterricht auf Basis der gleichen fachdidaktischen und lernpsychologischen Theorien mit inhaltlich gleichen Erklärungen und Aufgaben gestaltet – nur in der einen Gruppe mit digitalen und in der anderen mit papierbasierten Medien. In einer dritten Gruppe, der Kontrollgruppe, erfolgte der Unterricht mit gleichen fachlichen Lernzielen anhand gängiger, traditioneller Lehrbücher ohne digitale Medien. Ein Vergleich der Lernergebnisse in den drei Gruppen führte zu folgendem Resultat:

> „Eine digitale Aufbereitung der Inhalte sowie ihre Präsentation auf iPads erwies sich für Schülerinnen und Schüler im Vergleich zu traditionellen Schulbüchern als durchaus gewinnbringend. Jedoch konnten vergleichbare Leistungen am Gymnasium bereits mit geeignet aufbereitetem papierbasiertem Material erreicht werden. Leistungsstärkere Schülerinnen und Schüler konnten also von Tablet-PCs nicht zusätzlich profitieren. Möglicherweise konnten sie die im iBook interaktiv dargebotenen Manipulationen ikonisch dargestellter Bruchzahlen mental vollführen und waren daher nicht auf konkrete *Hands-on*-Aktivitäten angewiesen. Eventuell war für diese leistungsstärkere Zielgruppe auch ein adaptiver Anstieg der Aufgabenschwierigkeit sowie Feedback nicht notwendig, um den individuellen Lernprozess geeignet zu begleiten, da der Lernstoff insgesamt gut verstanden werden konnte. Jedoch zeigten sich positive Effekte des aufbereiteten Unterrichtsmaterials bei leistungsschwächeren Mittelschülerinnen und Mittelschülern erst in Verbindung mit einer digitalen Lernumgebung auf Tablet-PCs. Gerade für eine tendenziell leistungsschwächere Zielgruppe erscheinen daher Lernumgebungen mit adaptiver Aufgabenschwierigkeit, individuellem Feedback und interaktiven Aufgabenformaten mit Steuerung durch passende Gesten gewinnbringend." (Reinhold et al., 2018, S. 24)

Das Potenzial digitaler Medien besteht also insbesondere auch darin, dass Mathematikunterricht damit konzeptionell innovative Impulse enthält und stärkeres Gewicht auf Eigenaktivität der Lernenden, Differenzierung, Adaptivität von Aufgabenstellungen und Feedback gelegt wird.

Nach diesem Beispiel für mathematikspezifische digitale Lernmedien wenden wir uns nun Möglichkeiten des Arbeitens mit digitalen Mathematikwerkzeugen im Bereich der rationalen bzw. reellen Zahlen zu. Dabei befassen wir uns exemplarisch mit zwei gängigen Problemstellungen aus dem Mathematikunterricht: der Bestimmung von Dezimaldarstellungen von Wurzeln und der Kreiszahl π.

2.2.2 Wurzeln numerisch annähern

Im Mathematikunterricht der Sekundarstufe I stößt man auf vielfältige Situationen, zu deren Beschreibung Wurzeln erforderlich sind. Beispielsweise hat die Diagonale im Einheitsquadrat die Länge $\sqrt{2}$. Das Verhältnis der Seitenlängen eines DIN-A4-Blattes ist eine rationale Näherung für $\sqrt{2}$. Die Höhe im gleichseitigen Dreieck der Seitenlänge 1 hat die Länge $\sin(60°) = \frac{1}{2}\sqrt{3}$. Wenn eine Strecke im Verhältnis des Goldenen Schnitts geteilt wird, dann stehen entsprechende Teile im Verhältnis $\frac{1+\sqrt{5}}{2}$.

Hierbei stellt sich auch die Frage nach Dezimaldarstellungen von Wurzeln. Definiert ist $\sqrt{a}$ für $a \geq 0$ als die nicht-negative Zahl, die quadriert a ergibt. Eine solche Schreibweise $\sqrt{a}$ ist zunächst eine rein formale, symbolische Notation. Sie charakterisiert eine Zahl über die Eigenschaft, quadriert a zu ergeben. Sie liefert aber keinen direkten Aufschluss darüber, wo diese Zahl auf der Zahlengeraden verortet ist bzw. welche Dezimaldarstellung sie hat. Dieser Thematik widmen wir uns im Folgenden. Wir zeigen, wie mithilfe digitaler Mathematikwerkzeuge Dezimaldarstellungen zu Wurzeln gewonnen werden können.

Geometrischer Zugang zu Wurzeln

Wurzeln treten im geometrischen Kontext unmittelbar beim Zusammenhang zwischen der Seitenlänge und dem Flächeninhalt von Quadraten auf. Mit folgendem Arbeitsauftrag können Schülerinnen und Schüler den Wurzelbegriff erarbeiten oder auch vertiefen und dabei Dezimaldarstellungen von Wurzeln erzeugen:

Quadrate und ihre Seitenlängen

Konstruiere mit einem dynamischen Geometriesystem ein Quadrat mit veränderlicher Seitenlänge. Lass die Seitenlänge und den Flächeninhalt des Quadrats anzeigen. Bestimme damit Näherungswerte für $\sqrt{2}, \sqrt{3}, \sqrt{5}$ und $\sqrt{6}$. ◄

Abb. 2.4 Flächeninhalt und
Seitenlänge von Quadraten

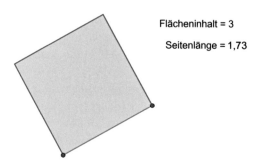

Flächeninhalt = 3

Seitenlänge = 1,73

Die Schülerinnen und Schüler sollen mit der Software ein in seiner Größe veränderliches Quadrat konstruieren und mit den Messwerkzeugen seine Seitenlänge und seinen Flächeninhalt anzeigen lassen (vgl. Abb. 2.4). Durch Variation der Konstruktion können sie den Flächeninhalt (im Rahmen der Bildschirmauflösung) auf gewünschte Werte einstellen und die zugehörige Seitenlänge ablesen. Sie erhalten damit jeweils die Wurzel des Flächeninhalts.

Die dynamische Konstruktion bietet noch mehr als nur die Möglichkeit, einzelne Werte für Wurzeln zu bestimmen. Aufgrund der Variabilität der Konstruktion werden Eigenschaften der Quadrat*funktion* und der Wurzel*funktion* erfahrbar – auch wenn sie an dieser Stelle im Unterricht evtl. nicht explizit thematisiert werden.

- *Bijektivität:* Ein Quadrat ist durch eine Seitenlänge oder auch durch seinen Flächeninhalt eindeutig festgelegt. Zu jeder Seitenlänge gehört genau ein Flächeninhalt und umgekehrt. Die Quadratfunktion ist also für nicht-negative Argumente bijektiv und hat die Wurzelfunktion als Umkehrung.
- *Monotonie:* Beide Funktionen sind streng monoton steigend. Wenn man eine Seitenlänge des Quadrats vergrößert, wird der Flächeninhalt größer und umgekehrt.
- *Stetigkeit:* Beide Funktionen sind stetig. Kleine Änderungen der Seitenlänge gehen mit kleinen Änderungen des Flächeninhalts einher und umgekehrt.

Wertetabellen systematisch erstellen

Durch systematisches Probieren kann man die Dezimaldarstellung von Wurzeln stellenweise ermitteln. Wir demonstrieren dies am Beispiel $\sqrt{3}$ und zeigen dabei, dass sich Tabellenkalkulation für die zugehörigen Rechnungen anbietet.

Gesucht sind Näherungen für diejenige reelle Zahl, die quadriert 3 ergibt. Da $1^2 = 1$ und $2^2 = 4$, ist 1 zu klein und 2 zu groß. Die Zahl $\sqrt{3}$ muss also im Intervall [1; 2] liegen. (Hier nutzt man – ggf. implizit – die Stetigkeit und strenge Monotonie der Quadratfunktion.) Um eine Nachkommastelle von $\sqrt{3}$ zu bestimmen, kann man in Zehntelschritten die Quadrate der Zahlen von 1 bis 2 berechnen (vgl. Abb. 2.5). Dadurch zeigt sich, dass $\sqrt{3}$ im Intervall [1,7; 1,8] liegt. Für eine weitere Nachkommastelle berechnet man in Hundertstelschritten die Quadrate der Zahlen von 1,7 bis 1,8. Dadurch wird $\sqrt{3}$ auf das Intervall

x	x²	x	x²	x	x²	x	x²	x	x²
1,0	1,00	1,70	2,8900	1,730	2,992900	1,7320	2,999824	1,73200	2,999824
1,1	1,21	1,71	2,9241	1,731	2,996361	1,7321	3,000170	1,73201	2,999859
1,2	1,44	1,72	2,9584	1,732	2,999824	1,7322	3,000517	1,73202	2,999893
1,3	1,69	1,73	2,9929	1,733	3,003289	1,7323	3,000863	1,73203	2,999928
1,4	1,96	1,74	3,0276	1,734	3,006756	1,7324	3,001210	1,73204	2,999963
1,5	2,25	1,75	3,0625	1,735	3,010225	1,7325	3,001556	1,73205	2,999997
1,6	2,56	1,76	3,0976	1,736	3,013696	1,7326	3,001903	1,73206	3,000032
1,7	2,89	1,77	3,1329	1,737	3,017169	1,7327	3,002249	1,73207	3,000066
1,8	3,24	1,78	3,1684	1,738	3,020644	1,7328	3,002596	1,73208	3,000101
1,9	3,61	1,79	3,2041	1,739	3,024121	1,7329	3,002942	1,73209	3,000136
2,0	4,00	1,80	3,2400	1,740	3,027600	1,7330	3,003289	1,73210	3,000170

Abb. 2.5 Wertetabelle zur Quadratfunktion

Tab. 2.3 Wurzel aus 3 mit Intervallhalbierung

	A	B	C
1	Untere Intervallgrenze	Obere Intervallgrenze	Intervallmitte
2	1	2	= (A2+B2)/2
3	= WENN(C2^2<3; C2; A2)	= WENN(C2^2<3; B2; C2)	= (A3+B3)/2
4	= WENN(C3^2<3; C3; A3)	= WENN(C3^2<3; B3; C3)	= (A4+B4)/2
5	…	…	…

[1,73; 1,74] eingegrenzt. Dieses Verfahren lässt sich fortsetzen, sodass Schritt für Schritt je eine Nachkommastelle von $\sqrt{3}$ bestimmt wird. Für das Erstellen der Wertetabellen können Schülerinnen und Schüler Tabellenkalkulation als digitales Mathematikwerkzeug verwenden (vgl. Abb. 2.5).

Intervalle halbieren

Im letzten Abschnitt wurde das Intervall zur Eingrenzung von $\sqrt{3}$ Schritt für Schritt auf ein Zehntel seiner Länge verkleinert. Im Folgenden stellen wir ein Verfahren vor, bei dem die Intervalllänge schrittweise halbiert wird. Hierfür lässt sich – im Vergleich zum vorhergehenden Verfahren – der Iterationsschritt zur Verkleinerung des Intervalls leichter formalisiert beschreiben. Dadurch kann dieses Intervallhalbierungsverfahren relativ einfach mit Tabellenkalkulation oder einer Programmiersprache umgesetzt werden. Wir illustrieren dies wieder am Beispiel $\sqrt{3}$.

Es sei bekannt, dass $\sqrt{3}$ im Intervall $[a; b]$ liegt. Das arithmetische Mittel $m = \dfrac{a+b}{2}$

ist die Mitte dieses Intervalls. Wenn $m^2 < 3$, liegt $\sqrt{3}$ im rechten Teilintervall $[m; b]$, andernfalls im linken Teilintervall $[a; m]$. (Auch hier gehen die Stetigkeit und strenge Monotonie der Quadratfunktion ein.) Durch wiederholte Anwendung dieser Überlegung wird das Intervall zur Eingrenzung von $\sqrt{3}$ iterativ halbiert. Dies lässt sich mit einem Rechner als Werkzeug so lange fortführen, bis eine gewünschte Genauigkeit erreicht ist. Eine Implementation in Tabellenkalkulation ist in Tab. 2.3 dargestellt; die zugehörigen Zahlenwerte zeigt Abb. 2.6.

	A	B	C
1	Untere Intervallgrenze	Obere Intervallgrenze	Intervallmitte
2	1	2	1,5
3	1,5	2	1,75
4	1,5	1,75	1,625
5	1,625	1,75	1,6875
6	1,6875	1,75	1,71875
7	1,71875	1,75	1,734375
8	1,71875	1,734375	1,7265625
9	1,7265625	1,734375	1,73046875

Abb. 2.6 Wurzel aus 3 mit Intervallhalbierung

Heron-Verfahren

Der griechische Mathematiker, Naturwissenschaftler und Ingenieur Heron von Alexandria lebte etwa im 1. Jahrhundert n. Chr. Seine Werke haben den Charakter von Enzyklopädien in angewandter Geometrie, Optik und Mechanik. In seinem Buch *Metrika* („Buch der Messung") beschreibt er ein Verfahren zur Berechnung von Wurzeln, das bereits um 1700 v. Chr. in der Hochkultur Babyloniens praktiziert wurde. Es ist heute unter den Bezeichnungen „babylonisches Wurzelziehen" und „Heron-Verfahren" bekannt (Ziegenbalg et al., 2016, S. 40, 55; Scriba & Schreiber, 2010, S. 73).

Ziel des Heron-Verfahrens ist, zu einer positiven reellen Zahl a nur durch Verwendung der Grundrechenarten einen (Näherungs-)Wert für $\sqrt{a}$ zu berechnen. Geometrisch betrachtet ist die Seitenlänge eines Quadrats mit dem Flächeninhalt a gesucht. Die Kernidee des Heron-Verfahrens besteht darin, dieses Quadrat durch eine Folge von Rechtecken mit dem Flächeninhalt a immer mehr anzunähern.

Man beginnt mit einem beliebigen Rechteck mit dem Flächeninhalt a. Beispielsweise kann man die Seitenlängen $x_1 = a$ und $y_1 = 1$ wählen. Dieses Rechteck ist im Allgemeinen kein Quadrat (außer im Fall $a = 1$, für den $\sqrt{a} = 1$ nicht numerisch berechnet werden muss).

Eine bessere Annäherung an das gewünschte Quadrat erhält man, indem man beim Ausgangsrechteck die lange Seite kürzt und den Flächeninhalt beibehält, also die kurze Seite entsprechend verlängert. Dies erreicht man mit dem Rechteck, das als Seitenlänge das arithmetische Mittel $x_2 = \dfrac{1}{2}(x_1 + y_1)$ und den Flächeninhalt a besitzt. Die andere Seitenlänge ist also $y_2 = \dfrac{a}{x_2}$.

Dieser Schritt wird iterativ fortgesetzt: Ausgehend vom Rechteck mit den Seitenlängen x_n und y_n betrachtet man das Rechteck mit den Seitenlängen $x_{n+1} = \dfrac{1}{2}(x_n + y_n)$ und $y_{n+1} = \dfrac{a}{x_{n+1}}$. Da die Seitenlänge x_{n+1} zwischen den Seitenlängen x_n und y_n liegt, nähern sich die Rechtecke von Schritt zu Schritt in Bezug auf ihre Form immer mehr einem Quadrat an; sie werden „quadratischer".

In Abb. 2.7 sind die ersten vier Rechtecke für den Wert $a = 3$ dargestellt. Zeichnet man sie wie in der Abbildung in ein Koordinatensystem mit einer Ecke im Ursprung, so markieren die Eckpunkte auf den Achsen die Stellen x_n bzw. y_n. Die weiteren Eckpunkte liegen auf der Hyperbel mit der Gleichung $y = \dfrac{a}{x}$.

Für die Berechnung von $\sqrt{a}$ genügt es, eine der beiden Folgen der Seitenlängen zu betrachten, da beide gegen die Seitenlänge des Quadrats mit dem Flächeninhalt a konvergieren. Mit $x_{n+1} = \dfrac{1}{2}\left(x_n + y_n\right)$ und $y_n = \dfrac{a}{x_n}$ ergibt sich:

▶   Für $a \in \mathbb{R}^+$ konvergiert die Folge $(x_n)_{n \in \mathbb{N}}$ mit $x_1 = a$ und $x_{n+1} = \dfrac{1}{2}\left(x_n + \dfrac{a}{x_n}\right)$ für $n \in \mathbb{N}$

gegen $\sqrt{a}$.

Zur Berechnung der Folgenglieder bieten sich digitale Werkzeuge an. Eine Implementation in Tabellenkalkulation zeigt Tab. 2.4. In Zeile 1 ist der Wert von a einzugeben. Dann werden Zeile für Zeile die Folgenglieder mit der Rekursionsformel berechnet.

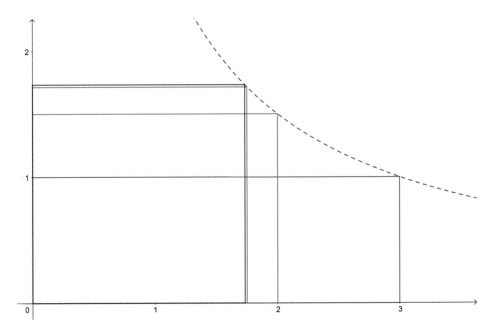

Abb. 2.7   Folge von Rechtecken zum Heron-Verfahren

Tab. 2.4   Wurzel aus a mit dem Heron-Verfahren

	A
1	Wert für a
2	= (A1+A\$1/A1)/2
3	= (A2+A\$1/A2)/2
4	= (A3+A\$1/A3)/2
5	...

Auch Programmiersprachen eignen sich zur Implementation des Heron-Verfahrens. Beim folgenden Python-Programm wird eingegeben, von welcher Zahl a die Wurzel zu berechnen ist und wie viele Folgenglieder bestimmt werden sollen. Dann werden die entsprechenden Glieder der Heron-Folge berechnet und ausgegeben.

```
# Heron-Verfahren
a = float(input("Von welcher Zahl soll die Wurzel berechnet werden? "))
n = int(input("Wie viele Folgenglieder sollen berechnet werden? "))
x = a
for i in range(n):
    x = (x + a/x)/2
    print(x)
```

Das Programm liefert folgende Werte der ersten Glieder der Heron-Folge zu $a = 3$. Die Dezimalen, die mit der Dezimaldarstellung von $\sqrt{3}$ übereinstimmen, sind jeweils kursiv geschrieben.

$x_1 = 3$

$x_2 = 2$

$x_3 = 1{,}75$

$x_4 = 1{,}7321428571428572$

$x_5 = 1{,}7320508100147274$

$x_6 = 1{,}7320508075688772$

Das Heron-Verfahren konvergiert relativ schnell. Es liegt sog. quadratische Konvergenz vor, d. h., von Schritt zu Schritt verdoppelt sich in etwa die Anzahl der korrekt berechneten Stellen der Wurzel.

Umsetzungsmöglichkeiten in der Schule

Für die organisatorische Umsetzung der dargestellten Unterrichtsideen zu Wurzeln können alle in Abschn. 2.1.5 skizzierten Szenarien sinnvoll sein. Der geometrische Zugang zu Wurzeln mit dynamischer Geometrie und das systematische Erstellen von Wertetabellen mit Tabellenkalkulation bieten sich für den regulären Mathematikunterricht mit der gesamten Klasse an, da hierbei ein grundlegendes Verständnis zum Wurzelbegriff entwickelt wird. Eine flexible Kombination von Phasen der Einzelarbeit, Kleingruppenarbeit und Gesprächen im Klassenplenum schafft einerseits Freiräume für eigenständiges mathematisches Arbeiten der Lernenden und führt andererseits zu gemeinsamen Ergebnissen.

Die Iterationsverfahren mit Intervallhalbierung und nach Heron können im Mathematikunterricht mit allen Lernenden erarbeitet werden, sie eignen sich aber auch zur differenzierten Förderung nur eines Teils der Schülerinnen und Schüler – z. B. im Klassenunterricht, bei den Hausaufgaben, im Rahmen eines Drehtürmodells oder in einer Mathematik-AG (vgl. Abschn. 2.1.5). Die Herausforderungen an die Lernenden und die Möglichkeiten zur Kompetenzentwicklung sind dabei durchaus vielfältig und anspruchsvoll. Zum einen sind sie gefordert, das jeweilige mathematische Verfahren zu erschließen. Hierbei kann die Lehrkraft das Anspruchsniveau darüber steuern, welche Informationen sie den Lernenden an die Hand gibt. Ein offener Forschungsauftrag könnte etwa lauten: „Recherchiere im Internet zum ‚Heron-Verfahren' und stelle deine Ergebnisse schriftlich dar." Zum anderen sind das Entwickeln, Formalisieren, Implementieren, Anwenden und Bewerten eines zugehörigen Algorithmus zur Berechnung von Wurzeln gemäß dem Modell in Abb. 2.3 anspruchsvolle Facetten algorithmischen Denkens mit entsprechendem Potenzial zur differenzierten Förderung von Schülerinnen und Schülern.

Ausblick: Wurzeln als Nullstellen von Funktionen
Weitere Perspektiven auf Wurzeln ergeben sich, wenn man stärker mit Funktionen arbeitet. Das Problem der Bestimmung von $\sqrt{a}$ ist gleichbedeutend mit dem Problem, die positive Nullstelle der quadratischen Funktion $f(x) = x^2 - a$ zu ermitteln. Damit lassen sich Verfahren zur Nullstellenbestimmung auch für die Berechnung von Wurzeln nutzen – insbesondere mit digitalen Mathematikwerkzeugen. Beispielsweise kann man den Graphen zu $f(x) = x^2 - a$ am Bildschirm zeichnen lassen und so stark an die Nullstelle heranzoomen, bis man sie mit gewünschter Genauigkeit ablesen kann (vgl. Abschn. 3.2.1). Wendet man das Newton-Verfahren zur Bestimmung von Nullstellen auf $f(x) = x^2 - a$ an, erhält man genau die Folge des Heron-Verfahrens.

2.2.3   Die Kreiszahl π numerisch berechnen

Die Frage, wie der Umfang und der Flächeninhalt von Kreisen von ihrem Durchmesser bzw. Radius abhängen, beschäftigt Menschen bereits seit Jahrtausenden (vgl. z. B. Scriba & Schreiber, 2010). Zum einen ist dies eine Frage nach der Art des Zusammenhangs: Der Umfang $U = \pi \cdot d$ ist direkt proportional zum Durchmesser bzw. Radius, der Flächeninhalt $A = \pi \cdot r^2$ hängt quadratisch von diesen ab. Zum anderen stellt sich aber auch die Frage nach dem Wert des in diesen Beziehungen auftretenden Faktors, der Kreiszahl π.

Wir versetzen uns in diesem Abschnitt in die Situation, dass im Mathematikunterricht die Formeln für den Kreisumfang und die Kreisfläche bereits erarbeitet sind. Dazu wurde beispielsweise π als Proportionalitätsfaktor des Zusammenhangs zwischen Umfang und Durchmesser definiert. Auf dieser Basis wurde die Flächeninhaltsformel gewonnen, indem man Kreise in Sektoren zerlegt und diese näherungsweise zu einem Rechteck zusammengefügt hat (vgl. z. B. Weigand et al., 2018, S. 170). Hieran schließt sich die Frage an: Wie lautet die Dezimaldarstellung der Zahl π?

Im Lauf der Geschichte wurden verschiedenste Verfahren entwickelt, um den Wert von π numerisch zu berechnen – z. B. mit Werkzeugen der Geometrie, der Analysis und der Stochastik. Exemplarisch stellen wir im Folgenden das Verfahren von Archimedes vor und zeigen daran, wie hilfreich digitale Werkzeuge bei der rechnerischen Umsetzung mathematischer Ideen sein können. Wir wählen dieses Verfahren als Beispiel, denn es ist mit Mathematikkenntnissen der Sekundarstufe I vollständig erschließbar bzw. gehört – je nach Lehrplan – zu den vorgesehenen Inhalten des Mathematikunterrichts, es vernetzt Teilgebiete der Mathematik (insbesondere Geometrie, Algebra, Numerik), es besitzt eine herausragende Bedeutung in der Geschichte der Mathematik, und es findet sich in Schulbüchern.

Ideen des Verfahrens von Archimedes zur Bestimmung von π

Die Überlegungen von Archimedes (ca. 287–212 v. Chr.) zur Berechnung von π können als ein Meilenstein in der historischen Entwicklung der Mathematik angesehen werden. Archimedes hat nicht nur einen Näherungswert für π angegeben, sondern erstmals ein Verfahren entwickelt, mit dem man prinzipiell die Zahl π beliebig genau bestimmen kann, wenn man das Verfahren nur lange genug durchführt (und die zugehörige Rechenarbeit bewältigt). Die zentralen Ideen dieses Verfahrens sind:

- Einem Kreis werden regelmäßige Vielecke ein- bzw. umbeschrieben. Ihr Umfang ist eine Annäherung an den Kreisumfang von unten bzw. oben.
- Die Annäherung wird umso besser, je höher die Eckenzahl ist.
- Aus dem Umfang eines ein- bzw. umbeschriebenen Vielecks lässt der Umfang des ein- bzw. umbeschriebenen Vielecks mit doppelter Eckenzahl berechnen.
- Der Folge der Berechnungen kann man z. B. mit Dreiecken, Vierecken oder Sechsecken beginnen.

Damit Schülerinnen und Schüler im Mathematikunterricht diese Ideen des Verfahrens durchdringen, bieten sich Visualisierungen mit dynamischen Geometriesystemen an. In Abb. 2.8 ist ein Screenshot einer dynamischen Konstruktion gezeigt. Sie könnte beispielsweise eine Komponente einer digitalen Lernumgebung sein, mit der Schülerinnen und Schüler die Thematik selbstständig erarbeiten, oder sie könnte von der Lehrkraft etwa am Whiteboard bei einer Vorstellung des Verfahrens genutzt werden. Den Kreisen sind regel-

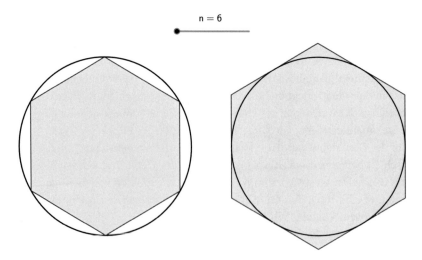

Abb. 2.8 Ein- bzw. umbeschriebene Vielecke

mäßige n-Ecke ein- bzw. umbeschrieben, wobei sich am Bildschirm die Eckenzahl n mit einem Schieberegler schrittweise verdoppeln lässt ($n = 6, 12, 24, 48, 96, \ldots$). Die Konstruktion zeigt, dass der Umfang der einbeschriebenen n-Ecke stets kleiner und der Umfang der umbeschriebenen n-Ecke stets größer als der Kreisumfang ist. Es wird aber auch deutlich, dass sich die Vielecksumfänge mit zunehmender Eckenzahl dem Kreisumfang annähern.

Herleitung des rekursiven Zusammenhangs
Wir betrachten einen Kreis mit dem Radius 1, also dem Umfang $U = 2\pi$, sowie in diesen Kreis einbeschriebene regelmäßige Vielecke. Das Zentrale beim Verfahren von Archimedes ist nicht nur die Idee, den Kreis durch Vielecke zu approximieren, sondern vor allem der Weg, *wie* man die Umfänge der Vielecke berechnen kann. Der Schlüssel hierzu ist eine rekursive Betrachtung: Der Umfang des $2n$-Ecks wird auf den Umfang des n-Ecks zurückgeführt. Etwas einfacher wird die Rekursion, wenn man sie nicht auf die Umfänge, sondern auf die Seitenlängen s_n der regelmäßigen n-Ecke bezieht. Der Umfang ist dann jeweils $U_n = n \cdot s_n$.

Für den Beginn der Iteration beschreiben wir dem Kreis ein regelmäßiges Sechseck ein. Verbindet man die Eckpunkte mit dem Mittelpunkt, wird es in sechs gleichseitige Dreiecke zerlegt. Es hat damit die Seitenlänge $s_6 = 1$.

Nun zum Iterationsschritt: In Abb. 2.9 sei $\overline{AB} = s_n$ die Seitenlänge des einbeschriebenen n-Ecks und $\overline{AC} = \overline{CB} = s_{2n}$ die Seitenlänge des einbeschriebenen $2n$-Ecks. Im Dreieck ΔMAC ist $\dfrac{s_n}{2}$ eine Höhe. Die zweimalige Anwendung des Satzes von Pythagoras ergibt:

$$s_{2n}{}^2 = x^2 + \left(\frac{s_n}{2}\right)^2$$

Abb. 2.9 Vom n-Eck
zum 2n-Eck

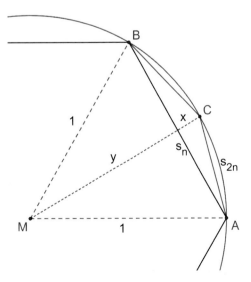

und

$$x = 1 - y = 1 - \sqrt{1 - \left(\frac{s_n}{2}\right)^2}$$

Setzt man Letzteres in die vorhergehende Gleichung ein, so ergibt sich nach algebraischen Vereinfachungen:

$$s_{2n}{}^2 = 2 - \sqrt{4 - s_n{}^2}$$

bzw.

$$s_{2n} = \sqrt{2 - \sqrt{4 - s_n{}^2}}$$

Damit lässt sich ausgehend von $s_6 = 1$ die Folge der Seitenlängen s_{12}, s_{24}, s_{48}, s_{96}, ... und damit auch die Folge der Umfänge der Vielecke berechnen; Letztere konvergiert gegen den Kreisumfang 2π.

Umsetzung mit Tabellenkalkulation
Archimedes bestimmte Umfänge von Vielecken bis zum 96-Eck; er berechnete also vier Iterationsschritte. Sein Verfahren war bis ins 17. Jahrhundert – und somit etwa 1900 Jahre lang – für Mathematiker das Verfahren der Wahl, um Näherungen für π zu berechnen. Dazu waren keine neuen mathematischen Ideen notwendig, sondern vor allem Fleiß und Durchhaltevermögen bei der Rechenarbeit. Der wesentliche begrenzende Faktor bei der Bestimmung von π war also die menschliche Rechenkapazität. Einen Höhepunkt stellen dabei die Berechnungen von Ludolph van Ceulen (1540–1610) dar: Er bestimmte π im Lauf von 30 Jahren mit dem archimedischen Verfahren auf 35 Nachkommastellen genau.

Heutzutage steht Schülerinnen und Schülern mit digitalen Werkzeugen Rechenleistung zur Verfügung, die früher unerreichbar war. Beispielsweise können sie mit Tabellenkalkulation Hunderte von Iterationen des archimedischen Verfahrens durchführen. Tab. 2.5 zeigt eine mögliche Implementation.

In Spalte A entsteht die Eckenzahl n durch schrittweises Verdoppeln von 6. In Spalte B ergibt sich die Seitenlänge des n-Ecks aus dem Startwert $s_6 = 1$ durch Anwenden der oben hergeleiteten Rekursionsformel. In Spalte C wird der halbe Umfang $\frac{1}{2} \cdot U_n = \frac{1}{2} \cdot n \cdot s_n$ des jeweiligen n-Ecks berechnet. Diese Folge sollte gegen π konvergieren.

Tab. 2.5 Näherungen für π

	A	B	C
1	Eckenzahl n	Seitenlänge	Halber Umfang
2	6	1	= A2*B2/2
3	= A2*2	= WURZEL(2-WURZEL(4-B2^2))	= A3*B3/2
4	= A3*2	= WURZEL(2-WURZEL(4-B3^2))	= A4*B4/2
5	...	...	...

Erfahrungen mit numerischer Mathematik: Verlust von Genauigkeit

Setzen die Schülerinnen und Schüler das Verfahren wie beschrieben mit Tabellenkalkulation um, können sie eine überraschende Entdeckung machen: Die berechnete
Zahlenfolge der halben Umfänge konvergiert *nicht* gegen π. Die Folge nimmt in ihren ersten dreizehn Gliedern zu und nähert sich dabei dem Wert von π auf sieben Nachkommastellen (3,1415926). Dann nehmen die Folgenglieder allerdings ab, die Näherungen werden schlechter, und ab dem 28. Glied ist die Folge gleich Null.

Liegt hier ein Fehler bei der Herleitung der Folge oder bei der Implementation am Computer vor? Weder noch! Das Verfahren von Archimedes wurde korrekt hergeleitet, die Formel wurde mit Excel korrekt umgesetzt. Die Schülerinnen und Schüler können hier die Erfahrung gewinnen, dass mathematisch korrekte Verfahren bei korrekter technischer Umsetzung doch nicht immer die gewünschten Ergebnisse liefern. Um dies zu verstehen und zu
beheben, ist ein Blick aus der Perspektive der numerischen Mathematik erforderlich – eine
Perspektive, die üblicherweise im Mathematikunterricht in der Schule etwas zu kurz kommt.

Grundlegend ist die Einsicht, dass ein Tabellenkalkulationsprogramm mit Dezimalzahlen nur mit einer maximalen Anzahl an Stellen rechnet – typischerweise mit etwa 15
Stellen. Aufgrund von zwangsläufigen Rundungsfehlern ist dabei zumeist mindestens die
letzte dieser Stellen verfälscht.

Betrachten wir ein Beispiel: Nehmen wir an, bei den fünfzehnstelligen Zahlen
$a = 1,11111111111168$ und $b = 1,11111111111125$ seien die ersten 13 Ziffern korrekt berechnet worden und die letzten beiden Ziffern jeweils durch Rundungsfehler verfälscht.
Dann besteht die Differenz $a - b = 0,00000000000043$ außer den Nullen nur aus Ziffern,
die aus Rundungsfehlern resultieren. Wenn man mit dieser Differenz weiterrechnet, kann
man vom Ergebnis kaum sinnvolle Information erwarten. Die jeweils korrekten Ziffern
von a und b haben sich bei der Differenzbildung aufgehoben. In der numerischen Mathematik bezeichnet man einen solchen Verlust an Genauigkeit bei der Subtraktion fast gleich
großer Dezimalzahlen als *Auslöschung* bzw. *Cancellation*. Gelegentlich wird dieser Effekt
auch „Subtraktionskatastrophe" genannt (z. B. Humenberger, 1995, S. 26).

Genau dieser Effekt tritt bei der obigen Umsetzung des Verfahrens von Archimedes auf.
In der Differenz $2 - \sqrt{4 - s_n^{\,2}}$ werden zwei Zahlen subtrahiert, die sich für kleine Werte
von s_n wenig voneinander unterscheiden, da die Wurzel nahe an 2 liegt. Als Konsequenz
sind Folgerechnungen, die mit dieser Differenz weiterrechnen, von Rundungsfehlern ggf.
erheblich beeinflusst.

Modifikation der Rekursion

Wie lässt sich der Effekt der Auslöschung gültiger Ziffern vermeiden? Man kann den Term
der Rekursionsformel so umformen, dass er nicht mehr zur Subtraktion nahezu gleich-
großer Zahlen führt. Dies gelingt durch Erweitern:

$$s_{2n}^{\,2} = \left(2 - \sqrt{4 - s_n^{\,2}}\right) \cdot \frac{2 + \sqrt{4 - s_n^{\,2}}}{2 + \sqrt{4 - s_n^{\,2}}} = \frac{s_n^{\,2}}{2 + \sqrt{4 - s_n^{\,2}}}$$

Setzt man die so modifizierte Rekursionsformel

$$s_{2n} = \frac{s_n}{\sqrt{2 + \sqrt{4 - s_n^2}}}$$

beispielsweise mit Tabellenkalkulation analog zu Tab. 2.5 um, so erhält man eine konvergente Folge, bei der ab dem 24. Folgenglied die Zahl π auf 15 Stellen genau angegeben wird.

Drei-Ebenen-Modell für Tabellenkalkulation

Die vorhergehenden Abschnitte haben deutlich gemacht, dass es für das Interpretieren von Ergebnissen bei der Nutzung digitaler Werkzeuge sinnvoll sein kann, softwareinterne Darstellungs- und Berechnungsprozesse in den Blick zu nehmen. Für ein Verständnis der Arbeitsweise von Tabellenkalkulation ist folgende Unterscheidung von drei Ebenen nützlich (Gieding & Vogel, 2012); sie kann bzw. sollte auch Schülerinnen und Schülern bewusstgemacht werden:

- Auf der *Formelebene* arbeitet ein Benutzer, wenn er ein Tabellenkalkulationsblatt erstellt oder modifiziert. Es werden dabei etwa Zahlen und Rechenanweisungen – auch mit Zellbezügen – eingegeben. Ein Beispiel: In Zelle A1 wird die Zahl 1 und in Zelle A2 die Zahl 3 geschrieben. Daraus wird in Zelle A3 der Quotient mittels der Formel „ = A1/A2" berechnet.
- Auf der *Werteebene* speichert der Computer intern die eingegebenen bzw. berechneten Werte der Zellen. Die Genauigkeit ist dabei von der Software vorgegeben. So wird im genannten Beispiel die in Zelle A3 berechnete Zahl etwa als endliche Dezimalzahl „0,333333333333333" mit 15 Nachkommastellen gespeichert.
- Mit der *Anzeigeebene* geht der Benutzer um, wenn er bei einem Tabellenkalkulationsblatt die eingegebenen bzw. berechneten Werte betrachtet. Hierbei lässt sich über das Zellenformat einstellen, wie der intern auf der Werteebene gespeicherte Wert einer Zelle angezeigt werden soll. Wählt man im beschriebenen Beispiel für Zelle A3 als Format etwa eine Prozentangabe mit einer Nachkommastelle, so wird „33,3 %" angezeigt. Wählt man eine Währungsangabe in Euro mit zwei Nachkommastellen, erhält man die Anzeige „0,33 €". Mit dem Format Uhrzeit ergibt sich „08:00:00". Es handelt sich hierbei jeweils um den gleichen Wert auf der Werteebene, der nur in unterschiedlichen Formaten auf der Anzeigeebene erscheint (Tab. 2.6).

Zahlenfolgen in der Schule?

Bei Verfahren zur näherungsweisen Berechnung von Wurzeln oder der Zahl π arbeiten die Schülerinnen und Schüler mit Zahlenfolgen. Eine didaktische Frage ist dabei, ob es hierfür notwendig ist, die Begriffe *Folge* und *Konvergenz von Folgen* im Vorfeld explizit zu definieren.

Tab. 2.6 Drei-Ebenen-Modell für Tabellenkalkulation

Formelebene	Werteebene	Anzeigeebene
Zahlen, Rechenanweisungen, Zellbezüge Beispiel: „ = A1/A2", wobei in Zelle A1 die Zahl 1 und in Zelle A2 die Zahl 3 steht	Dezimalzahl für interne Berechnungen mit softwarespezifischer Genauigkeit Beispiel: „0,333333333333333" als Dezimalzahl mit 15 Nachkommastellen	Darstellung gemäß den Einstellungen durch den Benutzer Beispiel: „33,3 %" als Prozentangabe mit einer Nachkommastelle

In Lehrplänen der Sekundarstufe I sind explizite Definitionen zu dieser Thematik in der Regel nicht vorgesehen. Allerdings wird im Mathematikunterricht der Primar- und der Sekundarstufe auf der intuitiven Ebene in vielfacher Weise mit Folgen gearbeitet (vgl. Weigand, 2015). So untersuchen Kinder in der Grundschule Muster und Strukturen beispielsweise bei der Folge der Dreieckszahlen 1, 3, 6, 10, 15, 21, … oder der Folge der Quadratzahlen. Die Bildungsstandards für den Mittleren Schulabschluss (KMK, 2022) legen unter der Leitidee „Zahl und Operation" fest: „Die Schülerinnen und Schüler […] führen Zahlenfolgen fort, auch unter Verwendung von Variablen als allgemeine Zahl." Beispiele hierfür treten etwa in Sachsituationen auf – z. B. arithmetische Folgen bei linearen Zu- oder Abnahmeprozessen sowie geometrische Folgen bei exponentiell verlaufenden Prozessen (vgl. Reiskörner auf einem Schachbrett in Abschn. 2.1.1).

Über derartige Beispiele sollten Schülerinnen und Schüler zumindest implizit folgende Grundvorstellungen zu Zahlenfolgen (Greefrath et al., 2016, S. 94 f.) entwickeln:

- *Reihenfolgevorstellung:* Eine Zahlenfolge ist eine nummerierte Aufzählung von reellen Zahlen $x_1, x_2, x_3, \dots$.
- *Zuordnungsvorstellung:* Für jede Nummer $n \in \mathbb{N}$ gibt es eine zugehörige Zahl x_n .

Auf Basis derartiger Vorstellungen können Schülerinnen und Schüler an Beispielen intuitiv erfassen, dass sich eine Zahlenfolge einem Wert immer mehr annähern kann – wie etwa einer Quadratwurzel oder der Kreiszahl π. Dadurch wird – ohne Grenzwertdefinition – zumindest die erste der beiden folgenden Grundvorstellungen zur Konvergenz und zu Grenzwerten von Folgen (Greefrath et al., 2016, S. 105) entwickelt:

- *Annäherungsvorstellung:* Beim Durchlaufen der Folge nähern sich die Folgenglieder einem Grenzwert immer mehr an.
- *Umgebungsvorstellung:* In jeder noch so kleinen Umgebung um den Grenzwert liegen ab einem bestimmten Folgenglied alle weiteren Folgenglieder.

Fazit: Schülerinnen und Schüler können – mit oder ohne digitale Medien – mit Folgen, Konvergenz und Grenzwerten an Beispielen mathematisch arbeiten, auch wenn nicht alle zugehörigen fachlichen Begriffe präzise im Sinne der Analysis definiert sind. Digitale Medien eröffnen dabei die Möglichkeit, die Berechnung von Folgengliedern automatisiert durchzuführen.

Allerdings besteht hier natürlich auch Potenzial zur (Binnen-)Differenzierung: Die
Lehrkraft könnte mathematisch besonders interessierten Schülerinnen und Schülern Impulse geben, sich anhand digitaler Informationsangebote im Internet (z. B. Erklärvideos,
Webseiten zu mathematischen Inhalten) vertieft mit den Begriffen der Folge, der Konvergenz und des Grenzwerts zu befassen und dabei insbesondere fachliche Definitionen zu
erschließen.

Mehrwert digitaler Medien bei der Thematik „π" in der Schule
Wir schließen diesen Abschnitt über π mit zusammenfassenden Überlegungen zur Frage:
Welchen spezifischen Nutzen können digitale Medien bei dieser Thematik im Fach Ma-
thematik entfalten?

- *Informationsquelle:* Das Themenfeld „π" ist fachlich ausgesprochen reichhaltig und
  bietet Schülerinnen und Schülern vielfältige Möglichkeiten zur Beschäftigung mit Mathematik. Für ein Erschließen zugehöriger Inhalte steht im Internet ein breites Spektrum an Informationsquellen frei zur Verfügung – beispielsweise Erklärvideos und
  Webseiten mit Darstellungen fachlicher und historischer Aspekte. Mögliche Stichwörter
  zur Recherche könnten etwa sein:
  - π mit Vielecken berechnen (z. B. Verfahren von Archimedes, Verfahren von Cusanus)
  - π mit Zufall bestimmen (z. B. Monte-Carlo-Verfahren, Buffonsches Nadelproblem)
  - π als Wert unendlicher Summen (z. B. Reihen von Gregory, Machin, Euler oder
    Ramanujan)
  - π als Wert unendlicher Produkte (z. B. Wallis-Produkt, Vieta-Produkt)
  - Historisches zu π
  - Rekorde der Berechnung von π
  Damit Schülerinnen und Schüler aber überhaupt auf derartige Inhalte und Quellen aufmerksam werden, bedarf es im Schulalltag in der Regel entsprechender Impulse und
  Aufträge durch die Lehrkraft. In methodisch-organisatorischer Hinsicht kann dies in
  allen in Abschn. 2.1.5 dargestellten Formen erfolgen, also etwa – binnendifferenzie-
  rend – im Klassenunterricht und in den Hausaufgaben oder in Lernangeboten neben
  dem regulären Unterricht. Die Schülerinnen und Schüler können dabei sowohl mathematische als auch medienbezogene Kompetenzen gemäß Abschn. 1.2 entwickeln.
- *Visualisierung:* Mit digitalen Medien können Verfahren zur Bestimmung von π ein-
  drücklich visualisiert werden. Als Beispiel wurde in Abb. 2.8 eine Konstruktion mit
  einem dynamischen Geometriesystem zum Verfahren von Archimedes vorgestellt. Weitere Beispiele sind etwa Visualisierungen zum Monte-Carlo-Verfahren für stochastische Näherungen an π. Hierzu findet man etwa durch Internetrecherche dynamische
  Visualisierungen (z. B. mit Geogebra), bei denen in einem Quadrat zufällig Punkte gewählt werden und der Anteil derjenigen Punkte angegeben wird, die sich im einbeschriebenen Kreis befinden (vgl. Abschn. 6.3.3).

- *Rechenwerkzeug:* Der zentrale Wert von Computern für die Bestimmung von π ist natürlich ihre Rechenkapazität. Haben Mathematiker in früheren Jahrhunderten und Jahrtausenden über Monate und Jahre gerechnet, um Dezimalen von π zu gewinnen, so können Schülerinnen und Schüler heute mit digitalen Werkzeugen Entsprechendes mit wenig Aufwand erzielen. Tabellenkalkulation und Programmiersprachen eignen sich gleichermaßen, um vielfältige Verfahren zur π-Berechnung zu implementieren und damit im Rahmen der Rechengenauigkeit für Dezimalzahlen die Kreiszahl auf etwa 15 Stellen genau zu bestimmen. Eine Programmiersprache ist dann von Vorteil, wenn man noch mehr Dezimalen von π erhalten möchte. Besonders interessierte Schülerinnen und Schüler können beispielsweise die Herausforderung annehmen, die Zahl π auf 10.000 Stellen genau zu berechnen. Besonders geeignet hierfür ist die Programmiersprache Python, da sie keine Beschränkungen der Stellenzahl von ganzen Zahlen aufweist. Materialien zu dieser Thematik für den Unterricht finden sich auf der Webseite zum vorliegenden Buch.

2.3 Aufgaben

1. **Große natürliche Zahlen**
   Skizzieren Sie eine Unterrichtseinheit, bei der Schülerinnen und Schüler digitale Medien nutzen, um mit großen natürlichen Zahlen (größer als 1.000.000) zu arbeiten. Erläutern Sie, welchen Mehrwert digitale Medien hierbei haben.

2. **Euklidischer Algorithmus für den ggT**
   Recherchieren Sie zum Euklidischen Algorithmus für den ggT mit Subtraktionen. Setzen Sie diesen Algorithmus mit einem digitalen Werkzeug um.

3. **Fibonacci-Zahlen**
   Recherchieren Sie zum Begriff „Fibonacci-Zahlen". Skizzieren Sie eine Unterrichtseinheit, bei der Schülerinnen und Schüler mit Hilfe digitaler Medien mit Fibonacci-Zahlen arbeiten. Stellen Sie dar, welche mathematischen und welche medienbezogenen Kompetenzen die Lernenden dabei entwickeln sollen.

4. **Primzahlen**
   Entwickeln Sie ein Computerprogramm, das alle Primzahlen bis zu einer einzugebenden Zahl ausgibt.

5. **Primfaktorzerlegung**
   Formulieren Sie einen Algorithmus zur Bestimmung der Primfaktorzerlegung einer beliebigen natürlichen Zahl. Setzen Sie diesen mit einem Computer um.

6. **Negative Zahlen**
   Recherchieren Sie im Internet nach Videos, in denen Inhalte zu negativen Zahlen erklärt werden. Beurteilen Sie die Filme unter fachdidaktischen Gesichtspunkten. Erläutern Sie Möglichkeiten, solche Videos im Mathematikunterricht zu nutzen.

7. **Prozente**

   Skizzieren Sie eine Unterrichtseinheit, bei der Schülerinnen und Schüler gezielt medienbezogene Kompetenzen gemäß Abschn. 1.2.2 im Inhaltsbereich der Prozentrechnung entwickeln sollen.

8. **Wurzeln**

   Entwickeln Sie Verfahren zur Bestimmung der Dezimaldarstellung von n-ten Wurzeln positiver reeller Zahlen. Setzen Sie diese mit digitalen Werkzeugen um.

9. **Kreiszahl π**

   Recherchieren Sie zu Verfahren der Geometrie, der Analysis und der Stochastik zur Bestimmung der Dezimaldarstellung von π. Setzen Sie diese Verfahren mit digitalen Werkzeugen um. Erläutern Sie, wie mathematisch besonders interessierte Schülerinnen und Schüler zu dieser Thematik differenziert gefördert werden können.

10. **Algorithmisches Denken**

    Diskutieren Sie, welche Bedeutung algorithmisches Denken im Mathematikunterricht haben sollte.

Literatur

Curzon, P., & McOwan, P. W. (2018). *Computational Thinking. Die Welt des algorithmischen Denkens – in Spielen, Zaubertricks und Rätseln.* Springer. https://doi.org/10.1007/978-3-662-56774-6

Dopfer, G., & Reimer, R. (1999). *Tabellenkalkulation im Mathematikunterricht.* Klett.

Eickelmann, B., Vahrenhold, J., & Labusch, A. (2019). Der Kompetenzbereich ,Computational Thinking'. Erste Ergebnisse des Zusatzmoduls für Deutschland im internationalen Vergleich. In B. Eickelmann, W. Bos, J. Gerick, F. Goldhammer, H. Schaumburg, K. Schwippert, M. Senkbeil, & J. Vahrenhold (Hrsg.), *ICILS 2018 #Deutschland. Computer- und informationsbezogene Kompetenzen von Schülerinnen und Schülern im zweiten internationalen Vergleich und Kompetenzen im Bereich Computational Thinking* (S. 367–398). Waxmann.

Engel, A. (1977). *Elementarmathematik vom algorithmischen Standpunkt.* Klett.

Engel, A. (1991). *Mathematisches Experimentieren mit dem PC.* Klett.

Gieding, M., & Vogel, M. (2012). Tabellenkalkulation – einsteigen bitte! *Praxis der Mathematik in der Schule, 54*(43), 2–9.

Greefrath, G., Oldenburg, R., Siller, H.-S., Ulm, V., & Weigand, H.-G. (2016). *Didaktik der Analysis.* Springer Spektrum. https://doi.org/10.1007/978-3-662-48877-5

Greiten, S. (Hrsg.), (2016). *Das Drehtürmodell in der schulischen Begabtenförderung. Studienergebnisse und Praxiseinblicke aus Nordrhein-Westfalen.* Karg Heft 9, Karg Stiftung.

Hoch, S., Reinhold, F., Werner, B., Reiss, K., & Richter-Gebert, J. (2018a). *Bruchrechnen, Bruchzahlen & Bruchteile greifen & begreifen [Web Version].* Technische Universität München. https://www.alice.edu.tum.de. Zugegriffen am 05.05.2024.

Hoch, S., Reinhold, F., Werner, B., Richter-Gebert, J., & Reiss, K. (2018b). Design and research potential of interactive textbooks: The case of fractions. *ZDM Mathematics Education, 50*(5), 839–848. https://doi.org/10.1007/s11858-018-0971-z

Hubwieser, P. (2007). *Didaktik der Informatik.* Springer.

Humenberger, H. (1995). Approximation als Beispiel einer Fundamentalen Idee eines anwendungsorientierten Mathematikunterrichts. *MNU, 48*(1), 23–31.

KMK. (Hrsg.). (2017). *Bildung in der digitalen Welt. Strategie der Kultusministerkonferenz. Beschluss der Kultusministerkonferenz vom 08.12.2016 in der Fassung vom 07.12.2017.* KMK. https://www.kmk.org. Zugegriffen am 05.05.2024.

KMK. (Hrsg.). (2022). *Bildungsstandards für das Fach Mathematik. Erster Schulabschluss (ESA) und Mittlerer Schulabschluss (MSA), Beschluss der Kultusministerkonferenz vom 15.10.2004 und vom 04.12.2003, i. d. F. vom 23.06.2022.* KMK. https://www.kmk.org. Zugegriffen am 05.05.2024.

Kortenkamp, U. (2008). Strukturieren mit Algorithmen. In U. Kortenkamp, H.-G. Weigand, & T. Weth (Hrsg.), *Informatische Ideen im Mathematikunterricht* (S. 77–85). Franzbecker.

Kortenkamp, U. (2015). Programmieren? *Na klar! mathematik lehren, 188,* 38–41.

Kortenkamp, U., & Lambert, A. (2015). Wenn …, dann … bis …, Algorithmisches Denken (nicht nur) im Mathematikunterricht. *mathematik lehren, 188,* 2–9.

Kunz, M., & Seifert, H. (2013). *Tabellenkalkulation im Mathematikunterricht 5–10.* Auer.

Leuders, T., & Prediger, S. (2016). *Flexibel differenzieren und fokussiert fördern im Mathematikunterricht.* Cornelsen.

Leuders, T., & Prediger, S. (2017). Flexibel differenzieren erfordert fachdidaktische Kategorien. In T. Leuders, S. Prediger, & S. Ruwisch (Hrsg.), *J. Leuders* (S. 3–16). *Mit Heterogenität im Mathematikunterricht umgehen lernen.* https://doi.org/10.1007/978-3-658-16903-9_1

Padberg, F., & Büchter, A. (2018). *Elementare Zahlentheorie.* Springer Spektrum.

Padberg, F., & Wartha, S. (2023). *Didaktik der Bruchrechnung.* Springer Spektrum.

Reinhold, F. (2019). *Wirksamkeit von Tablet-PCs bei der Entwicklung des Bruchzahlbegriffs aus mathematikdidaktischer und psychologischer Perspektive. Eine empirische Studie in Jahrgangsstufe 6.* Springer Spektrum. https://doi.org/10.1007/978-3-658-23924-4

Reinhold, F., Hoch, S., Werner, B., Reiss, K., & Richter-Gebert, J. (2018). *Tablet-PCs im Mathematikunterricht der Klasse 6. Ergebnisse des Forschungsprojektes ALICE Bruchrechnen.* Waxmann. https://www.waxmann.com/buch3857

Reinhold, F., Hoch, S., Werner, B., Richter-Gebert, J., & Reiss, K. (2020). Learning fractions with and without educational technology. What matters for high-achieving and low-achieving students? *Learning and Instruction, 65,* 101264. https://doi.org/10.1016/j.learninstruc.2019.101264

Scriba, C., & Schreiber, P. (2010). *5000 Jahre Geometrie.* Springer. https://doi.org/10.1007/978-3-642-02362-0

Senkbeil, M., Eickelmann, B., Vahrenhold, J., Goldhammer, F., Gerick, J., & Labusch, A. (2019). Das Konstrukt der computer- und informationsbezogenen Kompetenzen und das Konstrukt der Kompetenzen im Bereich ‚Computational Thinking' in ICILS 2018. In B. Eickelmann, W. Bos, J. Gerick, F. Goldhammer, H. Schaumburg, K. Schwippert, M. Senkbeil, & J. Vahrenhold (Hrsg.), *ICILS 2018 #Deutschland. Computer- und informationsbezogene Kompetenzen von Schülerinnen und Schülern im zweiten internationalen Vergleich und Kompetenzen im Bereich Computational Thinking* (S. 79–111). Waxmann.

Weigand, G. (2014). Begabung und Person. In G. Weigand, A. Hackl, V. Müller-Oppliger, & G. Schmid (Hrsg.), *Personorientierte Begabungsförderung* (S. 26–36).

Weigand, H.-G. (2015). Begriffsbildung. In R. Bruder, L. Hefendehl-Hebeker, B. Schmidt-Thieme, & H.-G. Weigand (Hrsg.), *Handbuch der Mathematikdidaktik* (S. 255–278). Springer Spektrum. https://doi.org/10.1007/978-3-642-35119-8_9

Weigand, H.-G., & Weth, T. (2002). *Computer im Mathematikunterricht. Neue Wege zu alten Zielen.* Spektrum Akademischer Verlag.

Weigand, H.-G., Filler, A., Hölzl, R., Kuntze, S., Ludwig, M., Roth, J., Schmidt-Thieme, B., & Wittmann, G. (2018). *Didaktik der Geometrie für die Sekundarstufe I.* Springer Spektrum. https://doi.org/10.1007/978-3-662-56217-8

Wing, J. M. (2006). Computational thinking. *Communications of the ACM, 49*(3), 33–35. https://doi.org/10.1145/1118178.1118215

Wing, J. M. (2011). Research notebook: Computational thinking – What and why? *The Link, The magazine of Carnegie Mellon University's School of Computer Science.* https://www.cs.cmu.edu/link/research-notebook-computational-thinking-what-and-why. Zugegriffen am 05.05.2024.

Ziegenbalg, J., Ziegenbalg, O., & Ziegenbalg, B. (2016). *Algorithmen von Hammurapi bis Gödel.* Springer Spektrum. https://doi.org/10.1007/978-3-658-12363-5

Algebra

3

Die elementare Algebra nimmt traditionell einen großen Teil der Unterrichtszeit in der Sekundarstufe I ein. Diese große Bedeutung ergibt sich unter anderem daraus, dass die Algebra die Grundlage für fast alle weiteren Gebiete und Anwendungsbereiche der Mathematik ist. Darüber hinaus ist sie ein Feld, in dem die Lernenden das sorgfältige Arbeiten in einem formalen System kennenlernen können. Die Bildungsstandards (KMK, 2022) verorten große Teile der Algebra in der Kompetenz des Umgangs mit mathematischen Objekten. Medien können den Umgang mit den abstrakten algebraischen Objekten vermitteln, und deswegen gibt es vielfältige Möglichkeiten, digitale Medien sowohl zum Erlernen als auch zum Arbeiten in der Algebra einzusetzen: Sie können Routinetätigkeiten abnehmen und dadurch die stärkere Konzentration auf kreative Tätigkeiten ermöglichen, Feedback geben und ein Werkzeug für mathematische Experimente bieten. Sie ermöglichen Visualisierungen in verschiedenen Darstellungsformen (graphisch, symbolisch, tabellarisch) und somit ein vernetztes Lernen.

Im Folgenden werden die beiden wichtigen Bereiche der schulischen Algebra behandelt: Terme und Gleichungen. Zahlen und Funktionen ist jeweils ein eigenes Kapitel gewidmet.

3.1 Variablen und Terme

Die Behandlung von Termen im Unterricht erfolgt üblicherweise in zwei Schritten: Zunächst werden Terme aufgestellt und interpretiert, dann werden Termumformungen vorgenommen, und es wird der Begriff der Termäquivalenz erarbeitet.

G. Greefrath et al., *Digitalisierung im Mathematikunterricht*, Mathematik Primarstufe und Sekundarstufe I + II, https://doi.org/10.1007/978-3-662-68682-9_3

3.1.1   Mit Termen Berechnungsprozesse darstellen

Terme sind ein flexibles und leistungsfähiges Mittel, um konkrete und allgemeine Rechen-prozesse darzustellen, zu kommunizieren und über diese zu reflektieren. Konkrete Rechen-prozesse können durch Zahlterme beschrieben werden, beispielsweise $301{,}45 \cdot (5{,}31 + 1{,}47)$. Dieser Term kann auch noch (hand-)schriftlich berechnet werden, es bietet sich aber be-reits bei diesem und bei noch komplexeren Termen an, Taschenrechner oder Computer-programme zu verwenden, um Rechenroutinen an digitale Werkzeuge auszulagern. (Dass Fähigkeiten zum Kopfrechnen und zum schriftlichen Rechnen aber auch weiterhin eine Bedeutung haben, sollte nicht vergessen werden, und wird weiter unten noch diskutiert.)

Durch Terme mit Variablen können Berechnungsprozesse beschrieben werden, bei denen (zunächst) nicht alle Werte bekannt sind. Beispielsweise lässt sich die Innenwinkel-summe von n-Ecken durch den Term $(n - 2) \cdot 180°$, $n \geq 3$, berechnen. Als Werkzeug für die explizite Berechnung für bestimmte n-Ecke wird hier zunächst eine Tabellen-kalkulation (TK, z. B. Excel oder LibreOffice) verwendet. Damit erhält man für eine Folge von Werten für n jeweils die entsprechende Winkelsumme. Die in Abb. 3.1 dargestellte Lösung zeigt sowohl die Werte- wie die Formelansicht, zwischen denen man in Excel im Menüband „Formeln" umschalten kann. Diese beiden Sichten spiegeln direkt die übliche Unterscheidung zwischen einem Term und dem Wert eines Terms wider, die im Unterricht ohnehin thematisiert werden muss.

Ein weiteres Beispiel ist die Berechnung des Abstands eines durch seine Koordinaten gegebenen Punktes zum Ursprung (Abb. 3.2). Zwischen beiden Beispielen gibt es einen wichtigen Unterschied in der Benutzung der Zellen des Tabellenkalkulationsprogramms als Variablen: Im ersten Beispiel wird der Veränderlichenaspekt der Variablen statisch durch mehrere Zellen umgesetzt: Um zu sehen, wie sich der Innenwinkel mit n verändert, muss man Zeile für Zeile lesen. In Abb. 3.2 dagegen ändert sich das Ergebnis erst, wenn die Zahlen in den Zellen A2 und B2 geändert werden. Das zweite Beispiel zeigt auch, warum manchmal im Zusammenhang mit der Benutzung von Tabellenkalkulation von Programmieren gesprochen wird: Wie bei einem größeren Computerprogramm gibt es

Abb. 3.1 Die Berechnung der Innenwinkelsumme für verschiedene Werte von n

	A	B
1	n	Winkelsumme
2	3	180
3	4	360
4	5	540
5	6	720
6	7	900

	A	B
1	n	Winkelsumme
2	3	=180*(A2-2)
3	4	=180*(A3-2)
4	5	=180*(A4-2)
5	6	=180*(A5-2)
6	7	=180*(A6-2)

	A	B	C
1	x	y	Abstand zu (0;0)
2	3	5	5,830951895

	A	B	C
1	x	y	Abstand zu (0;0)
2	3	5	=WURZEL(A2^2+B2^2)

Abb. 3.2 Verwendung eines Terms in TK: Die Farbkodierung macht die Referenzfunktion der Va-riablen (= Feldnamen) deutlich

Eingaben, eine Berechnungsvorschrift (Algorithmus, hier konkret ein Term) und ein Ergebnis. (Dies sind drei Säulen der elektronischen Datenverarbeitung, siehe etwa https://de.wikipedia.org/wiki/EVA-Prinzip.)

Weitere Einsatzmöglichkeiten für Tabellenkalkulationen im Kontext von Termen sind etwa Berechnungen von Gesamtpreisen aus Anzahlen und Einzelpreisen, numerische Verfahren etwa zur Nullstellenbestimmung oder statistische Erhebungen und deren Auswertung. Ausführlicher besprochen werden im folgenden Beispiel einige Zahlenfolgen aus geometrischen Anordnungen.

Figurierte Zahlen

Terme können u. a. mit figurierten Zahlen, also mit Zahlen zu Folgen von Figuren, eingeführt werden (Beispiele folgen gleich). Die Arbeit damit lässt sich durch digitale Medien unterstützen. Wegen der visuellen Komponente bieten sich digitale Dokumente an, mit denen die Lernenden interagieren können. Speziell für Dreieckszahlen eignen sich etwa die Webseiten von Mathigon (https://de.mathigon.org/course/sequences/figurate), Mathe-Prisma (http://www.matheprisma.uni-wuppertal.de/Module/Quadrat/index.htm?4) oder das GeoGebra-Applet (https://www.geogebra.org/m/Vj8prV8T). Auch Tabellenkalkulation lässt sich in diesem Kontext vielfältig nutzen, und dies wird hier dargestellt. Welches Medium man letztlich verwenden sollte, hängt davon ab, welche Ziele man verfolgt. Die genannten Internet-Angebote enthalten bereits Arbeitsaufträge und geben teilweise auch Feedback. Sie eignen sich deswegen vor allem für selbstständiges Lernen. Die Verwendung einer Werkzeugsoftware wie Tabellenkalkulation dagegen erfordert mehr Unterstützung durch die Lehrkraft, hat aber den Vorteil, dass die Lernenden den Umgang mit einem universellen Mathematikwerkzeug üben.

Hier ist es sinnvoll, die Technologie erst nachgelagert zur Vertiefung und Reflexion im Unterricht einzusetzen, um auch ein technologieunabhängiges Verständnis aufzubauen (weiter unten wird dies unter dem Stichwort „White-Box-Black-Box-Prinzip" noch allgemeiner diskutiert). Ein typisches Beispiel einer figurierten Zahlenfolge ist eine Reihe von aneinanderliegenden Quadraten, die aus Streichhölzern gebildet werden. (Das Beispiel stammt aus der SMART-Aufgabendatenbank https://smart.uni-bayreuth.de.)

Streichholzkette

Mit Streichhölzern kann man Ketten mit Quadraten legen (Abb. 3.3).

a) Wie viele Streichhölzer benötigt man für 1, 2, 3, 4 bzw. 12 Quadrate?
b) Gib eine Gleichung an, die den Zusammenhang zwischen der Anzahl der Quadrate und der Anzahl der benötigten Streichhölzer allgemein beschreibt. ◀

Abb. 3.3 Die Zahl der Hölzer in Streichholzquadraten lässt sich durch einen Term beschreiben

	A	B	C	D
1	Streichholzquadrate			
2	n	1+3n	4+(n-1)*3	Rekursiv
3	1	4	4	4
4	2	7	7	7
5	3	10	10	10
6	4	13	13	13
7	5	16	16	16

	A	B	C	D
1	Stre			
2	n	1+3n	4+(n-1)*3	Rekursiv
3	1	=1+3*A3	=4+(A3-1)*3	4
4	2	=1+3*A4	=4+(A4-1)*3	=D3+3
5	3	=1+3*A5	=4+(A5-1)*3	=D4+3
6	4	=1+3*A6	=4+(A6-1)*3	=D5+3
7	5	=1+3*A7	=4+(A7-1)*3	=D6+3

Abb. 3.4 Drei verschiedene Lösungen des Streichholzproblems mit Tabellenkalkulation (links Ergebnisse, rechts Formelansicht)

Für eine Quadratreihe aus ein, zwei, drei Quadraten benötigt man vier, sieben, zehn Streichhölzer. Dies kann durch Zeichnen und Zählen gelöst werden. Um die Strategie des Zählens zu überwinden, wird dann nach einer großen Zahl gefragt, z. B. wie viele Hölzer für 100 Quadrate erforderlich sind. Die Antwort darauf wird dann – hoffentlich – nicht mehr durch Zählen gefunden, sondern durch eine Analyse des Berechnungsprozesses. Wenn diese in der Form $1 + 100 \cdot 3$ gelingt, erfolgt der Schritt zur allgemeinen Lösung des Problems: Für n Quadrate benötigt man $1 + n \cdot 3$ Streichhölzer.

Dieses Beispiel bringt gut zum Ausdruck, wie die Einführung von Variablen zur Beschreibung von Allgemeinheit dient. Diese Überlegungen werden sicherlich im Unterricht zunächst ohne digitale Medien besprochen, um den Lernenden die Möglichkeit zu geben, sich auf die grundlegenden Konzepte ohne zusätzliche Belastung (durch die Bedienung von Programmen) zu konzentrieren. Tabellenkalkulation eignet sich dann im Anschluss an eine solche Einführung, indem weitere Lösungsmöglichkeiten reflektiert werden und dabei auch erkannt werden kann, wie vorteilhaft die Automatisierung von Berechnungen sein kann. Dabei wird auch deutlich, dass durch digitale Medien neue Lösungswege möglich werden, die bei der Umsetzung mit Papier und Bleistift nicht so leicht zu realisieren sind. Bei der Quadrataufgabe sehen viele Lernende unmittelbar, dass man für jedes weitere Quadrat drei weitere Hölzchen braucht. In der Tabellenkalkulation kann man dies für eine rekursive Lösung des Problems nutzen, indem man von einer Zeile zur nächsten jeweils drei addiert und die Formel bis zur hundertsten Zeile „heruntergezogen" wird (Abb. 3.4).

Die parallele Behandlung verschiedener Lösungswege hat den Vorteil, dass man sich der Richtigkeit der Berechnung vergewissert (Kontrollfunktion) und dass entdeckt werden kann, dass die gleiche Situation durch verschiedene, aber äquivalente Terme beschreibbar ist.

Ein weiteres Beispiel, das nicht nur den Umgang mit Termen fördert, sondern auch die Möglichkeiten einer Tabellenkalkulation zur Exploration von Zusammenhängen zeigt, ist die Folge der Dreieckszahlen D_n.

Dreieckszahlen

Dreieckszahlen sind definiert durch die Anzahl der Plättchen in einer Dreiecksform (Abb. 3.5). Ein methodisch offener Auftrag ist etwa, zunächst herauszufinden, aus wie vielen Plättchen die ersten zehn Muster dieser Figurenfolge jeweils bestehen, dann aber

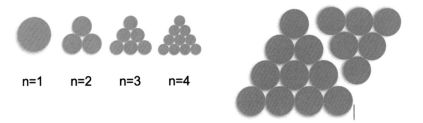

Abb. 3.5 Links die ersten vier Dreieckszahlen $D_1, \ldots, D_4$ und rechts die Technik des Zusammenlegens: Die Dreiecke zu D_{n+1} und D_n ergeben zusammen eine Raute mit $(n+1)^2$ Punkten, wie die Visualisierung für $n = 3$ zeigt

	A	B	C	D
1	Dreieckszahlen			
2	n	D(n) rekursiv	n*(n+1)/2	D(n)+D(n+1)
3	1	1	1	4
4	2	3	3	9
5	3	6	6	16
6	4	10	10	25
7	5	15	15	36
8	6	21	21	49
9	7	28	28	64
10	8	36	36	81
11	9	45	45	100
12	10	55	55	

	A	B	C	D
1	Dreiecksz			
2	n	D(n) rekursiv	n*(n+1)/2	D(n)+D(n+1)
3	1	1	=A3*(A3+1)/2	=C3+C4
4	2	=B3+A4	=A4*(A4+1)/2	=C4+C5
5	3	=B4+A5	=A5*(A5+1)/2	=C5+C6
6	4	=B5+A6	=A6*(A6+1)/2	=C6+C7
7	5	=B6+A7	=A7*(A7+1)/2	=C7+C8
8	6	=B7+A8	=A8*(A8+1)/2	=C8+C9
9	7	=B8+A9	=A9*(A9+1)/2	=C9+C10
10	8	=B9+A10	=A10*(A10+1)/2	=C10+C11
11	9	=B10+A11	=A11*(A11+1)/2	=C11+C12
12	10	=B11+A12	=A12*(A12+1)/2	

Abb. 3.6 Berechnung der Dreieckszahlen in einer Tabellenkalkulation

auch die 20. und 30. Dreieckszahl zu bestimmen. Eine Tabellenkalkulation kann dabei von Anfang an benutzt werden, wenn deren Arbeitsweise bereits vertraut ist.

Dabei gilt es, folgende Gesetzmäßigkeit zu entdecken: Der Übergang von einer Dreieckszahl zu ihrem Nachfolger geschieht dadurch, dass man eine weitere Reihe anlegt. Diese neue Reihe umfasst bei jedem Schritt ein Plättchen mehr als beim vorhergehenden. Man addiert also zunächst 2, dann 3, dann 4 usw. Die entsprechende Berechnung lässt sich leicht in einer Tabellenkalkulation umsetzen (Spalte B in Abb. 3.6). Die Formalisierung dieser Erkenntnis als Rekursionsformel $D_{n+1} = D_n + (n+1)$ erfordert wohl die Unterstützung durch die Lehrkraft. Ebenfalls ist zu erwarten, dass einige Lernende auf eine Darstellung der Form $D_n = 1 + 2 + \ldots + n$ kommen. In dieser Form ist der Berechnungsprozess zwar gut verständlich, er lässt sich aber nicht so einfach in einer Tabellenkalkulation umsetzen. (Genauer: Die Formel kann so nicht eingegeben werden, aber man kann etwa in n Zellen die Zahlen $1, \ldots, n$ erzeugen und sie mit dem SUMME-Befehl addieren.)

Die Herleitung einer expliziten Formel dürfte in den meisten Lerngruppen ebenfalls die Unterstützung durch die Lehrkraft erfordern. Eine wichtige Erkenntnis dafür ist, dass man für jede Dreieckszahl und ihren Nachfolger die beiden Dreiecke zu einem Rautenmuster (Abb. 3.5) zusammenlegen kann, das eine Quadratzahl beschreibt. Diese Hypothese lässt sich ebenfalls mit der Tabellenkalkulation erhärten: Spalte D in Abb. 3.6 enthält offensichtlich nur Quadratzahlen. Man vermutet also $D_n + D_{n+1} = (n+1)^2$ oder mittels Rekursionsformel $D_n + D_n + n + 1 = (n + 1)^2$. Daraus ergibt sich $2D_n = n \cdot (n + 1)$, und damit ist eine explizite Formel für die Dreieckszahlen gefunden:

$$D_n = n \cdot (n+1)/2.$$

Dass diese Formel richtig ist, kann in der Tabellenkalkulation für viele Beispiele verifiziert werden. Ein formaler Beweis folgt daraus, dass $D_1 = 1 \cdot \dfrac{1+1}{2} = 1$ ist und dass die Rekursionsbeziehung erfüllt ist: $D_{n+1} = (n+1) \cdot \dfrac{n+2}{2} = (n+1) \cdot \dfrac{n}{2} + n + 1 = D_n + n + 1$.

Diese Rechnung ist für die Sekundarstufe I sehr (bzw. zu) anspruchsvoll, aber das Resultat kann in der Tabellenkalkulation überprüft werden. Die Technologie kann also helfen, Beziehungen zwischen Termen zu erkunden, die ohne Technologie nicht so einfach zugänglich wären. Die Struktur der Formeln spiegeln an vielen Stellen die Strukturen der geometrischen Konfiguration wider – damit liegt hier ein Musterbeispiel für das Zusammenspiel von ikonischen und symbolischen Repräsentationsformen vor. ◄

Rekursive Beschreibungen sind bei figurierten Zahlen oft hilfreich (weil sie dem schrittweisen Aufbau der Figuren entsprechen), und Tabellenkalkulation unterstützt dies gut, weil der rekursive Bezug auf den Vorgänger leicht ist. Die stets gleichen Berechnungen können dann (fast) beliebig oft durchgeführt werden. Man könnte die Rechnungen auch in einer Tabelle auf Papier ausführen, die Tabellenkalkulation entlastet aber vom Rechnen und ermöglicht damit einen besseren Überblick und damit ein Verständnis für die Zusammenhänge.

Damit wird auch der Transfer auf neue Situationen erleichtert. Ein Beispiel hierfür sind die Tetraederzahlen T_n.

Tetraederzahlen

Tetraederzahlen geben die Zahl der Kugeln in einem aus Kugeln aufgebauten Tetraeder an, dessen Kanten die Länge n besitzen. Man sieht in Abb. 3.7, dass die Anzahl der Kugeln der untersten Schicht eine Dreieckszahl ist, also gilt $T_n = D_n + T_{n-1}$, und damit ist wieder eine rekursive Berechnung in der Tabellenkalkulation möglich. Es reicht aus, die bisherige Tabelle um eine einzige Spalte zu erweitern. Auch in diesem Fall ist die Bestimmung einer expliziten Formel möglich, aber anspruchsvoll. ◄

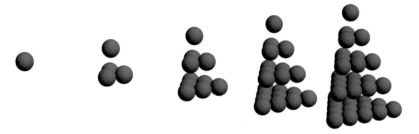

Abb. 3.7 Aufbau der Tetraederzahlen aus Ebenen von Dreieckszahlen

Bei den Beispielen zu figurierten Zahlen liegt neben der Auslagerung schematischer Berechnungen und der Erleichterung bei der Durchführung rekursiver Berechnungen ein weiterer Vorteil der digitalen Medien in der einfachen Gewinnung von Graphen: Man kann sehr leicht die (rekursiv) berechneten Datenpunkte (n, D_n) oder (n, T_n) in ein Diagramm eintragen und so den funktionalen Zusammenhang erkennen. Die Zahl der Punkte nimmt bei D_n quadratisch, bei T_n sogar mit der dritten Potenz zu. Auf diese Art können die Zusammenhänge schon exploriert werden, bevor die explizite Formel gefunden wird, die den algebraischen Zusammenhang dann auch formal bestätigt.

Diese Beispiele zeigen, dass sich mit Tabellenkalkulationen sehr flexibel Terme berechnen lassen und dass dies hilft, auch komplexe, kognitiv herausfordernde Aufgabenstellungen zu bearbeiten. Für die Darstellung von Termen und die Berechnung von Termwerten können auch andere Programmarten, beispielsweise Programmiersprachen (vgl. Kap. 2) oder Computeralgebrasysteme, eingesetzt werden; um Letztere geht es im nächsten Abschnitt.

3.1.2 Terme umformen

Zwei Terme sind *äquivalent*, wenn sie bei jeder Belegung der Variablen denselben Wert ergeben. Das Verständnis der Termäquivalenz kann durch die Verwendung von Tabellenkalkulation gefördert werden, wie das folgende Beispiel zeigt.

Äquivalente Terme

Den Lernenden wird ein Tabellenkalkulationsblatt vorgegeben, in dem in den Spalten A und B jeweils eine Reihe von ganzen Zahlen notiert ist. Die Lernenden sollen dann in weiteren Spalten verschiedene andere Terme, beispielsweise $2 * A + 2 * B$ und $2 * (A + B)$ bilden, bei denen sich dieselben Werte ergeben (Abb. 3.8). Durch diese Unterrichtsaktivität wird das Verständnis von äquivalenten Termen unterstützt. ◄

Diese Art der Überprüfung der Äquivalenz von Termen ist nicht nur mühsam, sondern mathematisch auch nicht ausreichend, da die Wertgleichheit immer nur für eine endliche Menge von Zahlen überprüft werden kann. Wenn also eine Demonstration oder Erkundung von äquivalenten Termen wie in Abb. 3.8. im Unterricht eingesetzt wird, sollte die Lehr-

	A	B	C	D
1	A	B	2*A+2*B	2*(A+B)
2	1	1	4	4
3	1	2	6	6
4	1	3	8	8
5	2	1	6	6
6	2	2	8	8
7	2	3	10	10
8	3	1	8	8
9	3	2	10	10
10	3	3	12	12

	A	B	C	D
1	A	B	2*A+2*B	2*(A+B)
2	1	1	=2*A2+2*B2	=2*(A2+B2)
3	1	2	=2*A3+2*B3	=2*(A3+B3)
4	1	3	=2*A4+2*B4	=2*(A4+B4)
5	2	1	=2*A5+2*B5	=2*(A5+B5)
6	2	2	=2*A6+2*B6	=2*(A6+B6)
7	2	3	=2*A7+2*B7	=2*(A7+B7)
8	3	1	=2*A8+2*B8	=2*(A8+B8)
9	3	2	=2*A9+2*B9	=2*(A9+B9)
10	3	3	=2*A10+2*B10	=2*(A10+B10)

Abb. 3.8 Äquivalente Terme mit Tabellenkalkulation

kraft darauf hinweisen, dass dies die Äquivalenz nicht beweist – wohingegen eine einzige Einsetzung, die zu verschiedenen Werten führt, die Nicht-Äquivalenz beweist.

Ein Beweis der Äquivalenz zweier Terme kann auf Basis von Äquivalenzumformungen erbracht werden. Kommutativität, Assoziativität und Distributivität der Grundrechenarten sowie die daraus abgeleiteten algebraischen Identitäten (z. B. die binomischen Formeln) eröffnen eine große Vielfalt von möglichen äquivalenzerhaltenden Termumformungen. Wenn zwei Terme durch eine Folge dieser Regelanwendungen ineinander überführt werden können, nennt man sie *umformungsäquivalent*. Die Korrektheit der Regeln (und ihre korrekte Anwendung) verbürgt dann, dass die Terme auch im Sinne der Einsetzungsäquivalenz äquivalent sind. Je nach Zielrichtung der Anwendung der Regeln unterscheidet man z. B. Ausmultiplizieren, Faktorisieren, Gleichnamigmachen oder allgemein Vereinfachen von Termen. Alle diese termumformenden Tätigkeiten kann man an Computer auslagern: Computeralgebrasysteme (CAS) sind Programme, die Terme umformen können.

Computeralgebrasysteme

Terme wie $x + 2y + 3x$ können in Taschenrechnern, Programmiersprachen oder Tabellenkalkulationsprogrammen nur berechnet werden, wenn für die Variablen Zahlenwerte spezifiziert sind. Wenn solche Werte nicht gegeben sind, kann das Ergebnis der Berechnung nur ein Term sein, der noch Variablen enthält. Die Regeln, nach denen Terme und Gleichungen verarbeitet und umgeformt werden, bilden die sogenannte symbolische Mathematik, und die Programme, die dies leisten, sind Computeralgebrasysteme (CAS). Die ersten CAS wurden ab etwa 1960 entwickelt. Mit Maxima (https://maxima.sourceforge.io/de/index.html) gibt es ein System aus dieser Zeit, das bis heute im Einsatz ist und sich auch für die Verwendung in Schulen eignet (siehe z. B. Ziegenbalg et al., 2016). Maxima ist ebenso wie Sage (https://www.sagemath.org/) frei verfügbar. Für den professionellen Einsatz gibt es kommerzielle Systeme wie Maple oder Mathematica.

All den genannten CAS ist gemeinsam, dass sie neben den symbolischen Berechnungen mit Termen (z. B. Terme vereinfachen, Terme faktorisieren) und Gleichungen (also Gleichungen lösen, bei denen die Lösung ggf. von Parametern abhängen kann) weitere mathematische Möglichkeiten bieten:

- Berechnungen mit beliebig großen ganzen Zahlen und mit Dezimalzahlen mit beliebig vielen Nachkommastellen. Maxima etwa vereinfacht die Quadratwurzel sqrt(8) automatisch zu 2*sqrt(2) und liefert nach dem Befehl fpprec:30; zum Setzen der Fließpunkt-Stellenzahl als Antwort auf bfloat(sqrt(8)); die Ausgabe 2,82842712474619009760337744842.
- Darstellung von Funktionsgraphen
- Definition von Funktionen und Programmen
- Erstellung von Wertetabellen

Für die Schule ist aktuell vor allem der CAS-Rechner von GeoGebra relevant, der das CAS „giac" (https://www-fourier.ujf-grenoble.fr/~parisse/giac.html) in die vertraute GeoGebra-Umgebung einbettet und so leicht nutzbar macht. Es gibt aber auch Computeralgebrasysteme in Taschenrechnern von Texas Instruments und Casio. Sehr leicht ist auch der Zugriff auf CAS über Webangebote wie Wolfram Alpha (https://www.wolframalpha.com/), das einen Teil der Funktionalität von Mathematica online zugänglich macht. Das System bemüht sich, eine (englische) Eingabe sinnvoll zu interpretieren, sodass man keine spezielle Syntax lernen muss. Es reicht etwa die Eingabe von „expand (3 x + 1)^3" aus, um das Ergebnis 27 x^3 + 27 x^2 + 9 x + 1 zu erhalten. Das gleiche Ergebnis liefert z. B. auch „expand 3rd power of (3x + 1", d. h. selbst syntaktische Fehler (hier eine fehlende Klammer) werden nach Möglichkeit korrigiert. Damit der Nutzer kontrollieren kann, wie das System die Eingabe versteht, wird diese in traditioneller mathematischer Schreibweise wiederholt. Dies illustriert die Kommunikationsfunktion der symbolischen Fachsprache.

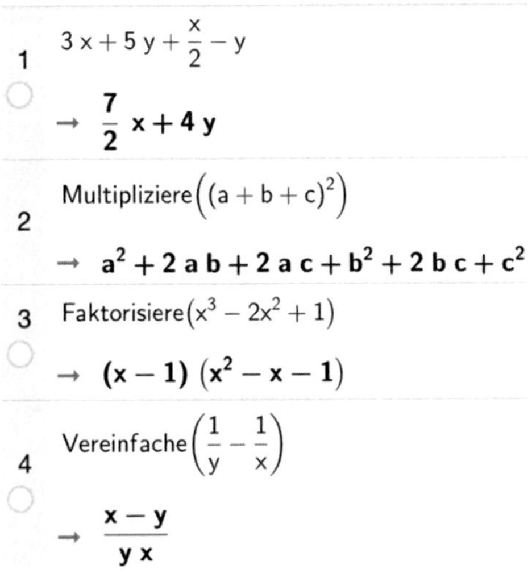

Abb. 3.9 Einige
Termumformungen mit dem
CAS-Rechner von GeoGebra

1    $3\,x + 5\,y + \dfrac{x}{2} - y$

$\rightarrow \dfrac{7}{2}\,x + 4\,y$

2    $\text{Multipliziere}\left((a + b + c)^2\right)$

$\rightarrow a^2 + 2\,a\,b + 2\,a\,c + b^2 + 2\,b\,c + c^2$

3    $\text{Faktorisiere}\left(x^3 - 2x^2 + 1\right)$

$\rightarrow (x - 1)\left(x^2 - x - 1\right)$

4    $\text{Vereinfache}\left(\dfrac{1}{y} - \dfrac{1}{x}\right)$

$\rightarrow \dfrac{x - y}{y\,x}$

Auf das Computeralgebrasystem von GeoGebra kann man über den CAS-Rechner zugreifen (Abb. 3.9). Vom Nutzer eingegebene Terme und Gleichungen werden automatisch vereinfacht (z. B. werden Summanden mit gleichen Variablen zusammengefasst). Weiterreichende Umformungen wie Faktorisieren oder vollständiges Ausmultiplizieren erreicht man durch Befehle, von denen Abb. 3.9 ebenfalls einige zeigt.

Schon die wenigen Beispiele aus Abb. 3.9 zeigen deutlich, dass solche Systeme Rechnungen automatisch durchführen können, die im Unterricht mit viel Aufwand erlernt und geübt werden. Damit stellt sich eine zentrale didaktische Frage: Wenn Computer solche Rechnungen automatisiert bzw. „auf Knopfdruck" durchführen können, wozu muss man sie dann noch von Hand können? Eine naheliegende Antwort ist, dass das eigene händische Bearbeiten die Bedeutung der Konzepte klarmachen kann. Ohne eine solche eigene Erfahrung, so die Vermutung, kann man auch nicht gut verstehen, wozu man eine Black-Box einsetzen kann und was ihre Ausgabe bedeutet. Auf Basis solcher und ähnlicher Überlegungen haben Herget et al. (2001) einen Katalog von Fähigkeiten zusammengestellt, die nach ihrer Meinung auch nach der ersten Phase des Erlernens langfristig von Hand gekonnt werden sollen – die Diskussionen ihrer Vorschläge waren aber sehr kontrovers, und es gibt dazu bis heute keinen allgemeinen Konsens.

Der wichtige Aufbau grundlegender Vorstellungen zu Termen und ihren Umformungen kann jedenfalls auch mit digitalen Medien gefördert werden. Dazu gibt es mehrere sinnvolle Einsatzmöglichkeiten im Unterricht:

- *Entlastung:* Um Verständnis dafür zu erzielen, welche Möglichkeiten ein CAS bietet und um diese auch richtig einzuschätzen, ist es hilfreich oder gar notwendig, eigene händische Rechenerfahrungen zu sammeln. Das bedeutet, dass man beispielsweise das Ausmultiplizieren von Termen zunächst in einer sog. White-Box-Phase von Hand praktiziert und erst später solche Umformungen das CAS als Black-Box durchführen lässt

(White-Box-Black-Box-Prinzip, siehe dazu den untenstehenden Kasten). Das CAS soll also im weiteren Verlauf dazu dienen, die Lernenden von Routinetätigkeiten zu entlasten (Entlastungsfunktion). Beispielsweise gibt es viele Modellbildungsaufgaben, die auf das Lösen von linearen Gleichungssystemen führen. CAS ermöglicht Lernenden in solchen Situationen, sich auf die Modellbildung im engeren Sinne, also die Mathematisierung und die Interpretation der Ergebnisse, zu konzentrieren, während die innermathematische Umformungsarbeit vom Rechner übernommen wird (Aufgabenbeispiele finden sich weiter unten). Heugl et al. (1996, S. 131 ff.) haben darauf hingewiesen, dass in der Unterrichtspraxis White-Box- und Black-Box-Phasen nicht immer strikt getrennt werden sollten. Beispielsweise kann es auch in einer Phase des Erkundens und Einübens neuer Verfahren sinnvoll sein, den Computer zu nutzen, um händisch ausgeführte Rechenschritte zu überprüfen. Dies führt schon zur nächsten Funktion von CAS, der Kontrollfunktion.

- *Kontrolle:* Für Lernende stellen Computeralgebrasysteme gewissermaßen Experten dar, die sie befragen können, beispielsweise um zu überprüfen, ob ihre von Hand gewonnenen Ergebnisse richtig sind (Kontrollfunktion). Sie können etwa mit einem CAS selbst prüfen, ob sie die binomischen Formeln korrekt zum Ausmultiplizieren angewendet haben. Oder die Lernenden sollen quadratische Ergänzungen von Hand vornehmen und können dann durch automatisiertes Ausmultiplizieren ihres Ergebnisses prüfen, ob sie richtig gerechnet haben. Viele Aufgaben, die für den Unterricht mit CAS vorgeschlagen wurden, sind so aufgebaut, dass es den expliziten Auftrag gibt, die Rechnung mit CAS zu kontrollieren (siehe z. B. Staatsinstitut für Schulqualität und Bildungsforschung, 2011). Dies ist vor allem ein großer Vorteil bei Hausaufgaben, weil die Lernenden dann schnelleres Feedback bekommen. Besonders nützlich sind dabei Programme, die automatisch Musterlösungen erzeugen können (siehe etwa Abb. 3.24). Aber auch in solchen Fällen muss man damit rechnen, dass die Termdarstellung durch das CAS ggf. anders aussieht, als man es erwartet. Beispiel: Ein Lernender hat von Hand $\left(x+\dfrac{1}{x}\right)^2$ ausmultipliziert und als Ergebnis $x^2+2+\dfrac{1}{x^2}$ erhalten. Zur Kontrolle lässt er GeoGebra den Term ausmultiplizieren und erhält das Ergebnis $\dfrac{x^4+2x^2+1}{x^2}$.

Entweder der Lernende erkennt, dass dies zu seinem Ergebnis äquivalent ist, oder er nutzt die Strategie, die Differenz beider Terme zu bilden; GeoGebra vereinfacht sie dann sofort zu 0.

- *Exploration:* Mit CAS lassen sich viel mehr Beispiele betrachten als beim konventionellen Arbeiten, sodass man Sachverhalte explorieren kann (Explorationsfunktion). Abb. 3.10 zeigt dazu zwei Beispiele zur Untersuchung, welche Verallgemeinerungen der binomischen Formel existieren. Die links dargestellte Verallgemeinerungsstrategie erhöht die Zahl der Summanden und führt auf Terme, deren allgemeine Struktur leicht erkannt werden kann. Im rechten Beispiel wird der Exponent erhöht. In diesem Fall ist die Hypothesengenerierung anspruchsvoller und führt auf das Pascalsche Dreieck bzw. den allgemeinen binomischen Lehrsatz.

Multipliziere$\left((a + b)^2\right)$

$\rightarrow a^2 + 2\,a\,b + b^2$

Multipliziere$\left((a + b + c)^2\right)$

$\rightarrow a^2 + 2\,a\,b + 2\,a\,c + b^2 + 2\,b\,c + c^2$

Multipliziere$\left((a + b + c + d)^2\right)$

$\rightarrow a^2 + 2\,a\,b + 2\,a\,c + 2\,a\,d + b^2 + 2\,b\,c + 2\,b\,d + c^2 + 2\,c\,d + d^2$

Multipliziere$\left((a + b)^2\right)$

$\rightarrow a^2 + 2\,a\,b + b^2$

Multipliziere$\left((a + b)^3\right)$

$\rightarrow a^3 + 3\,a^2\,b + 3\,a\,b^2 + b^3$

Multipliziere$\left((a + b)^4\right)$

$\rightarrow a^4 + 4\,a^3\,b + 6\,a^2\,b^2 + 4\,a\,b^3 + b^4$

Abb. 3.10 Zwei Explorationen zu Verallgemeinerungen der ersten binomischen Formel

- *Vernetzung von Darstellungsformen:* Da typische Computeralgebrasysteme neben den symbolisch-algebraischen Fähigkeiten auch graphische und tabellarische Darstellungen ermöglichen, unterstützen sie Lernende bei der Vernetzung von Darstellungen. Dies wird für den Lernprozess als besonders wichtig erachtet (Duval, 2006). Viele Beispiele dazu finden sich auch in Kap. 4 zu Funktionen, etwa bei der algebraischen und geometrischen Sicht auf die Verschiebung eines Funktionsgraphen.

Entsprechend den unterschiedlichen didaktischen Funktionen von CAS gibt es auch viele unterschiedliche unterrichtliche Einsatzmöglichkeiten. Die statistische Zusammenschau von über 100 Studien zum Computeralgebraeinsatz von Tamur et al. (2019) kommt zu dem Schluss, dass Computeralgebraeinsatz einen deutlichen positiven Effekt auf die Lernergebnisse hat. Sehr ähnliche Ergebnisse mit einem besonderen Blick auf die Lage in Deutschland hatte schon vorher die Studie von Barzel (2012) erbracht. Für einen erfolgreichen Einsatz muss die Lehrkraft den Lernprozess aber begleiten und dabei auch spezifische Schwierigkeiten im Blick haben. Beispielsweise hat Schacht (2015) darauf hingewiesen, dass die Dokumentation von Lösungsprozessen neue Herausforderungen aufwirft, weil es zu unterschiedlichen Mischungen von mathematischer Fachsprache und technologiebezogener Sprache kommen kann. Das Problem ist besonders gravierend, wenn mit CAS-fähigen Taschenrechnern gearbeitet wird, die oft eine kryptische Syntax verwenden, die deutlich von der üblichen mathematischen Schreibweise abweicht. Die Dokumentation einer Lösung muss dann zwei Zielen genügen, nämlich einerseits aufzeigen, was konkret mit dem Werkzeug gemacht wurde, um die Lösung nachvollziehen zu können, andererseits auf mathematischer Sprachebene die Lösungsstrategie erläutern. Größere Computeralgebrasysteme erlauben in der Regel auch die Eingabe von normalem Text, sodass die Dokumentation der Arbeitsweise im Dokument erfolgen kann. Wichtig ist ferner, dass auf ein ausreichendes grundlegendes Verständnis der Verfahren und Konzepte geachtet wird und dass die zugehörigen Fähigkeiten wachgehalten werden. Ein reines Verlassen auf die digitalen Werkzeuge kann auch zu einem Rückgang der Leistungen führen (Neumann, 2018). Es hat sicher aber auch gezeigt, dass dem erfolgreich entgegengewirkt werden kann (Pinkernell & Bruder, 2011).

Hintergrund zum White-Box-Black-Box-Prinzip

Auch wenn digitale Werkzeuge schematische Abläufe übernehmen *können*, ist es eine fundamentale fachdidaktische Frage, ob und für welche Bereiche diese Werkzeuge im Mathematikunterricht eingesetzt werden. Hierzu lassen sich zwei entgegengesetzte Extrempositionen einnehmen (Buchberger, 1990):

- *Pro Technologie:* Schülerinnen und Schüler brauchen keine wertvolle Zeit dafür verwenden, Verfahren zu erlernen und auszuführen, die ein Computer „auf Knopfdruck" ausführen kann. Dadurch entstehen Freiräume im Mathematikunterricht, z. B. für kreatives Problemlösen oder komplexes Modellieren.
- *Kontra Technologie:* Um Verständnis für mathematische Begriffe und Verfahren zu entwickeln, ist es erforderlich, diese selbst kognitiv Schritt für Schritt zu durchdringen. Hierzu ist händisches mathematisches Arbeiten notwendig und unverzichtbar.

Dieses Spannungsfeld löste Buchberger bereits 1990 mit dem *White-Box-Black-Box-Prinzip* auf. Er betont, dass es hier nicht um ein Entweder-oder, sondern um ein Sowohl-als-auch geht, wobei sich zwei Phasen im Mathematikunterricht unterscheiden lassen (vgl. auch Heugl et al., 1996, S. 130 ff.):

- *White-Box-Phase (Phase des verstehenden Lernens):* Um einen neuen Begriff oder ein neues Verfahren zu verstehen, werden die hierfür grundlegenden Schritte ohne Computer erarbeitet, ausgeführt und geübt (z. B. Brüche addieren, Terme umformen, ein lineares Gleichungssystem lösen, eine Winkelhalbierende konstruieren, ein Balkendiagramm zeichnen).
- *Black-Box-Phase (Phase des erkennenden und begründeten Anwendens):* Wenn die Schülerinnen und Schülern mit den jeweiligen Begriffen und Verfahren grundlegend vertraut sind, können sie für die Ausführung schematischer Abläufe digitale Werkzeuge nutzen. Der Computer wird dabei als „Black-Box" betrachtet, d. h., er erzeugt Ausgaben auf Basis von Eingaben, ohne dass sich der Anwender bzw. die Anwenderin mit der internen Funktionsweise befassen muss. Die Schülerinnen und Schüler sind dabei allerdings gefordert zu entscheiden, welchen Befehl der jeweiligen Software sie verwenden. Sie müssen Eingaben zielführend gestalten und Ausgaben des Computers interpretieren. Hierfür ist Verständnis für die jeweiligen mathematischen Begriffe und Verfahren erforderlich, das in White-Box-Phasen erworben wurde.

Ein typisches Beispiel stellt das Lösen von linearen Gleichungssystemen dar. Dazu werden im Unterricht zunächst in der White-Box-Phase z. B. das Gleichsetzungs- und das Einsetzungsverfahren behandelt. Später kann das Lösen linearer Gleichungssysteme an die Black-Box des Computers delegiert und bei der Bearbeitung von komplexeren Anwendungsaufgaben genutzt werden.

Schließlich sei noch angemerkt, dass die beiden unterschiedlichen Phasen bei der Erarbeitung eines neuen Themenbereichs auch in umgekehrter Reihenfolge eingesetzt werden können. Zunächst können Lernende ein digitales Werkzeug als Black-Box nutzen, um z. B. Beziehungen zwischen Eingaben und Ausgaben experimentell zu erforschen, Entdeckungen zu machen und Vermutungen zu generieren („Was passiert, wenn …?"). Auf dieser Basis werden in einer anschließenden White-Box-Phase die zugrunde liegenden mathematischen Zusammenhänge erarbeitet und zugehörige Verfahren begründet (Drijvers, 2000, S. 190). Ein ganz einfaches Beispiel ist das folgende: Wenn zunächst quadratische Funktionen und ihre Funktionsgraphen behandelt werden, kann man die Lernenden bitten, den Lösebefehl anzuwenden und seine Ausgabe zu interpretieren (vgl. Abb. 3.11). Erst danach wird die Frage aufgeworfen, wie die Lösung gefunden wird.

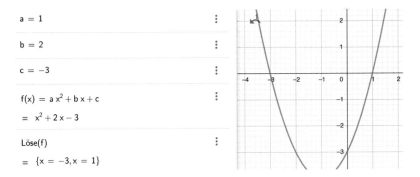

Abb. 3.11 Der Löse-Befehl als Black-Box

3.2 Gleichungen

Das Lösen von Gleichungen, Gleichungssystemen und Ungleichungen gehört zu den wichtigsten Aktivitäten im Mathematikunterricht. Lernende müssen Sinn damit verbinden, sie müssen passende Vorstellungen aufbauen (siehe Weigand et al., 2022). Digitale Medien können hierbei unterstützen, indem sie etwa Kalkülfertigkeiten übernehmen und Rechnungen automatisch durchführen oder Visualisierungen erzeugen. Gleichungen lassen sich nämlich über die symbolische Ebene hinaus auch auf der graphischen und numerischen Ebene darstellen, wie im Folgenden diskutiert werden wird.

3.2.1 Gleichungen und Ungleichungen visualisieren

Das Waagemodell für Gleichungen ist vor allem im Zusammenhang mit linearen Gleichungen hilfreich und nützlich, wobei allerdings auch seine Grenzen zu beachten sind (vgl. Weigand et al., 2022). Es gibt mehrere Apps, die das Waagemodell interaktiv zugänglich machen, etwa „Algebra Balance". Abb. 3.12 zeigt eine ähnliche Web-Anwendung. Sie ermöglicht es dem Nutzer, Gleichungen an der Balkenwaage darzustellen und enaktiv zu lösen.

Durch „Heliumballons", also negative Gewichte, wird die Beschränkung des Waagemodells auf positive Koeffizienten überwunden. Sinnvolle Übungen bestehen darin, Gleichungen auf der Waage zu realisieren und anschließend die Gleichung schrittweise zu lösen, wobei stets auf das Gleichgewicht zu achten ist. Welche der vielen Waage-Apps man verwenden sollte, hängt davon ab, welche Ziele im Unterricht verfolgt werden sollen. Die Web-App aus Abb. 3.12 bietet sich insbesondere an, wenn die Beziehung zur symbolischen Ebene aufgezeigt werden soll.

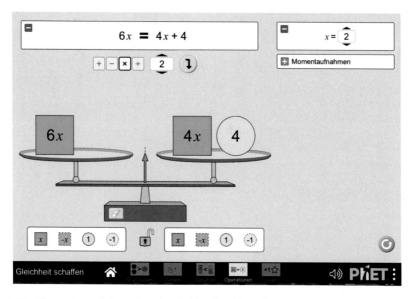

Abb. 3.12 Unter https://phet.colorado.edu/sims/html/equality-explorer/latest/equality-explorer_
de.html gibt es ein Waage-Applet, bei dem sowohl die Waage als auch die symbolische Darstellung
der Gleichung manipuliert werden können. Änderungen in der einen Darstellung übertragen sich in
die andere Darstellung. Je nach Wert von x neigt sich die Waage in eine Richtung oder ist balanciert

Abb. 3.13 Die Wertetabelle
für die Gleichung
$2x + 1 = 10 - x$ zeigt, dass 3
eine Lösung ist, weil dann
beide Seiten denselben
Wert haben

	A	B	C
1	x	**Linke Seite**	**Rechte Seite**
2		2x+1	10-x
3	0	1	10
4	1	3	9
5	2	5	8
6	3	7	7
7	4	9	6
8	5	11	5
9	6	13	4

    Gleichungen lassen sich auch mit Hilfe von Tabellenkalkulation darstellen: Es wird eine
Reihe von x-Werten erzeugt, die dann in die Terme auf beiden Seiten der Gleichung eingesetzt werden. So lässt sich feststellen, für welche Zahlen die Gleichung gelöst wird
(Abb. 3.13), sich also auf beiden Seiten derselbe Termwert ergibt. Dies zeigt insbesondere,
dass Gleichungen Aussageformen sind, die für bestimmte Belegungen der Variablen wahr
werden können und für andere falsch sind. Lösungen durch Einsetzen zu finden, ist aber oft
kaum praktikabel. Insbesondere wenn die Lösungen nicht ganzzahlig sind, ist dies selbst
mit Technologieunterstützung oft nicht effektiv. Diese Erfahrung sollten Lernende machen,
um die weiteren Verfahren (graphisches Lösen, Äquivalenzumformungen) wertzuschätzen.

Eine im Mathematikunterricht sehr wichtige Darstellung von Gleichungen verwendet Graphen. Hierzu werden die linke und rechte Seite der Gleichung jeweils als ein Funktionsterm aufgefasst: Für $f(x) = g(x)$ zeichnet man die Graphen der beiden Funktionen f und g in das gleiche Koordinatensystem (Abb. 3.14). Die x-Koordinaten der Schnittpunkte sind dann Lösungen der Gleichung. Alternativ kann man auch die Differenzfunktion $f(x) - g(x)$ betrachten; ihre Nullstellen sind die Lösungen der Gleichung (Abb. 3.15).

Ein offensichtlicher Nachteil des graphischen Lösens ist, dass man die Werte der Lösungen nur approximativ erhält. Mit digitalen Medien kann aber durch Heranzoomen – anders als auf Papier – die Genauigkeit der Lösung erhöht werden. Für Anwendungsaufgaben erhält man so im Allgemeinen eine ausreichend genaue Lösung. Im Fall, dass die zu lösende Gleichung noch weitere Variablen (Parameter) enthält, lässt sich das graphisch-numerische Lösen allerdings nicht anwenden. Man könnte auch denken, das graphische Lösen sei ein Anachronismus, denn Computer bieten auch andere Methoden, mit denen Gleichungen schneller und genauer gelöst werden können. Aus didaktischer Perspektive

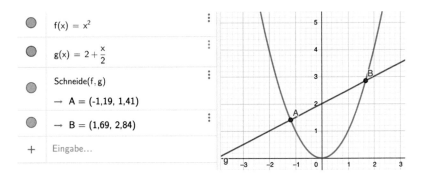

Abb. 3.14 Graphische Lösung der Gleichung $x^2 = 2 + \dfrac{x}{2}$. Der linke und der rechte Teilterm werden als Funktionsterme eingegeben und graphisch dargestellt. Die x-Koordinaten der Schnittpunkte sind die Lösungen $\{-1,19; 1,69\}$ der Gleichung

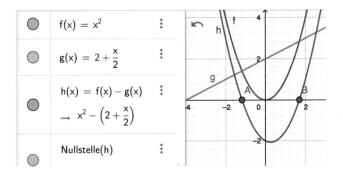

Abb. 3.15 Lösung mittels Nullstellen der Differenzfunktion

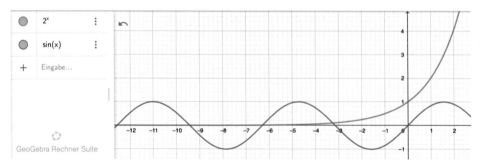

Abb. 3.16 Graphen zu den Funktionstermen der Gleichung $2^x = \sin(x)$

ist es aber trotzdem bedeutsam, weil es die Beziehung von Funktionen und Gleichungen illustriert. Des Weiteren funktioniert das graphische Lösen auch bei Gleichungen, die sich symbolisch nicht lösen lassen, und man kann etwa über die Anzahl der Lösungen konzeptuell durch Rückgriff auf die Eigenschaften der verwendeten Funktion nachdenken. Beide Aspekte illustriert das Beispiel in Abb. 3.16. Aus Eigenschaften der Funktionen lässt sich schließen, dass die Gleichung $2^x = \sin(x)$ unendlich viele Lösungen hat, die alle im Negativen liegen. Diese Argumentation ist auch ohne graphische Darstellung möglich, aber offensichtlich unterstützt diese dabei enorm.

3.2.2 Gleichungen und Funktionen vernetzen

Lösungen von Gleichungen in einer Variablen sind die Nullstellen von Funktionen in einer Variablen. Im Folgenden soll der Blick auf Situationen mit mehr Variablen erweitert werden. Dabei helfen digitale Medien, Zugänge zu finden.

Das Konzept des Funktionsgraphen führt bei Funktionen $f\colon U \to \mathbb{R}, U \subset \mathbb{R}^2$ zu Flächen im dreidimensionalen Raum. Dabei wird jedem in U liegenden Punkt der x-y-Ebene ein Punkt $(x, y, z) \in \mathbb{R}^3$ mit $(x, y) \in U$ und $z = f(x, y)$ zugeordnet. Abb. 3.17 zeigt ein Beispiel mit $U = \mathbb{R}^2$ und $f(x, y) = (x + 1)^2 + 2y^2 - 1$. Die Lösungsmenge der Gleichung $f(x, y) = 0$ entspricht dann der Nullstellenmenge der Funktion, also dem Schnitt der Funktionsgraphfläche mit der Ebene $z = 0$. Durch die Darstellung des Funktionsgraphen im Raum lässt sich neben den Lösungen der zugehörigen Gleichung $f(x, y) = 0$ auch eine Reihe von Funktionseigenschaften gut erkennen, etwa die Lage von Minima und Maxima. Wenn man aber nur an der Lösungsmenge der Gleichung $f(x, y) = 0$ interessiert ist, bietet sich auch eine zweidimensionale Darstellung an. Abb. 3.18 illustriert das am Beispiel einer Kreis- und einer Ellipsengleichung – letztere entspricht der Nullstellengleichung der obigen Funktion. Die Kurven bestehen aus den Punkten, deren Koordinaten die jeweiligen Gleichungen lösen. Diese Art, Kurven zu beschreiben, nennt man *implizite Darstellung* algebraischer Kurven. Es gibt eine sehr breite Vielfalt an – auch ästhetisch schönen – algebraischen Kurven, die gut mit Mitteln der Schulmathematik erarbeitet werden können (vgl. z. B. Haftendorn, 2017). Standardschulstoff sind jedoch nur die Geradengleichung in der Form $a \cdot x + b \cdot y = c$ und die Kreisgleichung $(x - x_m)^2 + (y - y_m)^2 = r^2$.

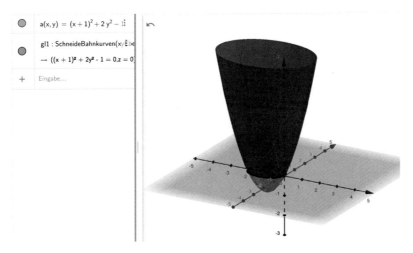

Abb. 3.17 Der Funktionsgraph der Funktion $f(x, y) = (x + 1)^2 + 2y^2 - 1$ als Fläche im Raum

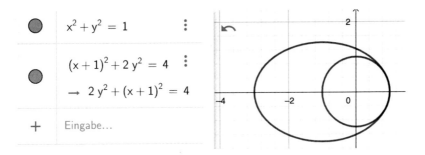

Abb. 3.18 Kreis und Ellipse als implizite Kurve

Kurven können also explizit mit einem Funktionsterm oder implizit durch eine Gleichung beschrieben werden; beide Darstellungen haben Vor- und Nachteile. Beim Einheitskreis kann etwa die explizite Darstellung mit der Funktion $f(x) = \sqrt{1 - x^2}$ nur einen Halbkreis erfassen, während die implizite Darstellung mit der Gleichung $x^2 + y^2 = 1$ den ganzen Kreis beschreibt. Andererseits lassen sich mit der expliziten Darstellung schnell viele Punkte finden, und damit kann der Graph gezeichnet werden. Didaktisch gesehen fördert die explizite Darstellung das funktionale Denken, während die implizite Darstellung das relationale Denken fördert: Anders als beim funktionalen Denken sind dabei die Variablen gleichberechtigt. Es gibt also nicht die Vorstellung der unabhängigen und der abhängigen Variable, sondern die Variablen stehen in einer bestimmten Relation. Diese Sichtweise wird auch bei physikalischen Zusammenhängen oder Gesetzmäßigkeiten genutzt: Wenn man eine bestimmte Gasmenge (z. B. Luft in einer Luftpumpe mit verschlossenem Ausgang) einschließt und zusammendrückt, gilt für den Luftdruck p und das Volumen V eine Gleichung der Art $p \cdot V = \text{const}$. Die beiden Variablen lassen sich dabei nicht sinnvoll als abhängig und unabhängig begreifen, wie es dem funktionalen Denken entspricht. Man kann sowohl das Volumen vorgeben, dann stellt sich der Druck passend ein, oder man übt einen Druck aus, dann stellt sich das passende Volumen ein.

Eine weitere technologiegestützte Möglichkeit, die relationale Bedeutung von Gleichungen zu erkunden, stellt das System FeliX1d dar (siehe z. B. Pinkernell et al., 2022, S. 225). Dabei werden die Variablen durch Punkte auf einem Zahlenstrahl dargestellt; wenn einer davon dynamisch mit der Maus verändert wird, bewegen sich die anderen so, dass die eingegebenen Gleichungen gültig bleiben.

3.2.3 Ungleichungen erkunden

In GeoGebra können analog auch Lösungsmengen von (nicht zu komplizierten) Ungleichungen dargestellt werden. Die implizite Geradengleichung der Bauart $a \cdot x + b \cdot y = c$ gewinnt an Bedeutung, wenn man versteht, dass die Gerade die Ebene in zwei Halbebenen teilt, wobei in der einen Halbebene $a \cdot x + b \cdot y < c$ und in der anderen $a \cdot x + b \cdot y > c$ gilt. Analoges gilt bei der Kreisgleichung für das Innere und Äußere von Kreisen.

Neben einzelnen Ungleichungen können auch die Lösungsmengen von logischen Kombinationen von Ungleichungen graphisch dargestellt werden. Dies ist eine gute Möglichkeit, das relationale und das logische Denken zu schulen (Oldenburg, 2018). Ein Beispiel stellt Abb. 3.19 dar. Dies eröffnet die Möglichkeit, verschiedene Gebiete der euklidischen Ebene algebraisch zu beschreiben. Eine auch ästhetisch reizvolle Aufgabe ist es etwa, ein BMW-Logo algebraisch zu charakterisieren.

3.2.4 Gleichungen und Ungleichungen durch Umformungen lösen

Gleichungen lassen sich durch Äquivalenzumformungen lösen. Wie auch bei Termen können Computeralgebrasysteme diesen Prozess automatisiert durchführen, und dies kann, wie bei Termumformungen, zu verschiedenen didaktischen Zwecken genutzt werden: zur Entlastung, Kontrolle, Exploration oder Visualisierung der Umformungen. Wir starten mit einem Überblick über die technischen Möglichkeiten.

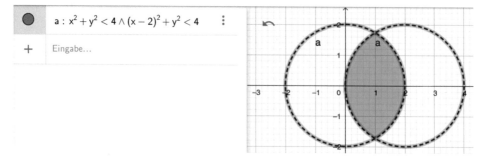

Abb. 3.19 Logische Verknüpfung zweier Kreisungleichungen

1 Löse$(5x + 1 = 19 - x)$	**5** Löse$(2x = 2x)$
$\rightarrow \{x = 3\}$	$\rightarrow \{x = x\}$
2 Löse$(ax + b = 0)$	**6** Löse$(1 = 2)$
$\rightarrow \left\{ x = \dfrac{-b}{a} \right\}$	$\rightarrow \{\}$
3 Löse$(ax + b = 0, a)$	
$\rightarrow \left\{ a = \dfrac{-b}{x} \right\}$	**9** Löse$\left(\dfrac{x^2 - 1}{x - 1} = 2 \right)$
4 Löse$(2x^2 - 5x = 2)$	$\rightarrow \{\}$
$\rightarrow \left\{ x = \dfrac{-\sqrt{41} + 5}{4}, x = \dfrac{\sqrt{41} + 5}{4} \right\}$	**10** $\dfrac{x^2 - 1}{x - 1}$
	$\rightarrow x + 1$

Abb. 3.20 Lösen von Gleichungen mit dem GeoGebra-CAS-Rechner

Abb. 3.20 zeigt Lösungen verschiedener Gleichungen. Wenn es nur eine Variable in einer Gleichung gibt oder man nach x auflösen will, reicht es, die Gleichung in den Befehl Löse(…) einzusetzen; andernfalls muss man angeben, nach welcher Variablen aufgelöst werden soll. Alternativ gibt man erst nur die Gleichung ein und klickt dann auf den Löse-Button. Das Resultat ist in jedem Fall eine Liste (geschrieben in Mengenklammern) der Lösungen. Gleichungen, die von allen Zahlen gelöst werden, erkennt man an der Lösung $x = x$; bei unlösbaren Gleichungen wird die leere Menge angegeben. Beispiel 2 in Abb. 3.20 zeigt, dass Sonderfälle nicht berücksichtigt werden: Beim Lösen von $ax + b = 0$ muss die Fallunterscheidung bzgl. $a = 0$ selbst durchgeführt werden. In Beispiel 9 wird die Gleichung korrekt gelöst, obwohl in Beispiel 10 der rationale Term ohne Fallunterscheidung (ist $x = 1$?) vereinfacht wird.

Dies alles zeigt, dass das Lösen von Gleichungen vor allem hinsichtlich der Interpretation und Validierung der Lösungen auch bei der Verwendung eines CAS noch eigenständige Überlegungen erfordert. Folglich müssen Lernende bei der adäquaten Verwendung des Systems und insbesondere bei der richtigen Interpretation der angezeigten Ergebnisse unterstützt werden. In Hinblick auf den Einsatz in der Schule ist es erfreulich, dass der GeoGebra-CAS-Rechner nur reelle Lösungen ausgibt, sodass komplexe Zahlen nicht thematisiert werden müssen (im Gegensatz zu vielen anderen Systemen, die bei reell nicht lösbaren quadratischen Gleichungen komplexe Zahlen anzeigen).

CAS als Black-Box

Es gibt verschiedene Verwendungsweisen für die Black-Box des Gleichungslösens im Unterricht: Neben der gewöhnlichen Kontrollfunktion beim Lösen von Gleichungen kann sie auch bei kreativen Aufgaben zur Exploration unterstützen.

Ein Beispiel: Finde fünf verschiedene quadratische Gleichungen, die alle die Lösung $x = 1 \lor x = 3$ haben. Hier hilft CAS bei der Prüfung, ob die gefundenen Lösungen richtig sind. Es hilft aber auch beim Finden der Gleichungen, etwa mit dem GeoGebra-Befehl: Multipliziere$(a(x - 1)(x - 3) = 0)$

Die Entlastungsfunktion der Black-Box ist nützlich, wenn das Aufstellen von Gleichungen das Ziel des Unterrichts ist, wie im folgenden Beispiel der Würfelaufgabe (aus Lambacher Schweizer, 2016, S. 151).

Würfelaufgabe

Vergrößert man die Kanten eines Würfels um 2 cm, so vergrößert sich das Volumen um 152 cm^3. Wie lang sind die Kanten des Würfels?

Der rechnerische Teil der Lösung dieser Aufgabe wird durch den GeoGebra-CAS-Rechner vollständig übernommen (Abb. 3.21). Im Gegenzug können sich die Lernenden darauf konzentrieren, die Bedingungen aus der Aufgabenstellung in eine algebraische Gleichung zu übersetzen und die Ausgabe des Systems richtig zu interpretieren. Durch die Verfügbarkeit von CAS werden diese Kompetenzen nicht nur in der Schule, sondern auch in Studium und Beruf im Vergleich zum reinen Ausrechnen einer Lösung immer wichtiger. Konkret wird hier zunächst die Kompetenz des Mathematisierens, hier speziell des Aufstellens der Gleichung gefordert. Es muss eine Variable eingeführt und ihre Bedeutung festgelegt werden (hier: a soll die Kantenlänge des Ausgangswürfels sein). Um die beschriebene Beziehung verstehen und in einer Gleichung ausdrücken zu können, ist ein Denken in Beziehungen (also relationales Denken) erforderlich.

Nach der rechnerischen Lösung, die ans digitale Werkzeug ausgelagert werden kann, ist das Ergebnis zu interpretieren. Dabei muss hier insbesondere die (Nicht-)Bedeutung der negativen Lösung erkannt werden. ◄

Mit Lösungen des CAS weiterarbeiten

Das Lösen von Gleichungen ist oft nur ein Teil einer Aufgabenbearbeitung, d. h., die Lösung einer Gleichung markiert nicht das Ende der Aufgabenbearbeitung, sondern mit der Lösung soll weitergearbeitet werden. Abb. 3.22 zeigt dazu ein für die Sekundarstufe I anspruchsvolles innermathematisches Beispiel. Ohne die Mittel der Analysis zu benutzen, soll die Tangente an eine Parabel bestimmt werden. Dazu wird die Familie der linearen Funktionen bestimmt, deren Graphen mit unterschiedlichen Steigungen durch die betreffende Stelle laufen. Man kann dann die Schnittpunkte ausrechnen und die Bedingung dafür ablesen, dass es nur einen einzigen Schnittpunkt gibt – eben dies charakterisiert die Tangente. Den so gefundenen Wert der Steigung setzt man in den Term der ursprünglichen Funktionsschar ein. Dazu dient in GeoGebra der Befehl „Ersetze", mit dem man für eine Variable einen beliebigen Term einsetzen kann (Substitution). Beispiele: Ersetze($a * x \wedge 2, x = 4$) liefert $16a$ und Ersetze($a + b, a = b \wedge 2 + b$) liefert $2b + b \wedge 2$.

Abb. 3.21 Lösung der Würfelaufgabe

$$\text{Löse}\left((a + 2)^3 = a^3 + 152\right)$$

$$\rightarrow \ \{a = -6, a = 4\}$$

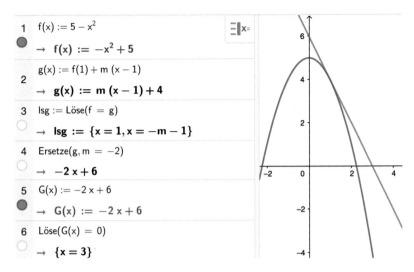

Abb. 3.22 Lösung der Aufgabe: Bestimme die Nullstelle der Tangente, die den Funktionsgraphen von $f(x) = 5 - x^2$ im Punkt $(1; 4)$ berührt

Computeralgebrasysteme können nicht alle Gleichungen lösen. Es lässt sich sogar beweisen, dass es keinen Algorithmus geben kann, der beliebige Gleichungen in einer Variablen und den schulüblichen Verknüpfungen lösen kann. Im schulischen Kontext wird man allerdings selten an diese theoretischen Grenzen stoßen.

Eine für die Schule interessante Gleichungskategorie stellen die Wurzelgleichungen dar. Diese können Lernende verwirren, weil Quadrieren zu Scheinlösungen führen kann, die nur durch die Kontrolle aufgedeckt werden. Ein typisches Beispiel ist die Gleichung $1 - x = \sqrt{3 - x}$. Quadrieren führt auf die Gleichung $1 - 2x + x^2 = 3 - x$ und diese besitzt die Lösung $x = -1 \vee x = 2$, obwohl nur $x = -1$ die Ausgangsgleichung löst. Zeichnen der Funktionsgraphen der beiden Seiten der Ausgangsgleichung klärt die Lage. Der Löse-Befehl des CAS-Rechners von GeoGebra hat mit diesem Beispiel kein Problem. Er gibt nur die korrekte Lösung aus und kann daher z. B. die Kontrollfunktion gut erfüllen.

Das Lösen von Gleichungen üben: Wie und wozu?
Bislang haben wir den Löse-Befehl des CAS als Black-Box betrachtet. Im Sinne des White-Box-Black-Box-Prinzips ist es allerdings auch in einem Unterricht mit digitalen Medien sinnvoll, dass Lernende grundlegende Fähigkeiten im händischen Umgang mit Gleichungen erwerben. Auch dabei können CAS unterstützend wirken. Eine Idee dazu ist es, mit CAS eine Gleichung schrittweise zu lösen. Dabei muss der oder die Lernende angeben, welche Äquivalenzoperation ausgeführt werden soll; die daraufhin notwendige Termvereinfachung übernimmt dann das System. Dadurch können sich die Lernenden auf die strategische Frage konzentrieren, welche Operation jeweils anzuwenden ist, während sie von den Details der Umformung entlastet sind. Eine Anwendung dieses Prinzips im CAS-Rechner von GeoGebra zeigt Abb. 3.23. In den neuen Zellen gibt man jeweils () ein,

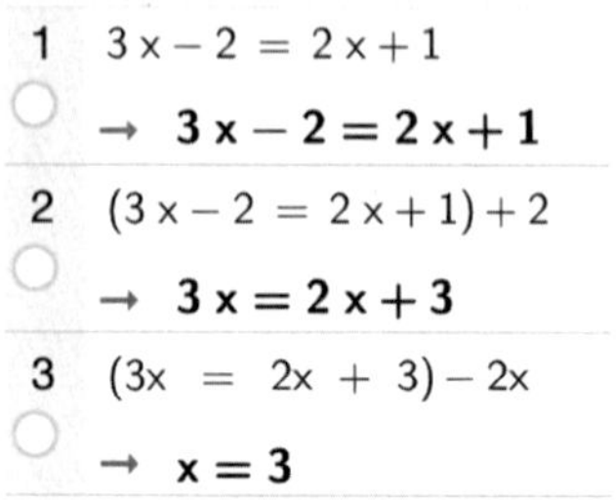

Abb. 3.23 Schrittweises
Lösen einer linearen Gleichung
im CAS-Rechner von
GeoGebra

1   $3x - 2 = 2x + 1$

  $\rightarrow\ 3x - 2 = 2x + 1$

2   $(3x - 2 = 2x + 1) + 2$

  $\rightarrow\ 3x = 2x + 3$

3   $(3x\ =\ 2x\ +\ 3) - 2x$

  $\rightarrow\ x = 3$

Abb. 3.24 Die App
PhotoMath kann eine
fotografierte Gleichung
schrittweise mit
Erklärungen lösen

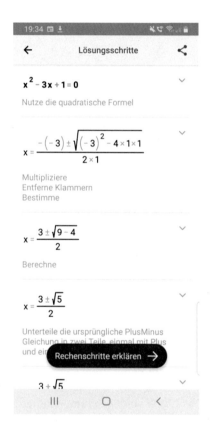

positioniert den Cursor zwischen den Klammern und klickt auf die Gleichung darüber. Dadurch erhält man die alte Gleichung in Klammern gesetzt. Dann kann nach der Klammer die auf beiden Seiten auszuführende Operation angegeben werden, also z. B. „+ 2".

Noch mehr Unterstützung bieten Systeme, die Gleichungen automatisch schrittweise lösen und dabei die einzelnen Schritte noch kommentieren. Ein Beispiel zeigt Abb. 3.24. Die didaktische Funktion ist, dass sich die Lernenden beliebige ausgearbeitete Lösungsbeispiele anschauen können. Es bleibt dann allerdings noch der Schritt zum aktiven selbstständigen Lösen. Noch weitergehende Unterstützung bieten Apps, welche die Eingabe von Termen und Gleichungen überflüssig machen, weil sie handgeschriebene oder gedruckte Aufgabenstellungen durch Schrifterkennung aus einem Foto entnehmen können.

An dieser Stelle bietet sich eine didaktische Reflexion an: Offensichtlich bieten digitale Medien neue und umfangreiche Möglichkeiten, um das Erlernen von algebraischen Umformungen zu unterstützen, gleichzeitig können aber all diese Umformungen auch von Computern selbst vorgenommen werden, sodass sich die Frage stellt, ob und in welchem Umfang man sie als Mensch noch lernen muss. In der Tat könnte es befremdlich wirken, dass Computer benutzt werden, um Kindern und Jugendlichen dabei zu helfen, mühsam zu lernen, wie man Probleme gelöst hat, bevor man Computer zur Verfügung hatte (Wolfram, 2020). Es wäre allerdings ein Fehlschluss, daraus zu folgern, dass in Zukunft Schülerinnen und Schüler das händische algebraische Arbeiten nicht mehr lernen sollten. Oben wurde schon ausgeführt, dass vieles dafürspricht, dass man die Bedeutung von Termen und Gleichungen nur dann gut versteht, wenn man einige eigene Erfahrungen mit ihnen hat. Ohne solche Erfahrungen wird man oft nicht erkennen, in welchen Situationen ein Computeralgebrasystem hilfreich sein kann; man wird eventuell daran scheitern, eine Situation so zu mathematisieren, dass man sie Computern zum Lösen übergeben kann, und man wird eventuell die Ergebnisse falsch interpretieren (oder fehlerhafte Ergebnisse nicht als solche erkennen). Digitale Medien sind nur dann ein nützliches Werkzeug, wenn man über entsprechende Schemata verfügt, mit denen sie kritisch und konstruktiv angewendet werden können. Dazu ist auch einiges an technologiespezifischem Wissen sinnvoll.

Für den Mathematikunterricht bedeutet dies, dass der CAS-Einsatz tatsächlich eine Kompetenzverschiebung von den rechnerischen Aspekten der Algebra hin zum Formalisieren, Mathematisieren und Interpretieren mit sich bringt. In den vergangenen Jahrzehnten, in denen es schon Computeralgebrasysteme gab, war Folgendes eine angemessene Antwort: Das Rechnen kann man sich abnehmen lassen, das Aufstellen und Interpretieren von Termen aber nicht. Allerdings verschiebt sich die Grenze zwischen dem, was die digitalen Werkzeuge gut können, und dem, was Menschen vorbehalten bleibt, weiter. Schon heute (2024) können KI-Programme wie ChatGPT die allermeisten Textaufgaben aus Schulbüchern korrekt verstehen, in Terme und Gleichungen übersetzen und korrekt lösen. Schließlich können sie sogar Nachfragen zur Interpretation des Ergebnisses beantworten. Diese Form der künstlichen Intelligenz ist allerdings nicht fehlerfrei. In gewissem Sinne ist sie komplementär zur Computeralgebra: CAS können (bis auf wenige Bugs und einige theoretische Grenzen) fehlerfrei rechnen und sogar beweisen, aber die Anwenderinnen und Anwender müssen Ein- und Ausgaben entsprechend aufbereiten, um dies nutzen zu können. Künstliche Intelligenz auf der anderen Seite ist viel flexibler in der Kommunikation mit menschlicher Sprache, macht dafür aber auch recht viele Fehler. Insbesondere kann KI nicht über den eigenen Tellerrand hinausschauen; auch vermeintlich kreative Leistungen bleiben immer in einem gewissen Spektrum, das durch die Trainingsdaten abgesteckt wird. Man kann erwarten, dass künftig verstärkt auch Kombinationen von künstlicher Intelligenz und Computeralgebra entwickelt werden, in denen eine künstliche Intelligenz die fehlerfreie korrekte Ausführung von algebraischem Kalkül durch ein CAS steuert und auch die Ein- und Ausgabe von Texten übernimmt. Aber unabhängig davon, wie weit diese Entwicklung gehen wird und wie erfolgreich sie sein wird, wird es immer noch Aufgaben geben, die dem menschlichen Denken vorbehalten bleiben: Nur Menschen können letztlich die Entscheidung fällen, ob eine Rechnung richtig ist und welche Konsequenzen aus ihr gezogen werden. Nur Menschen können Normen gültiger Argumentationsformen setzen und ggf. Ergebnisse in Zweifel ziehen. Der Mathematikunterricht muss sich weiterentwickeln, um den Anforderungen einer neuen Lebensrealität gerecht zu werden, in der digitale Werkzeuge so umfassend Dinge leisten können, die bisher den Menschen vorbehalten waren. Letztlich ist aber künstliche Intelligenz nur eine Anwendung von Mathematik. Deswegen wird Mathematikunterricht sich verändern, aber sicher nicht obsolet werden.

Gleichungssysteme lösen

Viele der Einsatzmöglichkeiten und Überlegungen für einzelne Gleichungen gelten analog auch für Gleichungssysteme. Insbesondere kann man auch die Techniken des schrittweisen CAS-basierten Lösens in diesen Fällen anwenden. Ein neuer Aspekt ist, dass lineare Gleichungssysteme unendlich viele Lösungen besitzen können. Abb. 3.25 zeigt dafür ein Beispiel.

Steckbriefaufgaben Ebenso wie bei einzelnen Gleichungen ist das Lösen von Gleichungssystemen häufig in einen größeren Kontext eingebettet. Eine Aufgabenklasse dieser Art, bei der CAS einen deutlichen Mehrwert zeigen, sind die sogenannten Steckbriefaufgaben. Als Beispiel wird im Folgenden eine verhältnismäßig einfache Steckbriefaufgabe gelöst, und anhand dieses Lösungsprozesses werden didaktische Prinzipien erläutert.

Die Aufgabe besteht darin, eine quadratische Funktion zu bestimmen, deren Graph durch die Punkte $(0; 0)$, $(2; 6)$ und $(4; 4)$ verläuft.

Der erste Schritt, noch vor Computernutzung, ist die mathematische Analyse der Aufgabe. Da die gesuchte Parabel durch den Punkt $(0; 0)$ verläuft, hat der Funktionsterm kein konstantes Glied; er hat damit die Bauart $f(x) = ax^2 + bx$. Diese mathematische Beschreibung kann in CAS direkt umgesetzt werden, und mit ihrer Hilfe können die weiteren Bedingungen formuliert werden. Das so entstehende Gleichungssystem wird gelöst und das Ergebnis in den Funktionsterm eingesetzt, um die Lösungsfunktion zu erhalten. Abb. 3.26

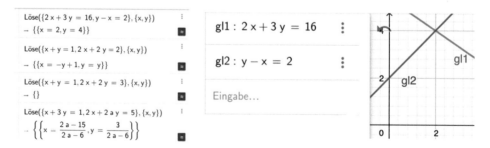

Abb. 3.25 Das Lösen von Gleichungssystemen mit GeoGebra. Rechts ist die geometrische Darstellung des ersten Gleichungssystems zu sehen

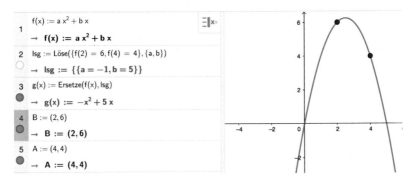

Abb. 3.26 Lösung der Steckbriefaufgabe im GeoGebra-CAS-Rechner

zeigt den gesamten Arbeitsprozess im GeoGebra-CAS-Rechner. Ein Vorteil der digitalen Bearbeitung liegt darin, dass leicht untersucht werden kann, wie sich geänderte Ausgangsdaten auf die angepasste Funktion auswirken. So kann etwa exploriert werden, wann sich eine eindeutige Lösung ergibt oder wann es ggf. auch keine Lösung gibt.

Anhand dieser Lösung kann man analog zur obigen „Würfelaufgabe" (Abb. 3.21) erkennen, welche Teile durch die digitalen Werkzeuge übernommen werden und welche nicht. Die Lösung des entstehenden linearen Gleichungssystems ist hier komplett in die Black-Box des CAS ausgelagert. Die Aufgabenlösung zeigt eine typische Kombination von Operationen bei der Arbeit mit einem CAS: Es wird ein Term aufgestellt, daraus ein Gleichungssystem gewonnen und gelöst. Diese Lösung wird in den ursprünglichen Term eingesetzt. Drijvers und Gravemeijer (2005) sprechen vom *Solve-Subst-Schema*. Es ist ein Handlungsschema, das Lernende erwerben müssen, um Probleme erfolgreich mit CAS lösen zu können.

Polynomielle Gleichungssysteme und Eliminieren von Variablen Lineare Gleichungssysteme lassen sich mit dem Gauß-Verfahren in Dreiecksgestalt bringen, und an dieser lässt sich ablesen, ob es eine Lösung gibt und ob sie eindeutig ist. Der österreichische Mathematiker Buchberger, der oben schon als Urheber des White-Box-Black-Box-Prinzips erwähnt wurde, hat das Gauß-Verfahren auf polynomielle Gleichungen erweitert. Dieser Buchberger-Algorithmus ist in jedem modernen CAS und auch im CAS-Rechner von GeoGebra implementiert. Das Verfahren eliminiert systematisch Variablen, sodass ein Gleichungssystem aus beliebigen Polynomen umgeformt wird in eines, bei dem eine Gleichung nur noch eine Variable, die nächste nur noch zwei Variablen etc. enthält. Indem man eine Lösung der ersten Gleichung in die zweite einsetzt, wird auch diese zu einer Gleichung in einer Variablen. Auf diese Weise wird das Lösen des Gleichungssystems auf das Lösen von Polynomialgleichungen in jeweils einer Variablen zurückgeführt. Da diese nicht immer explizit gelöst werden können, gilt das auch für das Lösen von polynomiellen Gleichungssystemen. Die Frage der Lösbarkeit kann aber immer beantwortet werden, d. h., wenn ein CAS ausgibt, ein polynomielles Gleichungssystem habe keine Lösung, dann kann dies als maschineller Beweis gelten, dass es eine solche Lösung (in der Menge der komplexen Zahlen) tatsächlich nicht gibt.

$$\text{Eliminiere}(\{U = 2\,\pi\,r, A = \pi\,r^2\}, \{r\})$$

$$= \{4\,\pi\,A - U^2\}$$

Abb. 3.27 Eliminieren einer Variablen aus einem Gleichungssystem

Ein Teilprozess des Lösens von Gleichungssystemen ist das Eliminieren von Variablen. Diese Funktionalität bietet GeoGebra auch explizit mit dem Befehl „Eliminiere" an. Um etwa eine Beziehung zwischen dem Flächeninhalt und dem Umfang eines Kreises zu finden, genügt der in Abb. 3.27 gezeigte Befehl. Zur korrekten Interpretation der Ausgabe muss man wissen, dass die erhaltenen Terme zu null zu setzen sind.

Polynomielle Gleichungssysteme haben mehr Anwendungen, als man auf den ersten Blick vermuten würde. Sehr viele Anwendungen ergeben sich etwa aus naturwissenschaftlichen Zusammenhängen, bei denen bestimmte Variablen ausgerechnet werden können, wenn andere eliminiert werden (beispielsweise solche, die man nicht messen kann). Im Folgenden werden einige (überwiegend innermathematische) Beispiele dargestellt, die teilweise deutlich über den Standardschulstoff hinausgehen, um das Potenzial zu zeigen.

Anwendungen von nichtlinearen Gleichungssystemen
Mischungsgleichungen
Es sollen z Liter Wasser von 40 °C hergestellt werden, indem x Liter kaltes Wasser (20 °C) und y Liter heißes Wasser (90 °C) gemischt werden. Zur Lösung stellt man die Mengenbilanz $x + y = z$ und die Energiebilanz $20 \cdot x + 90 \cdot y = 40 \cdot z$ auf. Der Befehl Löse$\left(\{x + y = z,\ 20x + 90y = 40z\}, \{x, y\}\right)$ liefert sofort die Lösung $\left\{x = \dfrac{5}{7}z,\ y = \dfrac{2}{7}z\right\}$.

Kegelschnitte In Kap. 5 zu Geometrie werden die Kegelschnitte diskutiert. Für eine algebraische Berechnung ist das Lösen von Gleichungssystemen hilfreich, wie jetzt am Beispiel der Ellipse diskutiert werden soll. Die Brennpunkte seien $F_1 = (-b, 0)$ sowie $F_2 = (b, 0)$, und es sei $P(x, y)$ ein Punkt der Ellipse. Die geometrische Abstandsbedingung $|F_1P| + |PF_2| = L$ kann man direkt algebraisieren, aber übersichtlicher ist es, die einzelnen Abstände zu bestimmen: $d_i := |PF_i|$. Das Gleichungssystem ist dann $(x + b)^2 + y^2 = d_1^2$, $(x - b)^2 + y^2 = d_2^2$, $d_1 + d_2 = L$. Dieses System lässt sich nach y, d_1, d_2 auflösen (Abb. 3.28). Aus den Lösungen gewinnt man nicht nur Funktionsterme für die obere und untere Ellipsenhälfte, sondern auch weitere Informationen über die Lage der Ellipse.

Algebraische Kurven Es gibt eine Vielzahl von ästhetischen Kurven, die algebraisch dargestellt werden können. Exemplarisch soll die *Konchoide* behandelt werden, die von Haftendorn (2017) als „Hunde-Kurve" in folgende Einkleidung gepackt wurde:

Auf einem geraden Weg, modelliert durch die x-Achse, läuft ein Fußgänger (Koordinaten $F = (x_0, 0)$), der einen Hund (Koordinaten $H = (x, y)$) an einer Leine der Länge L mit sich führt. Der Hund hat einen Lieblingsbaum an der Position $B = (0, b)$. Während des gesamten Spaziergangs zieht der Hund an der Leine, sodass er immer möglichst nah am Baum ist. Auf welcher Kurve bewegt sich der Hund?

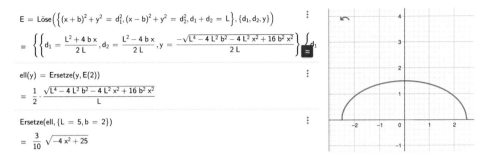

Abb. 3.28 Die algebraische Berechnung der Ellipse

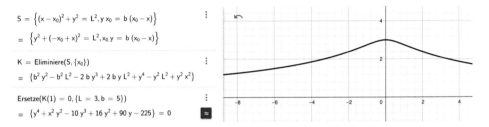

Abb. 3.29 Die Berechnung der Konchoiden

Da der Hund an der Leine zieht, ist diese immer gespannt. Der Abstand vom Hund zum Fußgänger ist also die Leinenlänge: $(x - x_0)^2 + y^2 = L^2$. Da der Hund zum Baum will, liegen F, H und B auf einer Geraden. Das lässt sich auf verschiedene Arten ausdrücken; eine Möglichkeit ist festzustellen, dass die Strecken FH und FB die gleiche Steigung haben: $\dfrac{y}{x_0 - x} = \dfrac{b}{x_0}$. In vielen CAS reicht es aus, diese beiden Gleichungen nach y, x_0 aufzulösen, in GeoGebra ist noch etwas Handarbeit nötig. Die Nenner der letzten Gleichung stören; man muss also umformen zu $y \cdot x_0 = b \cdot (x_0 - x)$. Außerdem scheitert GeoGebra bei dem Versuch, explizit nach y aufzulösen. Das kann man sich aber durch Verwendung des Eliminiere-Befehls sparen. Zur graphischen Darstellung (Abb. 3.29) müssen dann noch Werte für b und L eingesetzt werden.

Geometrische Beweise Der Satz des Pythagoras erlaubt es, Abstände von Punkten, die im Koordinatensystem gegeben sind, zu berechnen. Über das Skalarprodukt kann Rechtwinkligkeit algebraisch formuliert werden, und Kollinearität lässt sich mit einer Determinante ausdrücken. Dies genügt, um sehr viele geometrische Aussagen einfach nachrechnen zu können. Tab. 3.1 zeigt dazu einige Beispiele, wobei jeweils die Koordinaten der Punkte $P_i = (x_i, y_i)$ seien.

Damit lässt sich beispielsweise der Satz des Thales folgendermaßen beweisen: Es seien P_1, P_2 die Endpunkte einer Strecke und P_3 ihr Mittelpunkt. Weiter liege P_4 auf dem Kreis um P_3 mit dem Radius gleich dem Abstand von P_1 zu P_3. All diese Aussagen sind die

Tab. 3.1 Übersetzung von Geometrie in Algebra

Geometrische Beziehung	Gleichung(en)
Der Abstand von P_1, P_2 ist d (oder auch: P_2 liegt auf dem Kreis um P_1 mit Radius d)	$(x_1 - x_2)^2 + (y_1 - y_2)^2 = d^2$
P_3 ist Mittelpunkt von P_1, P_2	$2x_3 = x_1 + x_2$, $2y_3 = y_1 + y_2$
Die Geraden durch P_1, P_2 und P_3, P_4 sind orthogonal	$(x_2 - x_1) \cdot (x_4 - x_3) + (y_2 - y_1) \cdot (y_4 - y_3) = 0$
Die Geraden durch P_1, P_2 und P_3, P_4 sind parallel	$(x_2 - x_1) \cdot (y_4 - y_3) - (x_4 - x_3) \cdot (y_2 - y_1) = 0$
P_1, P_2, P_3 sind kollinear, d. h., sie liegen auf einer Geraden	$x_1 y_2 - x_2 y_1 + x_2 y_3 - x_3 y_2 - x_1 y_3 + x_3 y_1 = 0$

Voraussetzungen V des Satzes: $V := \{2x_3 = x_1 + x_2,\ 2y_3 = y_1 + y_2,\ (x_4 - x_3)^2 + (y_4 - y_3)^2 = (x_1 - x_3)^2 + (y_1 - y_3)^2\}$. Die Behauptung ist, dass das Dreieck $P_1 P_2 P_4$ bei P_4 rechtwinklig ist, d. h. $B = 0$ mit $B := (x_4 - x_1) \cdot (x_4 - x_2) + (y_4 - y_1) \cdot (y_4 - y_2)$. Es ist jetzt also zu zeigen: Die Gültigkeit von V impliziert, dass $B = 0$ gilt. Dies kann man direkt nachrechnen, aber es ist sehr mühsam. Leichter geht es mit einem Widerspruchsbeweis. Wenn $B \neq 0$ wäre, dann gäbe es eine Zahl s mit $s \cdot B = 1$. Die Behauptung des Satzes des Thales ist also, dass das Gleichungssystem $V \cup \{s \cdot B = 1\}$ keine Lösung hat. Der GeoGebra-Befehl Löse$\left(\text{Vereinigungsmenge}\left(V, \{s * B = 1\}\right), \{s, x3, x4, y3, y4\}\right)$ gibt $\{\}$ aus und zeigt damit an, dass es keine Lösung gibt – was den Satz des Thales beweist.

Logik Nichtlineare Gleichungssysteme lassen sich auch nutzen, um die Aussagenlogik zu formalisieren. Aussagen A können entweder wahr oder falsch sein. Wie in der Informatik üblich, kodiert man dies als 0 (falsch) oder 1 (wahr). Dass A keine anderen Werte annehmen kann, wird dann durch die Gleichung $A \cdot (1 - A) = 0$ ausgedrückt. Das logische „und" ist schlicht das Produkt $A \wedge B = A \cdot B$, die Negation ist $\neg A = 1 - A$. Das logische „oder" gewinnt man so: $A \vee B = \neg (\neg A \wedge \neg B) = 1 - (1 - A) \cdot (1 - B)$, und die Implikation ist $A \Rightarrow B = \neg A \vee B = 1 - A \cdot (1 - B)$. Damit hat man Grundlagen geschaffen, um logische Zusammenhänge zu analysieren.

Auf https://www.mathelounge.de/50293/logikratsel-aussagenlogik-wie-lautet-losung-kriminalfalls gibt es das folgende kriminalistische Rätsel: Wenn sich Brown oder Cooper als Täter herausstellen sollten, dann ist Adams unschuldig. Ist aber Adams oder Cooper unschuldig, dann muss Brown ein Täter sein. Ist Cooper schuldig, dann wäre Adams Mittäter.

Um dieses Rätsel zu lösen, interpretiert man die Variablen $a, b, c \in \{0; 1\}$ als Aussagen, dass Adams, Brown bzw. Cooper schuldig sind. Hiermit lassen sich die Informationen als aussagenlogische Implikationen formulieren: Die erste Information ist etwa $b \vee c \Rightarrow \neg a$. Die Lösung im CAS ist damit schnell erledigt, wie Abb. 3.30 zeigt. Es könnten alle Verdächtigen unschuldig sein; wenn der Täter aber dabei ist, dann muss es Brown sein.

Diese konkrete Anwendung ist etwas verspielt, aber illustriert doch den Umstand, dass sich die Teilgebiete der Logik und der Algebra in der Fachmathematik in den letzten Jahren erheblich angenähert haben.

und(a, b) = a b

nicht(a) = 1 − a

= −a + 1

oder(a, b) = nicht(und(nicht(a), nicht(b)))

= −(−a + 1) (−b + 1) + 1

impl(a, b) = oder(nicht(a), b)

= −a (−b + 1) + 1

Löse({a (1 − a) = 0, b (1 − b) = 0, c (1 − c) = 0, 1 = impl(oder(b, c), nicht(a)), 1 = impl(oder(a, c), b), 1 = impl(c, a)}, {a, b, c})

= {{a = 0, b = 0, c = 0}, {a = 0, b = 1, c = 0}}

Abb. 3.30 Lösung eines Logikrätsels mit Gleichungssystemen

3.2.5 Gleichungen numerisch lösen

Wenn keine exakten symbolischen Lösungen für Gleichungen existieren, diese zu kompliziert sind oder man ohnehin mit einem Näherungswert zufrieden ist (z. B. weil man die Lösung in einem realen Kontext braucht und dort ein gerundetes Ergebnis ausreicht), kann man Gleichungen auch numerisch lösen. Für sehr viele transzendente Gleichungen gibt es keine symbolischen Lösungsverfahren. Dies trifft insbesondere für Gleichungen zu, die Argument und Ergebnis einer transzendenten Funktion (also z. B. einer trigonometrischen Funktion, einer Exponential- oder einer Logarithmusfunktion) algebraisch verbinden. Beispiele sind etwa $2^x = 3 + x$ (diese kann nur mit der Lambert-W-Funktion gelöst werden, die in keinem Schulcurriculum enthalten ist), $2^x = \ln(x) + x$ und $x = 2 \cdot \sin(x)$. Bei anderen Gleichungen kann es zwar symbolische Lösungen geben, aber diese sind eventuell so komplex, dass ihre Nützlichkeit – vor allem in der Schule – eingeschränkt ist. So benötigt jede der vier Lösungen der Gleichung $x^4 − 2x^3 + x^2 + x + 1 = 0$ etwa eine Viertel Druckseite zur Darstellung geschachtelter Wurzeln.

Numerische Lösungen sind manchmal also notwendig, manchmal nützlich. Schon viele wissenschaftliche Taschenrechner verfügen über die Möglichkeit, die Nullstellen eines Funktionsterms numerisch zu berechnen. Auch GeoGebra (wenn nicht im CAS-Modus) verwendet numerische Verfahren für die Bestimmung von Nullstellen und Schnittpunkten.

Eine sehr einfache Methode zur Approximation der Lösung einer Gleichung in einer Variablen ist, diese auf die Form $f(x) = 0$ zu bringen und Nullstellen von f durch schrittweises Herantasten zu finden. Als konkretes Beispiel möge die Gleichung $2^x = 3 + x$ dienen. Gesucht werden also Nullstellen von $f(x) = 2^x − x − 3$. Eine Wertetabelle oder der Graph zeigen dann $f(2) < 0 \wedge f(3) > 0$. Also wird (mindestens) eine Nullstelle dieser stetigen Funktion im Intervall [2; 3] liegen. Man kann dann beispielsweise die Intervallmitte untersuchen: Der Funktionswert $f(2{,}5)$ ist positiv, also liegt die Nullstelle in [2; 2,5]. Durch wiederholte Intervallhalbierung kann die Nullstelle beliebig genau bestimmt werden. Dieses Verfahren ist ähnlich zur schrittweisen Berechnung von Quadratwurzeln in

Abschn. 2.2.2. Die tatsächlich in Programmen wie GeoGebra implementierten Algorithmen zur Bestimmung von Nullstellen sind deutlich komplizierter, aber auch schneller. Die einfachen Verfahren vermitteln in der Schule trotzdem eine angemessene Vorstellung davon, was es bedeutet, die Lösung einer Gleichung numerisch zu bestimmen. Insbesondere kann man erkennen, dass üblicherweise ein Startwert gegeben werden muss. Falls mehrere Lösungen existieren, finden die meisten numerischen Algorithmen nur eine einzige, und diese hängt vom gewählten Startwert ab.

Im Unterricht sollte diskutiert werden, dass das symbolische Lösen von Gleichungen etwas anderes ist als das numerische Lösen: Mit symbolischen Lösungsverfahren erhält man nicht nur exakte Lösungen, sondern mit ihnen kann unter Umständen auch bewiesen werden, dass es keine (weiteren) Lösungen gibt. Solch eine Beweiskraft haben numerische Verfahren im Normalfall nicht. Außerdem sind symbolische Lösungen auch möglich, wenn die Gleichung Parameter enthält. Numerische Verfahren helfen in diesem Fall normalerweise nicht. Bei symbolischen Lösungen kann allerdings die philosophische Frage aufgeworfen werden, in welchem Sinne diese eine Lösung sind. Wenn etwa bestimmt wird, dass die Gleichung $x^2 = 2$ u. a. die Lösung $x = \sqrt{2}$ hat, so ist dies in gewissem Sinne tautologisch, denn die Wurzel ist ja gerade als die positive Lösung dieser Gleichung definiert. Andererseits liefern symbolische Lösungen oft Informationen, die man numerischen Lösungen nicht ansehen kann. Wenn beispielsweise bekannt ist, dass eine Gleichung die Lösung $x = 1 + 3\sqrt{5}$ hat, dann ist daran erkennbar, dass dies eine irrationale Zahl ist. Die symbolische Form ist außerdem leicht zu kommunizieren, und wenn später in einer Anwendungssituation ein Näherungswert benötigt wird, kann man immer noch eine Dezimalapproximation mit der in der Situation geforderten Genauigkeit finden.

3.3   Aufgaben

1. **Zahlenfolgen**

   Zu jeder Zahlenfolge kann man ihre Differenzenfolge bilden, indem man die Differenzen der Folgenglieder und ihrer Vorgänger bildet. Aus der Zahlenfolge der Quadratzahlen 0, 1, 4, 9, 16, 25, 36, ... entsteht so die Differenzenfolge 1−0, 4−1, 9−4, 16−9, 25−16, 36−25, ... also 1, 3, 5, 7, 9, ...

   a) Berechnen Sie die Differenzenfolge der Quadratzahlen und die Differenzenfolge der Kubikzahlen mit einer Tabellenkalkulation.

   b) Für die unter a) berechneten Differenzenfolgen gibt es einfache Bildungsgesetze. Bestimmen Sie diese Gesetze durch händische Rechnung und durch Nutzen eines Computeralgebrasystems.

   c) Bewerten Sie die Rolle der Technologie bei der Bearbeitung der Aufgaben a) und b).

2. **Variablen**

   Variablen können als Unbekannte, Unbestimmte oder Veränderliche gesehen werden (siehe z. B. Weigand et al., 2022, Abschn. 2.4). Stellen Sie zusammen, welche Sichtweisen mit welchen digitalen Medien entwickelt werden können. Geben Sie Aufgaben an, mit denen diese Sichtweisen geübt werden können.

3. **Terme in verschiedenen digitalen Medien**

   Vergleichen Sie die Rolle von Termen in einer Programmiersprache wie Python, in einer Tabellenkalkulation und in einem Computeralgebrasystem. Vergleichen Sie dabei auch die unterschiedlichen Arten, wie Terme eingegeben und ausgegeben werden.

4. **Terme für die Bildverarbeitung**

   Gehen Sie auf https://myweb.rz.uni-augsburg.de/~oldenbre/webBV/index.html und informieren Sie sich über Grundlagen der Bildverarbeitung.

   a) Erzielen Sie folgende Veränderungen mit den passenden Applets:
      - Ein Graustufenbild wird in ein Negativbild verwandelt.
      - Ein Bild wird erst heller gemacht und dann durch die Umkehroperation wieder zum Original zurückgerechnet.
      - Ein Bild wird so deformiert, dass die Ränder rechts und links unverändert sind, dazwischen aber nach oben verschoben wird (in der Mitte besonders stark).

   b) Erläutern Sie, welche Vorstellungen von Variablen und Termen bei diesen Aktivitäten gefördert werden.

5. **Dynamik der Gleichungen erkunden**

   Gehen Sie auf https://graspablemath.com/ und lösen dann die Gleichung $3x + 5 = 2x + 1$ durch Ziehen. Welche unterrichtlichen Ziele lassen sich damit erreichen?

6. **Faktorisierungen erkunden**

   Was kann man beobachten, wenn man die Terme $x^2 - 1$, $x^3 - 1$, $x^4 - 1$, $x^5 - 1$, … faktorisiert?

7. **Variablen und Terme in Scratch**

   Gehen Sie auf https://myweb.rz.uni-augsburg.de/~oldenbre/jsfelix/F2d/jxfelix.html und orientieren Sie sich in der Online-Hilfe. Klicken Sie auf „Neue (Un-)Gleichung oder Term" und geben Sie in das Feld ein: Ax=Bx+1. Erforschen Sie die Auswirkung darauf, wie sich die Punkte mit der Maus ziehen lassen. Legen Sie mit einer weiteren Gleichung fest, dass Cx = Cy.

   Welche Aspekte von Gleichungen können so erlernt werden?

8. **Sonderfälle bei Gleichungen**

   Erkunden Sie mit einem Computeralgebrasystem Ihrer Wahl, wie sich das System bei folgenden Gleichungen verhält. Lösen Sie die Gleichungen auch von Hand und prüfen Sie insbesondere, ob die Lösungen richtig sind (ggf. z. B. auch für alle Werte von Parametern). Diskutieren Sie, welche Anforderungen an kompetente Nutzerinnen und Nutzer die Beispiele mit sich bringen.

$$x + 5 = \sqrt{1-x}$$

$$a \cdot x + 1 = 2$$

$$\sin(x)^2 = 1$$

$$\sin(x)^2 = 2$$

$$\frac{x^2}{x} = 0$$

$$a \cdot x + y = 3 \wedge x - y = 5$$

9. **Gleichungssysteme**

   Lösen Sie einige Gleichungen und Gleichungssysteme mit dem GeoGebra-CAS-Rechner. Beispiele:

   $$\text{Löse}\left(\{x + y = 9,\ x + 2 * y = 1\}, \{x, y\}\right)$$

   $$\text{Löse}\left(\{x\text{\textasciicircum}2 + y\text{\textasciicircum}2 = 9,\ x + 2 * y = 1\}, \{x, y\}\right)$$

   Prüfen Sie jeweils durch Einsetzen mit dem Befehl Ersetze(term, substitutionsliste), ob das Ergebnis stimmt.

   Tipp: Es ist sinnvoll, das Ergebnis von „Löse" in einer Variablen zu speichern, z. B. $L : \text{Löse}(..)$

10. **Gleichungssysteme**

    a) Bestimmen Sie (ohne Analysis!) unter allen Geraden durch den Punkt (1| 1) diejenige, die nur einen Schnittpunkt mit der Normalparabel hat.

    b) Eine gerade Straße wird im Koordinatensystem durch $y = 4$ für $x < 0$ beschrieben. Eine andere Straße wird durch $y = 0$ für $x > 4$ charakterisiert. Zwischen beiden Straßen soll eine Verbindungstraße entstehen. Finden Sie dazu geeignete Terme.

    Hinweis: Man kann einen Funktionsgraphen auf ein Intervall beschränkt zeichnen, indem man z. B. eingibt: Wenn$(x > 0 \wedge x < 2, x \wedge 2)$

11. **Exponentialfunktion**

    Gesucht ist eine Exponentialfunktion $f(x) = a \cdot b^x$ mit den Eigenschaften $f(2) = 18$ und $f(3) = 54$. Lösen Sie diese Aufgabe und machen Sie sich die Schritte klar. Stellen Sie selbst ähnliche Aufgaben auf, um zu erkunden, welche Aufgaben gelöst werden können und welche nicht.

12. **Verschiedene Lösungswege**

    Lösen Sie die Gleichung $2^x + 2^{x+1} = k^2 - 2^{x+2}$ für $k \in \{1; 2; 3\}$ auf möglichst viele verschiedene Weisen und vergleichen Sie Vor- und Nachteile.

13. **Kegelschnitte**

    Zeichnen Sie die verschiedenen Kegelschnitte (Kreis, Ellipse, Hyperbel, Parabel) sowohl als Funktionsgraph als auch als Lösung einer impliziten Gleichung. Vergleichen Sie Vor- und Nachteile der beiden Formen.

14. **Lineares Gleichungssystem**

   Nutzen Sie GeoGebra, um das lineare Gleichungssystem $5x - 2y + 9 = 0$; $2x + 3y = 4$ auf verschiedene Arten zu lösen: durch Zeichnen von Graphen, durch den Black-Box-Löse-Befehl, durch Gleichsetzen und durch das Eliminieren einer Variablen und anschließendes Einsetzen.

Literatur

Barzel, B. (2012). *Computeralgebra im Mathematikunterricht*. Waxmann.

Buchberger, B. (1990). Should students learn integration rules? *ACM SIGSAM Bulletin, 24*(1), 10–17. https://doi.org/10.1145/382276.1095228

Drijvers, P. (2000). Students encountering obstacles using a CAS. *International Journal of Computers for Mathematical Learning, 5*(3), 189–209. https://doi.org/10.1023/A:1009825629417

Drijvers, P., & Gravemeijer, K. (2005). Computer algebra as an instrument: Examples of algebraic schemes. In D. Guin, K. Ruthven, & L. Trouche (Hrsg.), *The didactical challenge of symbolic calculators* (Mathematics Education Library, Vol. 36). Springer. https://doi.org/10.1007/0-387-23435-7_8

Duval, R. (2006). A cognitive analysis of problems of comprehension in a learning of mathematics. *Educational Studies in Mathematics, 61*, 103–131.

Haftendorn, D. (2017). *Kurven erkunden und verstehen*. Springer.

Herget, W., Heugl, H., Kutzler, B., & Lehmann, E. (2001). Welche handwerklichen Rechenkompetenzen sind im CAS-Zeitalter unverzichtbar? *Der mathematische und naturwiss. Unterricht (MNU), 54*(8), 458–464.

Heugl, H., Klinger, W., & Lechner, J. (1996). *Mathematikunterricht mit Computeralgebra-Systemen: Ein didaktisches Lehrerbuch mit Erfahrungen aus dem österreichischen DERIVE-Projekt*. Addison-Wesley.

KMK. (Hrsg.). (2022). *Bildungsstandards für das Fach Mathematik. Erster Schulabschluss (ESA) und Mittlerer Schulabschluss (MSA), Beschluss der Kultusministerkonferenz vom 15.10.2004 und vom 04.12.2003, i. d. F. vom 23.06.2022*. Berlin. https://www.kmk.org. Zugegeriffen am 05.05.2024.

Lambacher Schweizer. (2016). *Mathematik für Gymnasien 9, Rheinland-Pfalz*. Klett.

Neumann, R. (2018). *Zum Einfluss von Computeralgebrasystemen auf mathematische Grundfertigkeiten*. Springer.

Oldenburg, R. (2018). Logik und Ungleichungen – ein leider exotisches Thema. In *Beiträge zum Mathematikunterricht 2018* (S. 1347–1350). WTM-Verlag.

Pinkernell, G., & Bruder, R. (2011). CAliMERO (2005–2010): CAS in der Sekundarstufe I – Ergebnisse einer Längsschnittstudie. In *Beiträge zum Mathematikunterricht 2011* (S. 627–630). WTM-Verlag.

Pinkernell, G., Reinhold, F., Schacht, F., & Walter, D. (2022). *Digitales Lehren und Lernen von Mathematik in der Schule*. Springer. https://doi.org/10.1007/978-3-662-65281-7

Schacht, F. (2015). Student documentations in mathematics classroom using CAS: Theoretical considerations and empirical findings. *The Electronic Journal of Mathematics and Technology, 9*(5), 320–339.

Staatsinstitut für Schulqualität und Bildungsforschung. (2011). *Computeralgebrasysteme (CAS) im Mathematikunterricht des Gymnasiums*. München. https://www.isb.bayern.de/schularten/gymnasium/faecher/mathematik/computereinsatz/hr-cas-jgst-11-12/. Zugegeriffen am 05.05.2024.

Tamur, M., Ksumah, Y. S., Juandi, D., Kurnila, V. S., Jehadus, E., & Samura, A. O. (2019). A meta-analysis of the past decade of mathematics learning based on the computer algebra system (CAS). *Journal of Physics: Conference Series, 1882*.

Weigand, H.-G., Schüler-Meyer, A., & Pinkernell, G. (2022). *Didaktik der Algebra*. Springer.

Wolfram, C. (2020). *The Math(s) fix*. Wolfram Media.

Ziegenbalg, J., Ziegenbalg, O., & Ziegenbalg, B. (2016). *Algorithmen von Hammurapi bis Gödel*. Springer.

Funktionen

4

Funktionen spielen eine zentrale Rolle im gesamten Curriculum des Mathematikunterrichts. Für das Verständnis ist ein umfassendes Bild des Begriffs der Funktion nötig (Weigand et al., 2022). Funktionen stellen im Sinne der Bildungsstandards den Kern der zentralen Leitidee *Strukturen und funktionaler Zusammenhang* dar. Die Arbeit mit Funktionen kann dabei unterschiedliche prozessbezogene Kompetenzen anregen, wie etwa das Lösen mathematischer Probleme, den Umgang mit verschiedenen Darstellungen und das mathematische Arbeiten mit Medien.

Im Umgang mit Funktionen sind verschiedene Darstellungsformen von besonderer Bedeutung. Zum Arbeiten mit Funktionen gehört auch, dass Lernende selbstständig zwischen den Darstellungsformen wechseln können (Barzel et al., 2021, S. 74). Die Darstellungsformen (Graph, Term, Tabelle) werden in vielen Fällen in den entsprechenden digitalen Mathematikwerkzeugen wie dynamisches Geometriesystem, Computeralgebrasystem und Tabellenkalkulation zur Verfügung gestellt. Darüber hinaus gibt es auch noch Darstellungswechsel von und zu realen Situationen und verbalen Darstellungen (Greefrath et al., 2016, S. 57). Auch mathematikspezifische digitale Lernmedien wie interaktive Lernumgebungen können für das Verständnis funktionaler Zusammenhänge einen wesentlichen Beitrag leisten.

Diese Möglichkeiten erfordern von Lehrkräften unter anderem, dass sie für verschiedene Werkzeuge und Medien beurteilen können, in welchen konkreten Situationen sie für das Lehren und Lernen funktionaler Zusammenhänge sowie entsprechender Begriffe und Vorstellungen sinnvoll eingesetzt werden können (vgl. 1.3). In Bezug auf die Perspektive der Schülerinnen und Schüler erfordert dies neben den prozessbezogenen mathematischen Kompetenzen wie Argumentieren, Problemlösen und Modellieren auch das mathematische Arbeiten mit Medien. Hier gilt es, einerseits allgemeine Kompetenzen zum Umgang mit Medien zu entwickeln, also etwa Informationen zu Funktionen mit Hilfe di-

G. Greefrath et al., *Digitalisierung im Mathematikunterricht*, Mathematik Primarstufe und Sekundarstufe I + II, https://doi.org/10.1007/978-3-662-68682-9_4

gitaler Medien zu suchen und zu verarbeiten, und andererseits durch die mathematische Arbeit mit digitalen Mathematikwerkzeugen Fähigkeiten und Fertigkeiten im Umgang mit funktionalen Zusammenhängen zu erwerben (vgl. 1.2).

Um bei Lernenden nicht nur prozedurales Wissen, wie etwa das Ermitteln von Nullstellen einer Funktion, sondern auch konzeptuelles Wissen, wie etwa die Kenntnis von Eigenschaften verschiedener Funktionstypen, aufzubauen, ist der Aufbau zentraler Grundvorstellungen von Funktionen von großer Bedeutung. Diese Grundvorstellungen von Funktionen, die Zuordnungsvorstellung, die Kovariationsvorstellung sowie die Objektvorstellung (Greefrath et al., 2016; Malle, 2000; Vollrath, 1989), werden im Folgenden erläutert, und ihre Entwicklung mit Unterstützung digitaler Medien wird aufgezeigt.

4.1 Funktionen einführen

Funktionen sind seit mehr als einem Jahrhundert ein wichtiger Inhaltsbereich des Mathematikunterrichts und als die zentrale Leitidee *Strukturen und funktionaler Zusammenhang* in den Bildungsstandards verankert (KMK, 2022). Funktionen können als Zuordnungen definiert werden, die jedem Element einer Menge A genau ein Element einer Menge B zuordnen. Diese Definition ist die Grundlage der Zuordnungsvorstellung von Funktionen (Malle, 2000; Vollrath, 1989):

> „Zuordnungsvorstellung: Eine Funktion ordnet jedem Wert einer Größe genau einen Wert einer zweiten Größe zu (Greefrath et al., 2016, S. 47)."

Die Entwicklung dieser Zuordnungsvorstellung steht beim Zugang zu Funktionen in der Sekundarstufe I im Vordergrund. Dazu können auf vielfältige Weise digitale Werkzeuge eingesetzt werden.

4.1.1 Graphen erstellen und interpretieren

Zu Beginn der Sekundarstufe I kann der Zugang zu Funktionen mit Hilfe von Graphen – und nicht Termen – im Vordergrund stehen. Dies hat den Vorteil, dass reale Zusammenhänge auch jenseits proportionaler oder linearer Zusammenhänge untersucht werden können. Ein typisches Beispiel ist das Füllen verschieden geformter Becken oder Gefäße mit konstantem Wasserzulauf (Affolter et al., 2002, S. 6; Swan, 1985, S. 94).

4.1.1.1 Graphen zu realen Experimenten erstellen

So lässt sich etwa ein Weinglas als ein Beispiel für ein ungleichförmig berandetes Gefäß betrachten. Dazu wird ein Messstab senkrecht in der Mitte in das Gefäß gestellt und immer wieder die gleiche Menge Wasser, z. B. 50 ml, eingefüllt, bis das Glas gefüllt ist. Nach jedem Einfüllen wird das Wertepaar (Wasservolumen; Füllhöhe) in eine Tabelle, z. B. in die Tabellenkalkulation von GeoGebra, eingetragen. Anschließend können die Wertepaare als Punkte im Koordinatensystem dargestellt und zu einem zusammenhängenden Graphen verbunden werden. Hierzu kann zunächst das Werkzeug „Stift" verwendet werden (Abb. 4.1). Mit dem Werkzeug „Stift" ist es möglich, in der Graphikansicht eine Skizze zu zeichnen, die mit Hilfe des Rückgängig-Buttons schnell korrigiert werden kann. So kann der Füllgraph, wenn er nicht gut gelungen ist, noch einmal gezeichnet werden. Auf diese Weise ist es gut möglich, den Füllgraphen zu reflektieren und entsprechend zu korrigieren. Die Graphen für verschiedene Gefäße können verglichen und typische Eigenschaften der Graphen diskutiert werden. Zum Beispiel stellt sich die Frage, an welchen Stellen die Graphen am steilsten sind und wie dies mit der Form des jeweiligen Gefäßes zusammenhängt. Das digitale Werkzeug wird genutzt, um die Messwerte zu notieren, die Graphen zu erstellen und verschiedene Graphen zu vergleichen.

Auch das Werkzeug „Freihandskizze" in GeoGebra kann im Kontext dieser Fragestellung auf vielfältige Weise genutzt werden (siehe auch Oldenburg & Scheffler, 2018). So können die Schülerinnen und Schüler beispielsweise die Form des Füllgraphen vor dem Füllen mit Wasser bereits in GeoGebra vermuten, wie etwa in Abb. 4.2 angedeutet. Anschließend können sie dann das Experiment durchführen und die tatsächlichen Messwerte als Punkte in das Koordinatensystem – auch mit der Freihandfunktion – eintragen, um sie mit dem vorher vermuteten Funktionsgraphen zu vergleichen. Eine mit dem Werkzeug „Freihandskizze" erstellte Funktion kann auch verwendet werden, um einen Funktionswert an einer bestimmten Stelle zu berechnen.

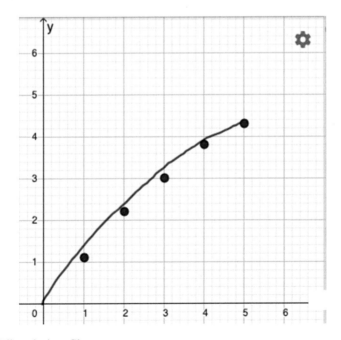

Abb. 4.1 Füllgraph eines Glases

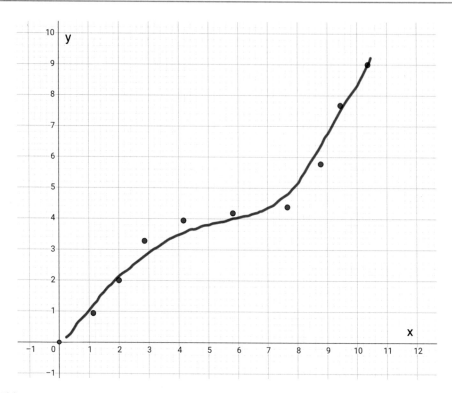

Abb. 4.2 Vermuteter Füllgraph und Messwerte

4.1.1.2 Graphen zu digitalen Experimenten erstellen

Ein anderes einfaches Beispiel ist das Füllen eines Schwimmbeckens (Griesel & Postel, 2003, S. 15; Klinger, 2018, S. 243). Hierbei soll das Schwimmbecken (eine schematische Darstellung des Querschnitts zeigt Abb. 4.3 im linken Graphen) gleichmäßig mit Wasser gefüllt werden. Die entsprechende GeoGebra-Datei kann von der Lehrkraft vorgegeben werden. Dabei zeigt der rechte Graph in Abb. 4.3 die Füllhöhe in Abhängigkeit von der Zeit (Abb. 4.3). Die technische Umsetzung in diesem Beispiel ermittelt die Fläche des gezeichneten Schwimmbeckenquerschnitts bis zu einer bestimmten Höhe und trägt diese – als Maß für das gefüllte Volumen – als die x-Koordinate eines Punktes im rechten Koordinatensystem auf. Die zugehörige y-Koordinate ist dann die Füllhöhe. Bei gleichmäßiger Füllung (z. B. 10 oder 100 L pro Minute) stellt der rechte Graph dann die Füllhöhe in Abhängigkeit von der Zeit dar. Dieser Füllvorgang kann dynamisch dargestellt werden. Durch die eingezeichnete Spur entsteht der Graph im rechten Koordinatensystem mit einem deutlichen Knick an der Stelle, an der das Schwimmbecken seine Grundfläche verändert. Vorteile der Verwendung einer Simulation der gegebenen Situation sind, dass das Experiment nicht in der Realität durchgeführt werden muss – dies wäre bei der Schwimmbeckensituation ohnehin nicht möglich – und dass die Geometrie des Schwimmbeckens sowie die Füllgeschwindigkeit leicht verändert werden können, um entsprechende Abhängigkeiten zu beobachten.

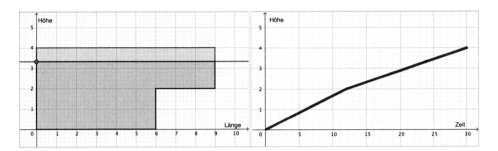

Abb. 4.3 Füllgraphsimulation eines Schwimmbeckens

Schülerinnen und Schüler können im Zusammenhang mit einer solchen Simulation folgende Problemstellungen bearbeiten:

Aufgabenbeispiel zur Füllfunktion für Schülerinnen und Schüler

Untersuche den Zusammenhang zwischen der Füllung des Beckens im linken und im rechten Graphen.

In welchen Bereichen ändern sich die Steigungen des Graphen, und wie hängt das mit der Geometrie des Beckens zusammen?

Verändere graphisch die Grundfläche und die Höhe des Beckens und überprüfe deine Vermutungen mit Hilfe des Graphen.

Versuche zu dem Graphen der Funktion mit

$$f(x) = \begin{cases} \dfrac{1}{5}x, x \in [0;10] \\ \dfrac{1}{10}x + 1, x \in [10;30] \end{cases}$$

ein passendes Becken zu finden. ◄

Möchte oder kann man keine realen Experimente durchführen, ist es möglich, mit digitalen Medien das bereits durchgeführte Experiment durch ein aufgezeichnetes Video oder eine digitale Simulation auszuwerten. In einem Video kann der Füllvorgang für ein konkretes Gefäß dargestellt werden, und in der digitalen Simulation können Gefäß und Füllgeschwindigkeit verändert werden. So wird auch das Spektrum der betrachteten Gefäße vergrößert, wenn diese real nicht zur Verfügung stehen.

Die Videos oder Simulationen gleichmäßiger Füllvorgänge von Gefäßen werden dann nach festen Zeitschritten ausgewertet, und die Füllhöhe kann, entsprechend dem analogen Experiment, erfasst und visualisiert werden. Digitale Medien ermöglichen die schnelle Erfassung einer größeren Datenmenge. Die digitalen Medien dienen hier einerseits zur Darstellung (Video bzw. Simulation) des ebenso möglichen realen Experiments, andererseits aber auch zur Erweiterung des realen Experiments, etwa durch Verwendung weiterer Ge-

fäße, durch Anhalten und Wiederholen des Experiments sowie zur Darstellung und Auswertung der Daten (vgl. 1.3.2 SAMR-Modell). Die Schülerinnen und Schüler erfassen die
Messwerte nicht am realen Experiment, sondern am Video. Die weitere Bearbeitung kann
dann ebenso wie beim realen Experiment durchgeführt werden.

Hier ist die Frage interessant, ob eine interaktive dynamische Visualisierung von funktionalen Zusammenhängen Vorteile gegenüber einer linear ablaufenden dynamischen Visualisierung, wie in einem Video, hat. In einem Laborexperiment konnten hierzu keine
signifikanten Unterschiede gefunden werden, während jedoch die dynamischen Visualisierungen im Vergleich zu statischen Visualisierungen zu signifikant besseren Lernergeb-
nissen führten (Rolfes et al., 2020).

4.1.1.3 Reale Experimente digital ergänzen

Nutzt man Messwerte eines realen Experiments, können digitale Werkzeuge zur Verarbeitung dieser Daten, d. h. zur Darstellung und zur Dokumentation, verwendet werden. Bei der Verarbeitung von realen Daten mit dem digitalen Werkzeug ist es auch
möglich, weitere Werte zu ermitteln. Im Beispiel aus Abb. 4.4 kann etwa mit Hilfe von
GeoGebra neben den erhobenen Messwerten, auch die Darstellung für die Zwischenwerte durch eine Regressionskurve der Messpunkte erreicht werden. Dazu können zu
den betrachteten Gefäßen passende Graphen verwendet werden. Im Beispiel aus
Abb. 4.4 ist etwa eine polynomiale Regression 2. oder 3. Grades möglich (siehe auch
Abschn. 4.2.3).

Dabei ist zu bedenken, dass man in der digitalen Simulation des Experiments im Allgemeinen nicht das gleiche Ergebnis erhält wie im realen Experiment. Beispielsweise

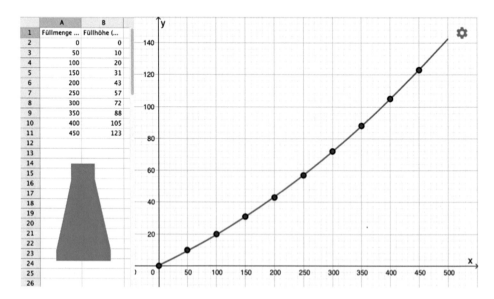

Abb. 4.4 Füllgraph: Daten und Visualisierung

treten in der Simulation keine Messfehler auf, und das Einfüllen des Wassers kann exakt bestimmt oder festgelegt werden. Digitale Simulationen können aus verschiedenen Gründen nützlich sein (Greefrath & Weigand, 2012). So können etwa bei diesem Beispiel Zwischenwerte zu den im realen Experiment gefundenen Messwerten ermittelt werden, was beim realen Experiment nicht so einfach möglich ist. Weiterhin bieten digitale Simulationen auch Vorteile gegenüber alternativen statischen Abbildungen. Im Vergleich zu diesen können digitale Simulationen durch die Dynamik eine realitätsnähere Darstellung komplexer Prozesse liefern und so dazu beitragen, die reale Situation besser zu verstehen. Allerdings kann die erhöhte kognitive Belastung im Vergleich zu statischen Abbildungen die Lernenden auch überfordern (Tversky et al., 2002). In einer Metaanalyse zur Forschung zum Lernen mit Simulationen und statischen Visualisierungen konnte aber eine statistisch signifikante durchschnittliche Überlegenheit von dynamischen gegenüber statischen Visualisierungen bezüglich des Lernergebnisses gezeigt werden (Höffler & Leutner, 2007).

Digitale Werkzeuge können auch sinnvoll für weiterführende Überlegungen im Hinblick auf Gefäße genutzt werden, die real so nicht vorhanden sind. Wenn man sich beispielsweise ein „auf den Kopf gestelltes" Gefäß vorstellt, bei dem Unter- und Oberseite im Vergleich zu einem gegebenen Gefäß vertauscht sein sollen, so kann die Abbildung des Gefäßes mit Hilfe eines dynamischen Geometriesystems an der Standebene gespiegelt werden. Dieses virtuelle Gefäß kann dann in der digitalen Simulation erneut gefüllt werden. Die Füllgraphen des gespiegelten Gefäßes und des ursprünglichen Gefäßes können verglichen und bezüglich der mathematischen Eigenschaften untersucht werden (Lambert, 2013).

Betrachten wir beispielsweise ein Gefäß, das die „umgekehrte", also an der Standebene gespiegelte Form des in Abb. 4.4 dargestellten Gefäßes besitzt, dann würde sich die gleichmäßige Füllung so verhalten, wie in Tab. 4.1 dargestellt. Diese Umkehrung ist theoretisch bzw. mit digitalen Medien leicht durchführbar, das praktische Experiment ist dagegen im Allgemeinen nicht oder nicht so leicht möglich.

Tab. 4.1 Füllmenge und
Füllhöhe für ein Gefäß

Füllmenge	Füllhöhe
0	0
50	18
100	35
150	51
200	66
250	80
300	92
350	103
400	113
450	123

Vergleicht man die Füllgraphen des ursprünglichen und des gespiegelten Gefäßes aus Abb. 4.4 und Abb. 4.5, so kann der mathematische Zusammenhang zwischen beiden Graphen diskutiert werden.

Die Ermittlung eines einzelnen Messwertes unterstützt dabei die Vorstellung der Zuordnung einer bestimmten Füllmenge zu einer bestimmten Füllhöhe. Hier kann auch die umgekehrte Sichtweise sinnvoll sein und der zur Füllhöhe gehörende Wert der Füllmenge betrachtet werden. Bei dieser Tätigkeit wird also die Zuordnungsvorstellung durch das Ablesen der Messwerte im Video oder Experiment und das Eintragen der Werte in der Tabellenkalkulation unterstützt. Die Darstellung der Messpunkte im Koordinatensystem sowie in der Wertetabelle sind hier sinnvolle Verwendungen der digitalen Werkzeuge, wenn Schülerinnen und Schüler solche Experimente auswerten, um ein Verständnis für funktionale Zusammenhänge zu erlangen.

Insgesamt können also Medien die Arbeit mit Graphen und insbesondere mit Füllgraphen unterstützen: Sie ermöglichen Simulationen, können zur Datenverarbeitung und -darstellung genutzt werden und im Fall von Videos mit Füllvorgängen auch als Ersatz für das Realexperiment dienen. Die flexible Manipulation von Formen und Daten ist dabei eine besondere Stärke in diesem Kontext.

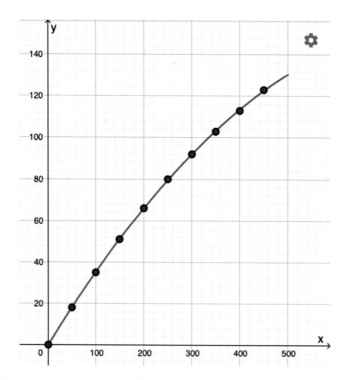

Abb. 4.5 Füllgraph des gespiegelten Gefäßes

4.1.2   Mit Tabellen kalkulieren

Neben der ersten Grundvorstellung lässt sich auch die zweite Grundvorstellung von Funktionen gut bei der Arbeit mit Tabellen (weiter-)entwickeln. Dabei betrachten wir die Veränderungen der unabhängigen Größe und die Auswirkungen auf die abhängige Größe:

> „Kovariationsvorstellung: Mit Funktionen wird erfasst, wie sich Änderungen einer Größe auf eine zweite Größe auswirken bzw. wie die zweite Größe durch die erste beeinflusst wird (Greefrath et al., 2016, S. 48)".

Die Entwicklung der Kovariationsvorstellung sollte bereits im Zusammenhang mit dem Zugang zu Funktionen im Mathematikunterricht beginnen. Dazu können auf vielfältige Weise digitale Werkzeuge eingesetzt werden; wir erläutern dies zunächst am Beispiel der Arbeit mit Tabellenkalkulation. Wir nutzen das grundlegende Prinzip der Tabellenkalkulation, dass mit dem Eintragen von Daten in Tabellen gleichzeitig und automatisch auch die bisherigen Daten mit Hilfe der Tabellenkalkulation neu berechnet werden (Gieding & Vogel, 2012).

Bei der Nutzung einer Tabellenkalkulation unterscheidet man relative und absolute Zellbezüge (siehe z. B. Gieding, 2003, S. 52 ff.). Dies wird in folgendem Beispiel zur Erstellung der Wertetabelle zu einer linearen Funktion verdeutlicht (siehe Abb. 4.6). In der

	A	B	C	D	E
1	x	f(x)		m =	0,5
2	-5	=E$1*A2+E$2		b =	-2
3	-4	=E$1*A3+E$2			
4	-3	=E$1*A4+E$2			
5	-2	=E$1*A5+E$2			
6	-1	=E$1*A6+E$2			
7	0	=E$1*A7+E$2			
8	1	=E$1*A8+E$2			
9	2	=E$1*A9+E$2			
10	3	=E$1*A10+E$2			
11	4	=E$1*A11+E$2			
12	5	=E$1*A12+E$2			
13	6	=E$1*A13+E$2			
14	7	=E$1*A14+E$2			
15	8	=E$1*A15+E$2			
16	9	=E$1*A16+E$2			
17	10	=E$1*A17+E$2			
18					

Abb. 4.6 Relative und absolute Zellbezüge

Tabellenkalkulation, in der hier die hinterlegten Formeln und nicht die berechneten Werte abgebildet sind, werden in der zweiten Spalte die Funktionswerte der Funktion mit $f(x) = 0{,}5\,x - 2$ berechnet. Dazu wird in jeder Zeile auf den links danebenstehenden x-Wert (z. B. im Feld A2) verwiesen. Alle x-Werte werden mit der Steigung aus Feld E1 multipliziert. Dies ist ein absoluter Verweis, da immer die gleiche Zelle verwendet wird, während die x-Werte sich in jeder Zeile ändern, also relative Verweise sind. Das Beispiel zeigt auch, dass die Tabellenkalkulation für bestimmte Arten vieler gleichartiger Berechnungen sehr geeignet ist. In unserem Beispiel variiert nur der Wert in einer Spalte, während die Termstruktur und die Werte für Steigung und y-Achsenabschnitt konstant bleiben.

Mit Hilfe solcher Wertetabellen von Funktionen kann die numerische Veränderung der jeweiligen Werte beobachtet werden. Das Erzeugen weiterer Funktionswerte ist problemlos und schnell möglich.

Eine Tabellenkalkulation eignet sich auch zur Darstellung und Bearbeitung von Folgen, also Funktionen mit den natürlichen Zahlen als Definitionsbereich. Mit der Aufgabe aus Abb. 4.7. betrachten wir hier ein prototypisches Beispiel, das natürlich auch ohne Tabellenkalkulation bearbeitet werden kann. Hier soll mit Hilfe dieses Beispiels aber der Mehrwert einer Tabellenkalkulation diskutiert werden. Mit den Mustern aus der Aufgabe Äpfel (OECD, 2002, S. 101) soll hier veranschaulicht werden, wie eine Tabellenkalkulation auf verschiedene Weise für die Arbeit mit Funktionen genutzt werden kann (s. Abb. 4.8).

Ein Bauer pflanzt Apfelbäume an, die er in einem quadratischen Muster anordnet. Um diese Bäume vor dem Wind zu schützen, pflanzt er Nadelbäume um den Obstgarten herum. Im folgenden Diagramm siehst du das Muster, nach dem Apfelbäume und Nadelbäume für eine beliebige Anzahl n von Apfelbaumreihen gepflanzt werden:

X = Nadelbaum; ● = Apfelbaum

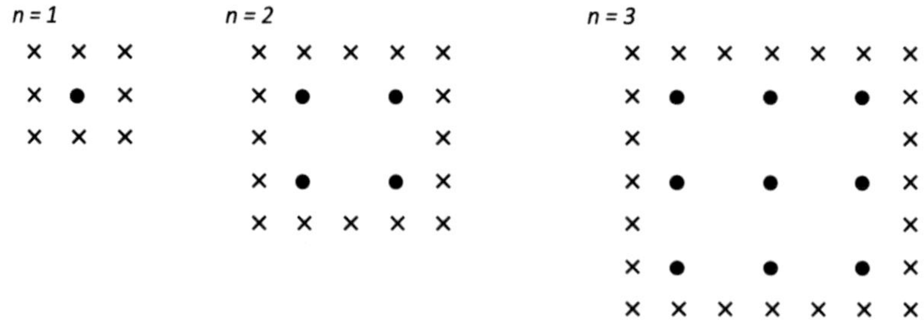

```
n = 1            n = 2                    n = 3

X  X  X          X  X  X  X  X            X  X  X  X  X  X  X

X  ●  X          X  ●     ●  X            X  ●     ●     ●  X

X  X  X          X              X         X                 X

                 X  ●     ●  X            X  ●     ●     ●  X

                 X  X  X  X  X            X                 X

                                          X  ●     ●     ●  X

                                          X  X  X  X  X  X  X
```

Angenommen, der Bauer möchte einen viel größeren Obstgarten mit vielen Reihen von Bäumen anlegen. Was wird schneller zunehmen, wenn der Bauer den Obstgarten vergrößert: die Anzahl der Apfelbäume oder die Anzahl der Nadelbäume? Erkläre, wie du zu deiner Antwort gekommen bist.

Abb. 4.7 Beispielaufgabe aus PISA 2000 (gekürzt). (OECD, 2002, S. 101)

	A	B	C	D	E	F	
1	n	Nadelbäume	Differenz		Apfelbäun	Differenz	
2	1	8	8		1	3	
3	2	16	8		4	5	
4	3	24	8		9	7	
5	4	32	8		16	9	
6	5	40	8		25	11	
7	6	48	8		36	13	
8	7	56	8		49	15	
9	8	64	8		64	17	
10	9	72			81		
11							
12							

	A	B	C
1	n	Nadelbäume	Apfelbäume
2	1	=8*A2	=A2^2
3	2	=8*A3	=A3^2
4	3	=8*A4	=A4^2
5	4	=8*A5	=A5^2
6	5	=8*A6	=A6^2
7	6	=8*A7	=A7^2
8	7	=8*A8	=A8^2
9	8	=8*A9	=A9^2
10	9	=8*A10	=A10^2
11			
12			

	A	B	C
1	n	Nadelbäume	Apfelbäume
2	1	8	1
3	2	=B2+8	=C2+(2*WURZEL(C2)+1)
4	3	=B3+8	=C3+(2*WURZEL(C3)+1)
5	4	=B4+8	=C4+(2*WURZEL(C4)+1)
6	5	=B5+8	=C5+(2*WURZEL(C5)+1)
7	6	=B6+8	=C6+(2*WURZEL(C6)+1)
8	7	=B7+8	=C7+(2*WURZEL(C7)+1)
9	8	=B8+8	=C8+(2*WURZEL(C8)+1)
10	9	=B9+8	=C9+(2*WURZEL(C9)+1)
11			
12			

Abb. 4.8 Mit Funktionen in Tabellenkalkulation arbeiten: (**a**) experimentieren, (**b**) direkt berechnen, (**c**) rekursiv berechnen

- Eine Möglichkeit ist das *Entdecken* des funktionalen Zusammenhangs, der dem Muster zugrunde liegt. Dazu können die hier gegebenen Werte in der Tabellenkalkulation betrachtet und bearbeitet werden. So können beispielsweise die Differenzen zwischen den Werten systematisch *berechnet* werden, sodass die iterative Struktur der Funktion deutlich wird. Ein linearer Zusammenhang zeigt sich beispielsweise, wenn die Differenzen konstant sind. Anschließend können die entsprechenden zugeordneten Werte berechnet werden. Dies kann direkt mit Hilfe der Nummer des Musters geschehen, wie sie in Abb. 4.7 verwendet wurde.

- Der funktionale Zusammenhang kann auch aus dem Wert in der Zeile vor dem zu berechnenden Wert, also aus dem vorherigen Muster, rekonstruiert werden. Dieses Vorgehen ist also ein rekursives Vorgehen, für das eine Tabellenkalkulation von der Struktur her sehr gut geeignet ist, weil *automatisiert* immer entsprechende Formeln *in den Zeilen darunter* erzeugt werden können. Nur wenn numerisch sehr große Werte bestimmt werden sollen, sind explizite symbolische Darstellungen vorteilhaft, weil nicht alle vorherigen Werte berechnet werden müssen (Laakmann, 2013, S. 140).

Studien mit Schülerinnen und Schülern zeigen, dass Tabellenkalkulation bei der Arbeit mit funktionalen Zusammenhängen Möglichkeiten für einfache Eingaben, schnelle Berechnungen und das Erkennen von Zusammenhängen zwischen Variablen bietet (Kittel et al., 2005).

Ein anderes Beispiel für die Untersuchung von Funktionen mit Hilfe von Tabellenkalkulation ist die Frage, wie viele Dreiecke es in jedem der Diagramme in Abb. 4.9 gibt (Conway & Guy, 1997). Die Abbildung beginnt mit einem Dreieck. In der zweiten Figur ist dann neben den vier kongruenten Dreiecken noch ein größeres Dreieck vorhanden. Dies wird in den folgenden Figuren durch Dreiecke verschiedener Größe immer komplexer. Die Anzahlen der Dreiecke der ersten Figuren sind in Abb. 4.10 dargestellt. Dort sind zur Untersuchung der Struktur der weiteren Figuren auch die Differenzen eingetragen. Für diese Untersuchung ist die Darstellung in der Tabellenkalkulation sehr nützlich.

Die Tabelle in Abb. 4.10 zeigt, dass die dritte Differenz der zugeordneten Dreiecksanzahlen abwechselnd die Werte 2 und 1 annimmt. So kann man vermuten, dass für gerade und ungerade n unterschiedliche Ausdrücke für die direkte Berechnung der Anzahl der

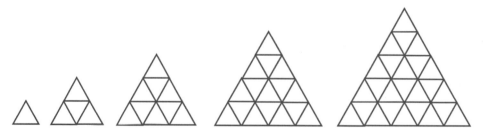

Abb. 4.9 Untersuchung der Anzahl von Dreiecken. (Conway & Guy, 1997, S. 95)

Nr. der Figur	Anzahl der Dreiecke	1. Differenz	2. Differenz	3. Differenz	$\frac{n(n+2)(2n+1)}{8}$
1	1				
2	5	4			5
3	13	8	4		
4	27	14	6	2	27
5	48	21	7	1	
6	78	30	9	2	78
7	118	40	10	1	
...					

Abb. 4.10 Tabellenkalkulation zur Anzahl der Dreiecke

	A	B
1	40 mg	20 ml
2	20 mg	10 ml
3	10 mg	5 ml
4	5 mg	2,5 ml
5	2 mg	1 ml
6	1 mg	0,5 ml
7		
8		

Abb. 4.11 Medikamentendosis mit Tabellenkalkulation berechnen

Dreiecke gesucht werden müssen. Tatsächlich kann die Anzahl für gerade n mit Hilfe der Formel

$$\frac{n(n+2)(2n+1)}{8}$$

berechnet werden. Auch diese Formel kann mittels Tabellenkalkulation für die ersten Werte überprüft werden. Dabei wird der Nutzen des wiederholten automatisierten Berechnens mit Hilfe der Tabellenkalkulation verdeutlicht.

Die Tabellenkalkulation stellt in vielen Berufszweigen eine Standardanwendung dar. In der Praxis werden häufig Tabellen statt Formeln für proportionale Zusammenhänge genutzt. So muss beispielsweise bei der Vorbereitung einer Infusion überlegt werden, wie viele Packungen nötig sind, um die vorgegebene Wirkstoffmenge zu erreichen. Auch wenn dies mit einer Formel gut zu berechnen wäre, so verwenden Personen im Beruf häufig Tabellen für solche proportionalen Probleme. Der Vorteil ist hier, dass bei der Arbeit mit Tabellen, im Gegensatz zur Verwendung der Formeln, die reale Situation durchgängig präsent bleibt (Kaiser, 2014). In diesem Kontext kann eine Tabellenkalkulation genutzt werden (Abb. 4.11), um geeignete Tabellen zu proportionalen Funktionen zu erstellen. Die Tabellenkalkulation unterstützt dabei das Arbeiten mit Einheiten, indem zunächst die Werte ohne Einheiten eingetragen werden und anschließend die Einheiten über die Zellenformatierung ergänzt werden können.

4.1.3 Multiple Darstellungen nutzen

Das Auswählen und Wechseln unterschiedlicher Darstellungsformen je nach Situation und Zweck ist für den Lernprozess von besonderer Bedeutung und eine zentrale prozessbezogene mathematische Kompetenz (Duval, 2006; KMK, 2022). Insbesondere im Zusammenhang mit Funktionen wird die Bedeutung der Darstellungsformen auch für den Erwerb von Grundvorstellungen betont. Bezogen etwa auf die Zuordnungsvorstellung können Schülerinnen und Schüler in der sprachlichen Darstellung Informationen zur Zuordnung entnehmen, in der graphischen Darstellung einen Wert auf einer Achse dem entsprechenden Wert auf der anderen Achse zuordnen, in der tabellarischen Darstellung einen Wert aus der ersten Spalte dem Wert in der anderen Spalte zuordnen und in der symbolischen Darstellung zu einem Wert aus dem Definitionsbereich den entsprechenden Funktionswert berechnen. Dabei kann das Potenzial der verschiedenen Darstellungsformen für das mathematische Arbeiten unterschiedlich sein. Wenn etwa eine Funktion mit einem Term angegeben werden kann, dient dieser häufig exklusiv der mathematischen Klärung. Dies ist beispielsweise bei der verbalen Darstellung in der Regel nicht der Fall. Der Wechsel zwischen den dynamischen Darstellungsformen kann aber auch die Entwicklung der Kovariationsvorstellung (Abschn. 4.1.2) von Funktionen (Malle, 2000; Vollrath, 1989) fördern. Bezogen auf diese Vorstellung können Schülerinnen und Schüler in der sprachlichen Darstellung Informationen zum Änderungsverhalten entnehmen, in der graphischen Darstellung Abschnitte mit unterschiedlichem Änderungsverhalten identifizieren, in der tabellarischen Darstellung Abschnitte unterschiedlicher Monotonie erkennen und in der symbolischen Darstellung entsprechende Kenngrößen wie Steigung ablesen oder bestimmen (Laakmann, 2013).

Für die weitere Entwicklung der Kovariationsvorstellung ist es hilfreich, die Veränderung der beiden relevanten Größen in allen Darstellungsformen beobachten zu können. Daher ist die Nutzung multipler Darstellungen, die miteinander verknüpft sind, von besonderer Bedeutung. Gleichzeitig kann aber auch diese Darstellung von Funktionen genutzt werden, um ein Bild einer *Funktion als Ganzes* und damit die dritte Grundvorstellung zu entwickeln:

> „Objektvorstellung: Eine Funktion ist ein einziges Objekt, das einen Zusammenhang als Ganzes beschreibt (Greefrath et al., 2016, S. 49)".

Im Zusammenhang mit der Objektvorstellung ist die Darstellung von Funktionstypen als Funktionenscharen mit Parametern von Interesse. Als Parameter werden Variablen für eine zwar beliebige, aber im Rahmen einer Anwendung fest gewählten Größe bezeichnet. Dies kann am Beispiel einer Funktionenschar f mit $f_t(x)$ aufgezeigt werden. Durch die Wahl eines Parameters t wird die jeweils betrachtete Funktion festgelegt. t soll zunächst nicht variieren, sondern im Gegensatz zu x konstant gehalten werden (Kaufmann, 2021). Parameter können in Funktionenplottern mit Hilfe von Schiebereglern dargestellt werden. Dabei wird zunächst eine Funktion mit einem festen Parameter dargestellt, der dann innerhalb des festgelegten Intervalls variiert werden kann. Schieberegler sind für die graphische Darstellung von Funktionenscharen üblich; mit ihrer Hilfe können aber auch – durch die Vernetzung der Darstellungsformen – symbolische oder tabellarische Darstellungen variiert werden. Dann kann nicht nur eine Funktion, sondern ein Funktionstyp als Ganzes wahrgenommen werden.

Multiple Darstellungswechsel können durch digitale Werkzeuge, die diese unterschiedlichen Darstellungsformen (graphisch, tabellarisch, symbolisch) zur Verfügung stellen, unterstützt werden. Das Beispiel zeigt, wie eine lineare Funktion simultan als Term, Graph und Tabelle abgebildet ist und eine Veränderung am Term oder Graphen (mit Hilfe eines Schiebereglers) zu einer Veränderung in den anderen Darstellungen führt. Da die Schieberegler Parameter numerisch steuern, sind diese für algebraische Umformungen von Funktionenscharen nicht nützlich. In diesen Fällen können die Parameter in einem Computeralgebrasystem als weitere „gleichberechtigte" Variablen eingegeben werden.

Durch die simultane Nutzung der drei Darstellungsformen in einem digitalen Mathematikwerkzeug kann auch die Übersetzung zwischen den verschiedenen Darstellungsformen unterstützt werden (Tab. 4.2 Darstellungswechsel). Es gibt darüber hinaus zahlreiche Vorschläge für die Einteilung von Darstellungen in verschiedene Typen. Lohse et al. (1994) haben beispielsweise 11 Hauptgruppen identifiziert, unter anderem Graphen, numerische und graphische Tabellen, Zeitdiagramme, Bilder und Prozessdiagramme. Für die Auswahl der digitalen Werkzeuge ist hier zu beachten, dass es nicht nur möglich ist, wie etwa mit Hilfe einer Tabellenkalkulation, die Darstellung des Graphen durch die Eingabe in der Tabelle zu ändern, sondern dass alle Richtungen der gegenseitigen Beeinflussung möglich sind. Das heißt, etwa, das Verschieben des Graphen führt zu Änderungen in der Tabelle und im Term, das Ändern des Terms führt zu Änderungen in Tabelle und Graph etc. Diese Eigenschaft der sogenannten simultanen Veränderung in allen Darstellungsformen ist eine charakteristische Eigenschaft von Multirepräsentationssystemen, also Werkzeugen mit dynamischer Geometrie, Tabellenkalkulation und Computeralgebrasystem. Untersuchungen zeigen, dass Schülerinnen und Schüler beim Arbeiten mit Funktionen mit digitalen Werkzeugen ihre Fähigkeiten zum situationspassenden Wechseln zwischen den Darstellungsarten verbessern (Weigand & Bichler, 2010). Auch Lehrkräfte sind davon überzeugt, dass die Verwendung solcher multiplen Re-

Tab. 4.2 Darstellungswechsel

von/nach	Situation	Tabelle	Graph	Term
Situation	Umformulieren Kontexte ändern	Ausmessen	Zeichnen Skizzieren	Mathematisieren Term ermitteln
Tabelle	Ablesen Interpretieren	Werte ermitteln Tabellenaufgabe systematisieren	Einzeichnen	Anpassen
Graph	Interpretieren	Ablesen	Skalieren	Anpassen Ablesen
Term	Realisieren Bedeutung erklären	Berechnen	Skizzieren Plotten	Umformen

(vgl. Laakmann, 2013; Leuders & Prediger, 2005; Swan, 1982)

präsentationen das Verständnis der Lernenden verbessert (Duncan, 2010). Dabei sind in Bezug auf die Werkzeuge insbesondere das Einzeichnen, Anpassen, Ablesen, Berechnen und Skizzieren von Bedeutung (Laakmann, 2013; Swan, 1982). Es sind aber auch Wechsel innerhalb der gleichen Darstellung denkbar. So können innerhalb einer Tabelle etwa weitere Werte ermittelt, bei der graphischen Darstellung die Skalierung geändert und bei der Termdarstellung algebraische Umformungen durchgeführt werden. Auch die Beschreibung der Situation kann entsprechend umformuliert werden (Laakmann, 2013).

Im Zusammenhang mit verschiedenen Darstellungen sollte auch bedacht werden, dass nicht jeder Darstellungswechsel zielführend für die Lösung eines Problems ist. Möchte man beispielsweise die Nullstellen der Funktion mit der Gleichung $f(x) = (x - 2,4)(x + 2)$ bestimmen, so ist diese Termdarstellung dazu deutlich besser geeignet als der entsprechende Graph. Es ist also jeweils zu diskutieren, welche Darstellung die entsprechenden Charakteristika der Funktion am besten zeigt (Pallack, 2018, S. 143).

Neben Wechseln zwischen den Darstellungsformen Tabelle, Graph und Term, wie etwa in GeoGebra in Abb. 4.12 dargestellt, sind auch Wechsel innerhalb der gleichen Darstellungsform durch digitale Medien möglich. Beispielsweise kann ein Term in einen anderen Term umgeformt oder ein Graph in einen anderen Graphen skaliert werden. Typischerweise lassen sich Umformungen von Termen mit Hilfe eines Computeralgebrasystems darstellen und kontrollieren. Terme können dort miteinander verglichen werden. Das Ermitteln weiterer Werte ist sehr gut innerhalb einer Tabellenkalkulation durchführbar, indem zum Beispiel Zwischenwerte berechnet werden können. Das Skalieren des Graphen ist typischerweise innerhalb eines dynamischen Mathematiksystems gut möglich. Dies kann durch zwei gleichzeitig geöffnete Graphikfenster, in der unterschiedlich skaliert die gleiche Funktion dargestellt wird, veranschaulicht werden (Abb. 4.13). So kann deutlich werden, dass der Blick auf die Funktion als Ganzes unterschiedlich wahrgenommen und das Ablesen von Zwischenwerten durch eine andere Skalierung erleichtert werden kann.

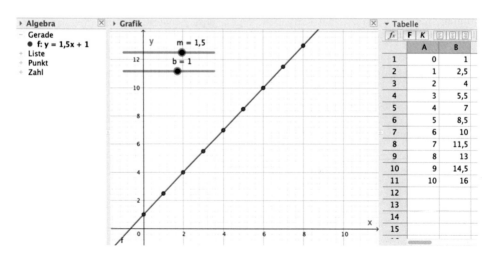

Abb. 4.12 Lineare Funktion in drei Darstellungsformen

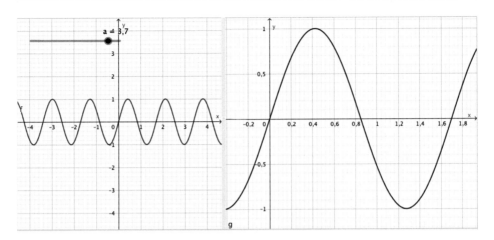

Abb. 4.13   Darstellungswechsel Graph-Graph

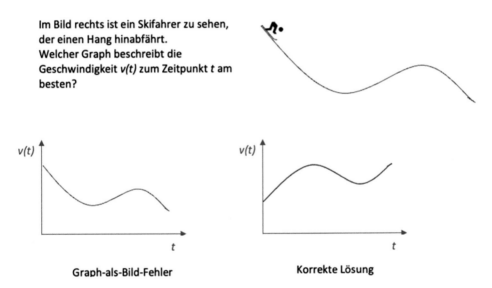

Abb. 4.14   Graph-als-Bild-Fehler in einer Testaufgabe. (Klinger, 2018, S. 261; Nitsch, 2015, S. 234)

Digitale Werkzeuge können insbesondere dabei unterstützen, die spezifische Aussage von Graphen zu verstehen und nicht fälschlicherweise als Bild der Situation zu deuten („Graph-als-Bild-Fehler") (Hale, 2000; Nitsch, 2015). Ein typisches Beispiel ist die Übersetzung der Geometrie einer Skipiste in ein Zeit-Geschwindigkeits-Diagramm. In der entsprechenden Testaufgabe werden insgesamt vier Graphen zur Auswahl gestellt, von denen einer genau der Geometrie der Skipiste entspricht und ein weiterer die korrekte Lösung darstellt. Dabei tritt als typischer Graph-als-Bild-Fehler auf, dass die Form der Skipiste auch als Maß für die Geschwindigkeit fehlinterpretiert wird (Abb. 4.14).

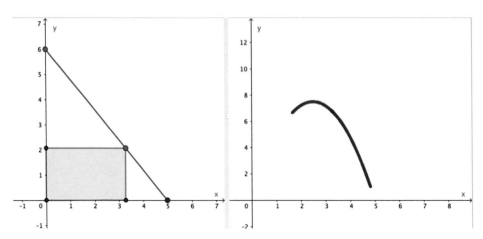

Abb. 4.15 Einbeschriebenes Rechteck

Ein Beispiel für den Unterricht ist die Diskussion des Zeit-Höhe-Graphen eines Fall-
schirmsprungs (Leuders & Prediger, 2005). Um Fehldeutungen der Zeitachse als Richtung des Fallschirmspringers im Sinne des Graph-als-Bild-Fehlers zu vermeiden, kann
eine Simulation in GeoGebra genutzt werden, die gleichzeitig in einer Abbildung den
Zeit-Höhe-Graphen und in einer anderen Abbildung die Situation des sinkenden Fallschirmspringers zeigt.

In anderen Beispielen kann die Übersetzung von Graph zu Graph mit jeweils anderen
dargestellten Größen nützlich sein (Janvier, 1981; OECD, 2002, S. 108 f.). So könnte etwa
auch die Frage nach dem Flächeninhalt eines in ein rechtwinkliges Dreieck einbeschriebenen Rechtecks mit Hilfe zweier simultaner graphischer Darstellungen veranschaulicht werden (Abb. 4.15). Im Fokus steht hier eine kontinuierliche Veränderung
mit bestimmten Merkmalen wie dem Maximum der Flächeninhaltsfunktion (Hoffkamp,
2011). Zu beachten ist, dass in dem einen Koordinatensystem auf der x-Achse die Länge
und auf der y-Achse die Breite des Rechtecks abgetragen sind, im anderen Koordinatensystem auf der x-Achse ebenfalls die Länge, auf der y-Achse jedoch der Flächeninhalt des
Rechtecks.

Graphen laufen

Lernende können Graphen von Funktionen enaktiv erfahren, wenn sie beispielsweise
einen Zeit-Abstand-Graphen selbst durch Messen der Entfernung zu einer vorher festgelegten Wand ablaufen (Brauner, 2008). Dies ist mit verschiedenen Apps wie zum
Beispiel phyphox möglich. Für vorgegebene Graphen soll dann der Abstand des mobilen Gerätes zu einer Wand entsprechend verändert werden. Die App misst den tatsächlichen Abstand und gibt auch ein Maß für die Genauigkeit an.

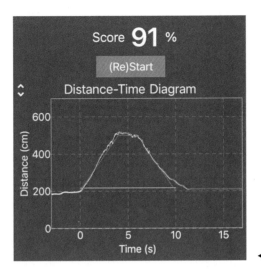

Die Verwendung solcher interaktiven Werkzeuge kann also dazu beitragen, verschiedene Grundvorstellungen auszuprägen. Lernende können so ihr Wissen über Funktionen erweitern und Aktivitäten nutzen, um grundlegende Begriffe der Analysis auf qualitative Weise anzubahnen (Hoffkamp, 2011). Insbesondere das parallele Nutzen zweier dynamisch verbundenen Graphen bzw. Abbildungen kann typischen Graph-als-Bild-Fehlern entgegenwirken.

Die Fähigkeit digitaler Werkzeuge, automatisch oder auf Befehl eine in einer Darstellung ausgeführte Aktion in der verknüpften Darstellung umzusetzen, bezeichnet man als *hot-linking* oder *dyna-linking*. (Ainsworth, 1999; Kaput, 1992; Zbiek et al., 2007). Dabei werden zwei Repräsentationen so verknüpft, dass die Auswirkungen einer Handlung in einer Darstellung automatisch auch in der zweiten Darstellung gezeigt werden. Mit einer solchen Verknüpfung wird ein besonders hoher Grad an Unmittelbarkeit bei der Rückmeldung an die Lernenden erreicht.

Allerdings ist zu bedenken, dass Lernende mit mehreren Anforderungen konfrontiert werden, wenn sie mit verschiedenen Darstellungen in digitalen Werkzeugen gleichzeitig arbeiten. Sie müssen einerseits das Format und die Operatoren jeder Darstellung verwenden können und andererseits die Beziehung zwischen den Darstellungen verstehen. Schließlich müssen die Lernenden auch verstehen, wie sich die Darstellungen zueinander verhalten (Ainsworth et al., 1998). Diese gleichzeitige Umsetzung von Veränderungen in einer Darstellung in die anderen Darstellungen ist aktuell in viele Apps integriert. So verändern sich beispielsweise bei der Veränderung des Schiebereglers, der in Abb. 4.16 die Frequenz der Sinusfunktion beeinflusst, gleichzeitig der Funktionsterm, die Graphen in den beiden unterschiedlich skalierten Grafikfenstern und die Wertetabelle.

Die Nutzung verschiedener Darstellungen bzw. Darstellungsformen in einem digitalen Werkzeug ist mittlerweile der Normalfall. So entsteht schnell eine hohe Komplexität, die

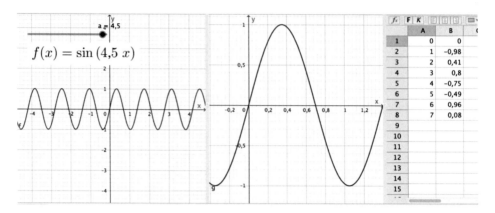

Abb. 4.16 „Hot-linking" und verschiedene Darstellungen

jedoch von den Lernenden gut kontrolliert werden kann (Pallack, 2018, S. 71). Hierzu sind eine schrittweise Einführung der unterschiedlichen Darstellungen und die Nutzung von zunächst weniger komplexer Software mit ggf. teilweise reduzierter Werkzeugleiste eine mögliche Hilfe.

Digitale Werkzeuge können bereits bei einfachen Erkundungen zu Funktionen mit Hilfe von Darstellungswechseln eingesetzt werden. Wir betrachten hier ein Beispiel aus einem Schulbuch für Klasse 9 zu quadratischen Funktionen.

Beispielaufgabe zum Darstellungswechsel für Schülerinnen und Schüler

Untersuche mit Hilfe von Wertetabellen und Graphen in GeoGebra die folgenden Funktionen:

a) $f(x) = x^2$
b) $f(x) = 2x^2$
c) $f(x) = \frac{1}{2}x^2$

Was geschieht jeweils mit den y-Werten, wenn man

- die x-Werte verdoppelt,
- die x-Werte verdreifacht,
- das Vorzeichen der x-Werte umkehrt?
  (vgl. Barzel et al., 2016, S. 196) ◄

In dem Beispiel werden Eigenschaften von quadratischen Funktionen untersucht, indem die Termdarstellung mit Hilfe eines digitalen Werkzeugs zunächst in eine Tabellendarstellung oder eine Graphendarstellung übersetzt wird. Damit erhalten die Schülerinnen und Schüler konkrete Antworten für bestimmte Werte. Dann werden die allgemeineren Fragen zu Eigenschaften quadratischer Funktionen untersucht und beantwortet, wobei die

Möglichkeit besteht, Antworten mit Hilfe des digitalen Werkzeugs direkt zu kontrollieren. Anschließend können die Untersuchungen etwa auf Funktionsterme mit negativen Vorzeichen erweitert werden.

4.1.4   Funktionen mit 3D-Druck erkunden

Zur Erkundung von Symmetrieeigenschaften von Funktionen kann auch der Darstellungswechsel innerhalb der graphischen Darstellungen nützlich sein, indem Schülerinnen und Schüler Funktionen unter Nutzung eines 3D-Druck-Stiftes erkunden. Bei 3D-Druck-Stiften werden dünne Kunststofffäden erzeugt, die nach dem Abkühlen aushärten. So können dreidimensionale Zeichnungen erstellt werden. Mit dieser Methode können Funktionsgraphen nachgezeichnet werden, sodass beispielsweise eine achsensymmetrische oder punktsymmetrische Funktion als Modell entsteht. Diese Modelle können vor einem Koordinatensystem gedreht oder gewendet werden, sodass dann die Symmetrieeigenschaften mit Hilfe der 3D-Graphen enaktiv überprüft und diskutiert werden können. Zudem kann untersucht werden, ob diese Symmetrieeigenschaften auch bei bestimmten Abbildungen wie Verschiebungen entlang den Achsen erhalten bleiben. Ein Beispiel ist der 3D-Graph der Sinusfunktion, dessen Symmetrieeigenschaften nach Verschiebung um eine Periode entlang der x-Achse erhalten bleiben (Dilling et al., 2022).

Eine andere Möglichkeit der Nutzung von 3D-Druck ist der Darstellungswechsel von der Termdarstellung zur graphischen Darstellung in Form eines 3D-Modells. Dazu sind ein Programm wie das Programm Graphendrucker und ein 3D-Drucker (siehe Abschn. 5.4.4) erforderlich. Dort kann man einen Funktionsterm eingeben und bekommt mit Hilfe des Programms ein virtuelles 3D-Modell, das dann mit dem 3D-Drucker in ein reales 3D-Modell übertragen werden kann (Dilling & Struve, 2019).

4.2   Lineare Funktionen

4.2.1   Mit proportionalen Funktionen modellieren

Die vielfältigen mathematischen Eigenschaften proportionaler Funktionen liefern Ansätze für mathematische Modelle in unterschiedlichen Kontexten. Für das Modellieren sind Wechsel zwischen Realität und Mathematik erforderlich. Für diese Wechsel sind Grundvorstellungen mathematischer Begriffe von zentraler Bedeutung, die man als „realitätsbezogene Stellvertretervorstellungen mathematischer Objekte bzw. Verfahren" (Holzäpfel & Leiss, 2014, S. 162) oder „inhaltliche Interpretationen mathematischer Konzepte" (Hußmann & Prediger, 2010, S. 35) charakterisieren kann. Sie sind Grundlagen für das Mathematisieren und Interpretieren im Modellierungskreislauf (Blum & Leiß, 2005).

So muss etwa bei proportionalen Funktionen bei einer Vervielfachung der Ausgangsgröße auch die zugeordnete Größe um den gleichen Faktor vervielfacht werden (Vervielfachungsvorstellung). Betrachtet man den Quotienten zweier zugeordneter Größen und den der beiden Ausgangsgrößen, so ist dieser jeweils gleich (Verhältnisvorstellung). Daneben ist der Quotient von zugeordneter Größe und jeweiliger Ausgangsgröße immer konstant (Quotientenvorstellung). Die Proportionalitätsvorstellung besagt, dass die Ausgangsgrößen immer mit demselben Proportionalitätsfaktor multipliziert werden, um die zugeordnete Größe zu erhalten. Außerdem entspricht die zugeordnete Größe der Summe zweier Ausgangsgrößen der Summe der beiden zugeordneten Größen (Additionsvorstellung) (vgl. Greefrath, 2018; Hafner, 2012). Diese Vorstellungen sind die Grundlage für Modellierungsprozesse mit proportionalen Funktionen. Sie können zunächst für diskrete Prozesse exemplarisch mit Hilfe einer Tabellenkalkulation veranschaulicht werden. Das Verständnis proportionaler Zusammenhänge kann darüber hinaus mittels Tabellenkalkulation überprüft werden. Ein entsprechendes einfaches Richtig-Falsch-Feedback kann mit dem *Wenn-Befehl* mit Hilfe einer Tabellenkalkulation erstellt werden. In dem Beispiel in Abb. 4.17 wurde für die gelb markierte Zelle D6 konkret die Abfrage verwendet.

```
=WENN(D6=J4*C6;"das ist richtig";"bitte trage den richtigen Wert ein")
```

Im Feld J4 steht dabei der Proportionalitätsfaktor, der verändert werden kann. In seltenen Fällen könnte ein Tabellenkalkulationsprogramm beim Rechnen mit Dezimalzahlen aufgrund von Rundungsfehlern falsche Ergebnisse liefern. Dann könnte die Abfrage „D6 = J4*C6" ggf. bezüglich der Genauigkeit verändert werden, etwa in „abs(D6-J4*C6) < 0,00000001". Der Übergang zur kontinuierlichen Sichtweise von proportionalen Funktionen kann durch den Darstellungswechsel von Tabellen zu Graphen erfolgen.

Bei grafischen Darstellungen proportionaler Funktionen kann eine Schwierigkeit in der korrekten Beschriftung des Koordinatensystems liegen (Klinger, 2018, S. 199 f.). Hier können grafische Darstellungen mit einem dynamischen Geometrieprogramm, das zum Plotten von Funktionen genutzt werden kann, tiefere Einsichten ermöglichen. So können

Die Tabelle beschreibt eine proportionale Zuordnung. Ergänze den passenden Wert.

x	f(x)	
4	10	
6	15	das ist richtig

Die Tabelle beschreibt eine proportionale Zuordnung. Ergänze den passenden Wert.

x	f(x)	
4	10	
6		bitte trage den richtigen Wert ein

Abb. 4.17 Proportionale Zuordnung überprüfen

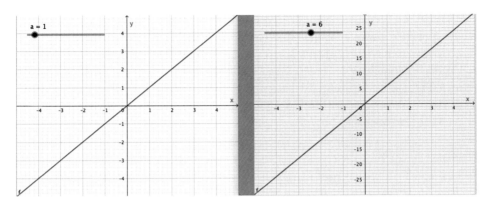

Abb. 4.18 Graph einer proportionalen Funktion (unterschiedliche Skalierung)

die Graphen von Funktionen des Typs $f(x) = ax$ nur durch Änderung der Skalierung der
y-Achse dargestellt werden (Abb. 4.18). Dies lässt sich auch durch dynamische Änderung
der Steigung a, die gleichzeitig das dargestellte Intervall auf der y-Achse skaliert, sehr gut
dynamisch verdeutlichen.

Im Zusammenhang mit der Darstellung proportionaler Funktionen im Koordinatensystem kann auch auf die besonderen Eigenschaften von Funktionen im Vergleich zu allgemeineren Zuordnungen eingegangen werden, denn eine Funktion ordnet jedem Wert der
ersten Menge genau einen Wert der zweiten Menge zu. Verschiedene dynamische Geo-
metrieprogramme bieten die Möglichkeit, zwischen den Darstellungen des Typs der
Geradengleichung zu unterscheiden. Typische Formen sind $ax + by = c$, $y = mx + t$ sowie
die Parameterdarstellung. Wählt man als einen Punkt der Geraden den Ursprung und als
weiteren Punkt einen Punkt auf der Parallelen zur x-Achse durch $(0; 1)$, so kann die Gerade
zunächst in der Form $y = mx + t$ dargestellt werden. Zum Beispiel, erhalten wir für den
Punkt $(-4; 1)$ die Geradengleichung $y = -0{,}25x$. Rückt man mit dem Punkt auf der Parallelen näher an den Punkt $(0; 1)$ heran, so verändert sich die Geradengleichung passend. Ist
der Punkt genau auf der y-Achse, so ändert sich die Darstellung der Geraden in eine andere
Form, nämlich in $x = 0$. Dies kann zum Anlass genommen werden zu überlegen, warum
diese Darstellung wechselt und welche Bedeutung dies für einen möglichen funktionalen
Zusammenhang hat. Es wird also deutlich, dass die Geradengleichung in der Form
$y = mx + t$ nur für solche Geraden möglich ist, die Graph einer linearen Funktion sind.

Häufig werden proportionale Funktionen als mathematische Modelle im Kontext Ein-
kaufen verwendet, da viele Preise in bestimmten Bereichen proportional zur Anzahl oder
Menge der Waren sind. Etwaige Angebote oder Rabatte werden dabei zunächst verein-
fachend ignoriert, was bei einer ernsthaften Betrachtung des Kontextes bei Schülerinnen
und Schülern zu Schwierigkeiten führen kann. Hier wird also weniger der Kontext als das
mathematische Modell der Proportionalität in den Vordergrund gestellt. Aus mathematischer Sicht handelt es sich um ein normatives Modell, während im Kontext in der Regel
das deskriptive Modell einschließlich seiner Grenzen im Vordergrund steht. Um den möglicherweise entstehenden gedanklichen Konflikt der Schülerinnen und Schüler zu lösen,

sollte explizit die Vereinfachung des Einkaufsproblems durch den Verzicht auf Rabatte und die Abgabe beliebiger Mengen in bestimmten Bereichen deutlich gemacht und diskutiert werden (Greefrath, 2018). Dieser Problematik kann man gut begegnen, wenn das proportionale Modell mit anderen Daten, z. B. authentischen Preisen von Tintenstiften (1 Stift 1,20 € und Rabatt als 6er-Packung 6,20 €, 24er-Packung 14,86 €), verglichen wird. Ein solcher Vergleich ist mit Hilfe einer Tabellenkalkulation sehr gut möglich, da gerade auf der Seite der Rabattangebote dann noch überlegt werden muss, wie diese zu dem jeweils günstigsten Preis kombiniert werden können. So ist im Rabatt-Modell die Preisangabe für 15 bis 23 Stifte beispielsweise nicht sinnvoll, weil 24 Stifte günstiger wären. In den beiden linken Spalten wird dagegen konsequent proportional gerechnet, sodass ein Vergleich der beiden Modelle möglich ist (Abb. 4.19).

Ein anderer Ansatz, um zu einer sinnvollen Modellierung mit einer proportionalen Funktion zu kommen, ist es, die Schülerinnen und Schüler auf der Basis eines Experiments das mathematische Modell selbst entdecken zu lassen. Ein geeignetes Beispiel ist etwa die Untersuchung des Gewichts von Münzen (Affolter et al., 2002, S. 10). Dazu wie-

Proportionales Modell			Rabatt-Modell	
Anzahl	Preis		Anzahl	Angebot
1	1,20 €		1	1,20 €
2	2,40 €		2	2,40 €
3	3,60 €		3	3,60 €
4	4,80 €		4	4,80 €
5	6,00 €		5	6,00 €
6	7,20 €		6	6,20 €
7	8,40 €		7	7,40 €
8	9,60 €		8	8,60 €
9	10,80 €		9	9,80 €
10	12,00 €		10	11,00 €
11	13,20 €		11	12,20 €
12	14,40 €		12	12,40 €
13	15,60 €		13	13,60 €
14	16,80 €		14	14,80 €
15	18,00 €		15	
16	19,20 €		16	
17	20,40 €		17	
18	21,60 €		18	
19	22,80 €		19	
20	24,00 €		20	
21	25,20 €		21	
22	26,40 €		22	
23	27,60 €		23	
24	28,80 €		24	14,86 €
25	30,00 €		25	16,06 €

Abb. 4.19 Proportionales und Rabatt-Modell des Preises von Tintenstiften

Abb. 4.20 Verschiedene Münzstapel gleicher Münzen

gen die Schülerinnen und Schüler einige Münzstapel (Abb. 4.20) und können dann z. B. die Frage beantworten, wie schwer ein sehr hoher Münzstapel etwa von einem Meter Höhe sein würde. Die Modellierung wird dann von den Schülerinnen und Schülern selbst entwickelt und verwendet. Zur Auswertung der Experimente und zur Arbeit mit den Daten ist ebenfalls eine Tabellenkalkulation ein sinnvolles Werkzeug.

4.2.2 Lineare Funktionen dynamisch untersuchen

Dynamische Mathematiksysteme können dazu beitragen, ein Verständnis für die Eigenschaften einer linearen Funktion $f(x) = a \cdot x + b$ in Abhängigkeit von ihren Parametern a und b in den unterschiedlichen Darstellungen aufzubauen. Hierzu gibt es für die technische Umsetzung mehrere Möglichkeiten (Göbel & Barzel, 2021). Die erste Möglichkeit ist die Nutzung des Zugmodus im Koordinatensystem. Eine Gerade wird z. B. mit Hilfe zweier Punkte gezeichnet, und diese Punkte werden genutzt, um die Gerade zu verschieben und gleichzeitig die Geradengleichung zu beobachten. Hierbei ist es sinnvoll, die Geradengleichung im digitalen Werkzeug in der Form $y = a \cdot x + b$ anzeigen zu lassen. Auswirkungen der Veränderung der Geraden in Bezug auf die Parameter der Funktionsgleichung können direkt beobachtet werden (Abb. 4.21). Die zweite Möglichkeit ist das direkte Eingeben der jeweils variierten Funktionsgleichung als Term und das Erstellen des entsprechenden Funktionsgraphen. Mehrere Graphen können so verglichen werden, und die Software wird als Funktionenplotter genutzt. Mit Hilfe der verschiedenen Graphen kann der Einfluss der Veränderung der Parameter interpretiert werden. Die dritte Möglichkeit ist die Erstellung von zwei Schiebereglern für die beiden Parameter. Dann können die Schieberegler bewegt und gleichzeitig die Auswirkungen der Veränderung der Parameter auf den Funktionsgraphen beobachtet werden.

Empirische Ergebnisse zeigen, dass durch gelenktes Entdecken im Kontext von Funktionen Erkenntnisse über die Einflüsse von Parametern auf Funktionen erworben werden können. Dabei erscheinen im Vergleich dynamische Visualisierungen durch Zugmodus und Schieberegler besonders geeignet, den Einfluss der Parameter zu untersuchen (Göbel, 2021).

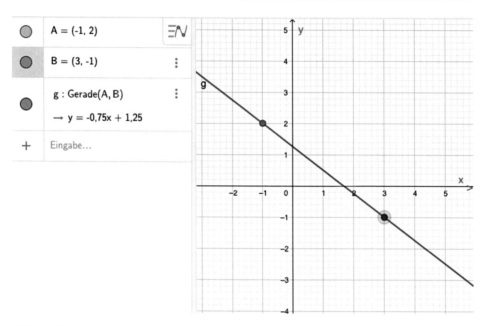

Abb. 4.21 Lineare Funktion im Zugmodus verändern

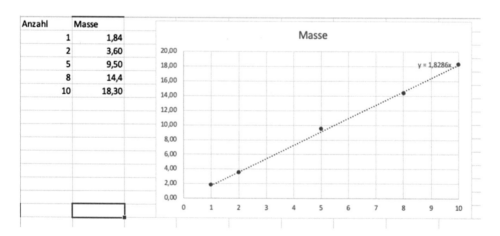

Abb. 4.22 Regressionsgerade mit Excel

4.2.3 Regressionsgeraden bestimmen

In Experimenten werden häufig Daten generiert, die mit Messfehlern behaftet sind und sinnvollverweise mit Hilfe einer Regressionsgeraden ausgewertet werden. Ein Beispieldatensatz, die graphische Darstellung der Messpunkte und die Regressionsgerade sind in Abb. 4.22 in einer Tabellenkalkulation dargestellt.

In diesem Fall wurde eine Regressionsgerade durch den Ursprung gewählt und automatisch mit Hilfe einer Tabellenkalkulation erzeugt sowie der Funktionsterm mit $y = 1{,}83\,x$ automatisch berechnet. Die Regressionsgerade wird hier also zunächst als Black-Box (siehe Abschn. 3.1.2) verwendet, d. h., die Tabellenkalkulation erzeugt die Ausgabe des Terms der Regressionsgeraden auf Basis von Eingaben, ohne dass sich die Lernenden mit der internen Funktionsweise befassen müssen. Um diese Funktion genauer zu verstehen, können mittels Tabellenkalkulation auch Berechnungen durchgeführt werden, die diese Ausgabe transparent machen und so zu einer Nutzung im Sinne einer White-Box führen. Beispielsweise können in der Tabellenkalkulation die oben erhaltenen Werte genutzt und damit die quadratischen Abweichungen von den gegebenen Werten bestimmt werden. Die Variation der Geradensteigung 1,83 zeigt dann, dass für andere Geraden die quadratischen Abweichungen größer werden (Abb. 4.23). Die erhaltene Regressionsgerade minimiert also genau die quadratischen Abweichungen.

Zur Vertiefung kann die Summe der quadratischen Abstände auch mit einem dynamischen Geometriesystem visualisiert werden. Dazu wird für die gegebenen Punkte die Regressionsgerade mit variabler Steigung eingezeichnet. Die Entfernungen der Punkte von der Geraden in y-Richtung werden mit Hilfe von Quadraten visualisiert. Die Summe der Flächeninhalte ist dann das Maß für die Qualität der Regression (Abb. 4.24).

Das Ziel für die Lernenden ist es, die in der White-Box-Phase entwickelten Einsichten in die Funktionsweise der Tabellenkalkulation bei weiteren Problemen passend einzusetzen und so die Funktionen der Tabellenkalkulation für kreatives Problemlösen zu nutzen (Heugl et al., 1996; Zbiek et al., 2007).

Diesen einfachen Fall kann man auch mit einem Computeralgebrasystem rechnerisch nachvollziehen. Dies ist dann ein Beitrag dazu, zu erläutern, wie ein digitales Werkzeug zur Bestimmung der Regressionsgerade in einem konkreten Spezialfall funktionieren könnte, und somit digitale Medien zu analysieren (siehe Abschn. 1.2).

Dazu betrachtet man allgemein die Funktionsgleichung $f(x) = ax$. Die quadratischen Abweichungen der Messwerte von Funktionswerten dieser Funktion lassen sich in folgendem Term zusammenfassen.

Anzahl	Masse	1,8286	Quadratische Abweichung
1	1,84	1,8286	0,000130
2	3,60	3,6572	0,003272
5	9,50	9,143	0,127449
8	14,4	14,6288	0,052349
10	18,30	18,286	0,000196
			0,183396

Abb. 4.23 Quadratische Abweichung der Regressionsgeraden

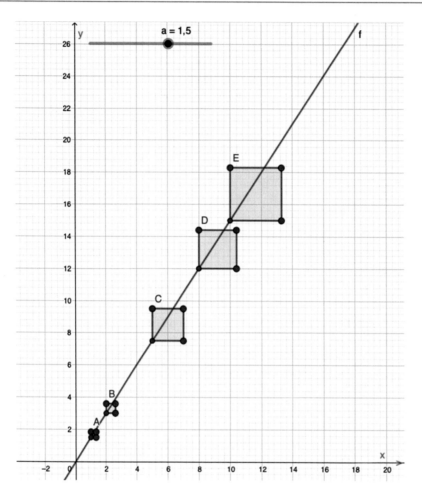

Abb. 4.24 Summe der quadratischen Abweichungen von der Regressionsgeraden visualisiert

```
d(a)
=(1.84-f(1))^2+(3.60-f(2))^2+(9.50-f(5))^2+(14.40-f(8))^2+(18.30-f(10))^2
=(1.84-1a)^2+(3.60-2a)^2+(9.50-5a)^2+(14.40-8a)^2+(18.30-10a)^2
=194a^2-611.48 a+493.52
Extremum(194 a^(2)-709.48 a+648.85)
{(1.83, 0.19)}
```

Der Term wird dann mit Hilfe eines Computeralgebrasystems vereinfacht und der Scheitelpunkt berechnet, um das Minimum zu ermitteln. Dieses ist für a = 1,83 erreicht, und dies stellt die optimale Steigung der Regressionsgeraden dar. Das Ergebnis kann so mit der in Abb. 4.22 angezeigten Steigung in Einklang gebracht werden.

In anderen Anwendungskontexten verwendet man häufig eine „Linearisierung" der Daten, um mithilfe einer Regressionsgeraden graphisch einen Parameter bestimmen zu können. Dies ist bei nicht-linearisierten Daten in vielen Kontexten nur mit Werkzeug-unterstützung möglich. So erhält man beispielsweise bei einem physikalischen Versuch zur Bestimmung der Halbwertszeit eines kurzlebigen Isotops die Messwerte wie in Abb. 4.25.

Bei diesem Versuch wird ein Radon-Luft-Gemisch in eine Ionisationskammer gepumpt und der einsetzende Stromfluss in Abhängigkeit von der Zeit gemessen. Die erhaltenen Messwerte liegen zunächst nicht auf einer Geraden. So ist es schwierig zu erkennen, um welchen Funktionstyp es sich handelt und welche Parameter dieser Funktion zugrunde lie-gen. Die genaue Funktionsgleichung ist aber für die Ermittlung der Halbwertszeit von Be-deutung. Die Messwerte werden also zunächst mit einem geeigneten digitalen Werkzeug graphisch dargestellt. Die graphische Darstellung der Messwerte lässt einen exponentiellen Zusammenhang der Form $I(t) = I_0 \cdot b^t$ vermuten (Abb. 4.25).

Eine Möglichkeit zur Ermittlung des Parameters b, der mit der gesuchten Halbwertszeit über die Beziehung

$$T_H = -\log_b(2)$$

zusammenhängt, ist die direkte Berechnung einer exponentiellen Regression mithilfe des digitalen Werkzeugs.

```
TrendExp2[{(0, 3.0), (0.25, 2.5), (0.5, 2.0), (0.75, 1.7), (1.0, 1.4),
(1.5, 0.9), (2.0 ,0.6), (2.5,0.4), (3.0, 0.3)}]
```

GeoGebra gibt direkt die gesuchte Funktionsgleichung aus: $f(x) = 3.01 \cdot 0.455^x$. Die ge-suchte Halbwertszeit wäre dann

$$T_H = -\log_{0,455}(2) \approx 0,88.$$

Um den funktionalen Zusammenhang genauer zu untersuchen, können alternativ die Daten zunächst linearisiert werden. Die Werte in der zweiten Spalte in Abb. 4.25 werden

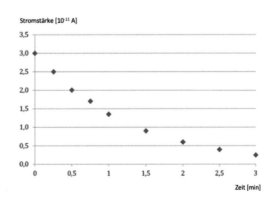

Zeit [min]	Stromstärke [10^{-11} A]
0	3,0
0,25	2,5
0,5	2,0
0,75	1,7
1,0	1,4
1,5	0,9
2,0	0,6
2,5	0,4
3,0	0,3

Abb. 4.25 Messwerte zur Halbwertszeit

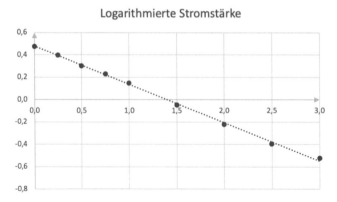

Abb. 4.26 Regressionsgerade für die logarithmierte Stromstärke

dazu logarithmiert und in einem neuen Koordinatensystem mit den zugehörigen x-Werten eingetragen. Man kann dann erkennen, dass diese Punkte nahezu auf einer Geraden liegen, was den exponentiellen Zusammenhang bestätigt. Eine Ausgleichsgerade kann auf verschiedenen Wegen ermittelt werden. Ein Weg mit Hilfe eines dynamischen Geometrieprogramms mit integrierter Tabellenkalkulation würde eine lineare Funktion mit Hilfe von Schiebereglern flexibel bereitstellen und die Summe der quadratischen Abstände jedes Punktes zur Geraden mittels Tabellenkalkulation berechnen. Dieser Wert ist dann ein Maß für die Qualität der linearen Regression, und die optimale Gerade ist gefunden, wenn dieser Wert ein Minimum annimmt. Ein zweiter Weg geht über die geometrische Anpassung der Regressionsgeraden, der durch einen sog. Residuenplot unterstützt wird. Dabei werden in einer zweiten Graphik unterhalb des Koordinatensystems die Differenzen der y-Werte der Punkte und der entsprechenden Werte der Geraden aufgetragen (ähnlich wie in Abb. 4.32). Wenn diese Residuen minimal sind, dann wurde ein optimale Gerade gefunden (Abb. 4.26).

Allgemeiner erhält man hier mit Hilfe einer Linearisierung – durch Logarithmieren der Werte der zweiten Spalte aus der Tabelle in Abb. 4.25 – für die Funktion $I(t) = I_0 \cdot 10^{-at}$ die Geradengleichung $y(t) = \lg I(t) = -a \cdot t + \lg I_0$. Dann wird am entsprechenden Graphen, bei dem die y-Werte durch die logarithmierten Werte ersetzt werden, die Steigung der Ausgleichsgeraden und damit die zu bestimmende Konstante a direkt ermittelt. Die gesuchte Halbwertszeit $T_{\frac{1}{2}}$ kann schließlich mit der Beziehung $T_{\frac{1}{2}} = \dfrac{\lg 2}{a}$ bestimmt werden (Greefrath & Siller, 2012).

4.2.4 Lineare Übergeneralisierung

Lineare bzw. proportionale Funktionen gehören zu den gebräuchlichsten Modellen für die Lösung vieler Probleme. Sie eignen sich jedoch nicht immer zur Modellierung. Diese Problematik taucht häufig in Situationen auf, in denen die funktionalen Abhängigkeiten nicht sofort einsichtig sind – beispielsweise bei der Berechnung des Volumens eines Kegels im

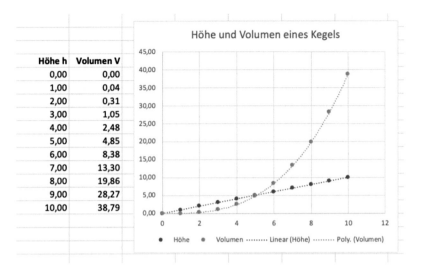

Höhe h	Volumen V
0,00	0,00
1,00	0,04
2,00	0,31
3,00	1,05
4,00	2,48
5,00	4,85
6,00	8,38
7,00	13,30
8,00	19,86
9,00	28,27
10,00	38,79

Abb. 4.27 Lineare Übergeneralisierung thematisieren: Höhe und Volumen eines Kegels

Kontext der Befüllung eines Sektglases. Lernende verwenden dann möglicherweise lineare Modelle auch in Situationen, in denen sie nicht sinnvoll sind (De Bock et al., 1998; Greefrath & Siller, 2012). Digitale Werkzeuge bieten durch die verschiedenen gleichzeitig nutzbaren Darstellungsmöglichkeiten die Chance, dieser linearen Übergeneralisierung zu begegnen und geeignete Vorstellungen der dahinterliegenden funktionalen Zusammenhänge aufzubauen. So kann etwa mit Hilfe der Werte in einer Tabellenkalkulation und der entsprechenden graphischen Darstellung der jeweilige Zusammenhang veranschaulicht werden. Dadurch wird deutlich, dass bei linearem Wachstum der Füllhöhe das Volumen nicht linear wächst (Abb. 4.27). So hat etwa ein halbhoch gefülltes (kegelförmiges) Sektglas nur 1/8 des Volumens des vollen Glases. Um das halbe Volumen zu haben, müsste das Sektglas hingegen zu ca. 80 % der Höhe gefüllt sein.

4.3   Weitere Funktionstypen

In den folgenden Abschnitten werden exemplarisch quadratische Funktionen, Exponentialfunktionen und Sinusfunktionen betrachtet werden, um die Potenziale digitaler Medien im Kontext von Funktionen in der Sekundarstufe I zu illustrieren. Natürlich besteht dieses Potenzial auch bei weiteren Funktionsklassen wie z. B. Wurzelfunktionen, Potenzfunktionen und Polynomfunktionen.

4.3.1   Quadratische Funktionen darstellen und als Modelle nutzen

Quadratische Funktionen eignen sich als mathematische Modelle für eine Vielzahl von Situationen, wie zum Beispiel Wasserfontänen und Brückenbögen (Henn & Müller, 2013).

Beobachtungen von Modellierungsprozessen zeigen, dass digitale Medien an vielen Stellen des Modellierungsprozesses eingesetzt werden können. Digitale Werkzeuge können durch die Möglichkeiten des Visualisierens zum Verstehen des Problems genutzt werden, und sie können zum Recherchieren von Informationen im Internet, zum Bilden eines realen Modells oder zum Kontrollieren der mathematischen Resultate durch den Wechsel von Darstellungen verwendet werden. Dies führt zu einer Perspektive der digitalen Mediennutzung beim Modellieren, in der die Nutzung der Werkzeuge beim Modellieren an allen Stellen im Bearbeitungsprozess sinnvoll sein kann (Greefrath & Siller, 2022). Diese Bearbeitungsprozesse lassen sich anhand eines Modellierungskreislaufs darstellen. Einige Möglichkeiten für den Einsatz digitaler Werkzeuge in einem Modellierungsprozess sind im Modellierungskreislauf nach Blum und Leiß (2005) in Abb. 4.28 dargestellt.

Betrachtet man den Schritt des mathematischen Arbeitens mit digitalen Werkzeugen genauer, so erfordert die Bearbeitung von Modellierungsaufgaben mit digitalen Werkzeugen zwei Übersetzungsprozesse. Zunächst muss die Modellierungsaufgabe verstanden, vereinfacht und in die Sprache der Mathematik übersetzt werden. Nur dort kann das mathematische Modell festgelegt werden. Das digitale Werkzeug kann jedoch erst eingesetzt werden, wenn die mathematischen Ausdrücke in die Sprache des digitalen Werkzeugs übersetzt worden sind. Die Ergebnisse, die das digitale Werkzeug liefert, müssen dann wieder in die Sprache der Mathematik zurücktransformiert werden und können dort dokumentiert werden. Schließlich kann dann das ursprüngliche Problem gelöst werden, wenn die mathematischen Ergebnisse auf die reale Situation bezogen werden. Diese Übersetzungsprozesse können in einem erweiterten Modellierungskreislauf (Abb. 4.29) dargestellt werden, der neben der realen Welt und der mathematischen Welt auch das digitale Werkzeug berücksichtigt (Greefrath & Siller, 2022; Siller & Greefrath, 2010).

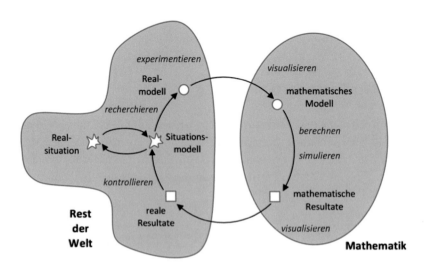

Abb. 4.28 Modellierungskreislauf mit Nutzung digitaler Medien

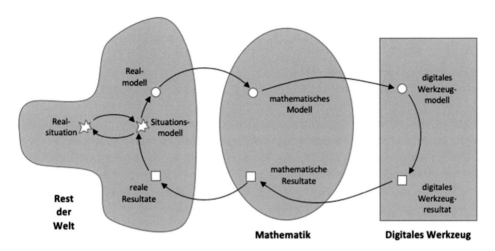

Abb. 4.29 Modellierungskreislauf mit digitalem Werkzeug. (Siller & Greefrath, 2010, S. 2137)

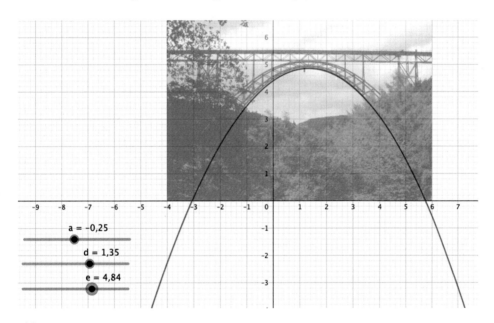

Abb. 4.30 Brücke mit Parabelmodell

Zur Modellierung von Phänomenen, bei denen Parabeln oder ähnliche Kurven auftreten, können digitale Fotos insbesondere zum Experimentieren und zum Validieren verwendet werden. Die Fähigkeit, z. B. von GeoGebra, Fotos mit Kurven oder gescannten Objekten einzufügen, ermöglicht es den Lernenden, eine Verbindung zwischen der realen Welt und der Mathematik herzustellen (Yohannes & Chen, 2021).

Ein Beispiel für die Nutzung digitaler Fotos ist die deskriptive Modellierung eines Brückenbogens mit Hilfe einer quadratischen Funktion (Abb. 4.30). Das Foto kann in das digitale Werkzeug, in diesem Fall GeoGebra, importiert werden. Mit Hilfe des Fotos kann eine geeignete Parabel gefunden werden. Wenn die Funktionsgleichung ermittelt wurde, kann die Abbildung im digitalen Werkzeug aber auch zur Kontrolle des ermittelten Funktionsterms verwendet werden, indem der Graph der Funktion über das digitale Foto gezeichnet und so die Passung des Funktionsterms und des Fotos überprüft wird. Mit Hilfe des dann deskriptiv ermittelten mathematischen Modells kann dann ggf. genauer die Frage diskutiert werden, welche Modellannahmen für ein Parabelmodell sinnvoll sind. Im Fall der Parabelbrücke sind unter anderem Annahmen geeignet, dass das Gewicht der Streben gegenüber dem Gewicht der Fahrbahn vernachlässigt und nur das Eigengewicht der Brücke betrachtet wird. Mit Hilfe dieser Annahmen kann man eine parabelförmige Brückengleichung für den Abstand a zweier Stützpfeiler und die Länge y_1 der ersten Stützen der Form $y = \dfrac{y_1}{a^2} \cdot x^2$ ermitteln (Gruner & Jahnke, 2001).

Eine Reihe solcher Beispiele kann auch in eine digitale Lernumgebung zu quadratischen Funktionen integriert werden. Beispiele für solche Lernumgebungen, die eine Unterrichtsreihe zu quadratischen Funktionen beinhalten, findet man im Internet (z. B. Jedtke, 2018; Jedtke & Greefrath, 2019). Die Nutzung digitaler Medien zur Darstellung von Phänomenen, die sich mit quadratischen Funktionen modellieren lassen, kann durch die Verwendung von Videos auch noch intensiviert werden. Ein Beispiel ist ein Video eines Ballwurfs, der mit einer quadratischen Funktion beschrieben werden kann. Die erforderlichen Daten zur Bestimmung einer passenden quadratischen Funktion können mit – zum Teil kostenlos verfügbarer – Software zur quantitativen Auswertung von Bewegungsabläufen ermittelt werden (vgl. Abb. 4.31). Anschließend können die ermittelten Punkte weiterbearbeitet werden. Hierzu kann man entweder die Auswertungssoftware oder ein digitales Mathematikwerkzeug wie GeoGebra benutzen. Ähnlich wie in Abb. 4.30 kann dann eine passende Parabel in Scheitelpunktform mit Hilfe des digitalen Werkzeugs angepasst werden (Abb. 4.31). Digitale Fotos und Videos dienen hier der Darstellung einer authentischen Situation und zur Ermittlung realer Daten zur Arbeit im mathematischen Modell.

Möchte man alternative mathematische Modelle verwenden oder die Qualität des gewählten mathematischen Modells diskutieren, so können auch Sprachmodelle der künstlichen Intelligenz (wie beispielsweise ChatGPT) verwendet werden. Hier kann umgangssprachlich gefragt werden, welches mathematische Modell für eine bestimmte Situation geeignet ist. Das System liefert einen Vorschlag für ein Modell (z. B. Parabel) und mögliche erforderliche Angaben, wie z. B. „Startposition, Startgeschwindigkeit und Abwurfwinkel". Dieser Zugang kann einerseits für das Mathematisieren und andererseits für das Validieren genutzt werden.

Eine digitale Lernumgebung bietet einen geeigneten Rahmen für das selbstständige Arbeiten von Lernenden. Sie besteht aus verschiedenen digitalen Elementen, wie z. B. einem Wiki mit eingebetteten Videos und Geometrie-Applets. Einige Lernumgebungen ermöglichen ein automatisiertes Feedback oder eine Kombination mit geeigneten analogen Materialien. Wichtig ist, dass die digitale Lernumgebung den aktiven

Abb. 4.31 Ausschnitt aus einem Video mit Wurfparabel

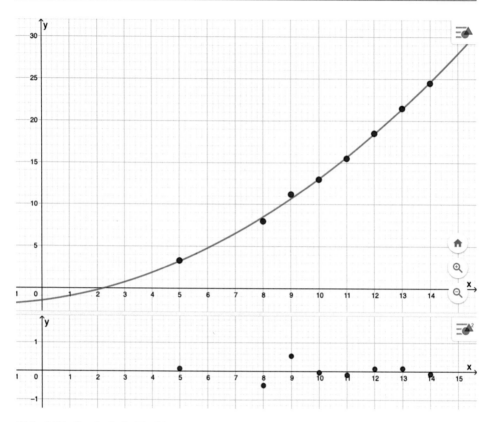

Abb. 4.32 Quadratische Funktion als mathematisches Modell

Aufbau von Wissen und Fähigkeiten fördert (Frenken, 2022; Roth, 2022). Um Schülerinnen und Schüler zu unterstützen, können metakognitive Elemente wie das Wissen über den Modellierungskreislauf in einer digitalen Lernumgebung explizit vermittelt werden. Weitere Elemente sind Strategien für die Bearbeitung von Modellierungsaufgaben wie das mehrfache Lesen der Aufgabenstellung, das Anfertigen von Notizen oder das Suchen nach einer ähnlichen Aufgabe. Solche Lernumgebungen können in vorgefertigten Umgebungen selbst erstellt werden, oder es kann auf bereits vorhandene Lernumgebungen zurückgegriffen werden (z. B. https://unterrichten.zum.de/wiki/Modellieren_digital).

▶   **Bestandteile digitaler Lernumgebungen zum Anregen selbstregulativer Prozesse**
   - Informationen zum Arbeiten innerhalb der Lernumgebung
   - Erläuterung von Symbolen
   - Interaktive Applets
   - Elemente zur Ergebnissicherung
   - Hilfen und mögliche Lösungswege
   - Aufgabenseiten

- Erste Aufgaben mit vorstrukturierten Lösungen
- Merkkästen mit Informationen zur Bearbeitung
- Papierbasiertes Begleitmaterial (Frenken & Greefrath, 2023)

Eine weitere Möglichkeit zur Bestimmung mathematischer Modelle ist ein exploratives Herangehen, ohne vorher aus inhaltlichen Gründen einen Funktionstyp als Modell festzulegen. Als Beispiel betrachten wir für einen typischen Text mit 3000 Zeichen die Länge des Textes (in cm) auf einer Din-A4 Seite in Abhängigkeit von der Schriftgröße. Hierzu wird ein beliebiger Text verwendet (siehe z. B. www.loremipsum.de) und die Textlänge mit dem Lineal des Textverarbeitungsprogramms für unterschiedliche Schriftgrößen gemessen (Tab. 4.3).

Diese Daten können zunächst einmal mit Hilfe eines digitalen Werkzeugs dargestellt und anschließend bearbeitet werden. Hier können unterschiedliche Modelle parallel geprüft und diskutiert werden. Beispielsweise kann mit dem GeoGebra-Befehl

```
TrendPoly({A, B, C, D, E, F, G, H}, 2)
```

ein Polynom – in diesem Falle zweiten Grades – an die Punkte A, …, H angepasst werden. Entsprechend können andere Polynome und auch andere Funktionstypen gewählt werden. Zur Beurteilung der Güte des Modells kann es sinnvoll sein, nicht nur die Datenpunkte und das mathematische Modell – in diesem Fall eine quadratische Funktion – graphisch, sondern auch die Differenz zwischen Modellwerten und Daten darzustellen (vgl. Engel, 2016). Dies ist beides in der Abbildung 4.32 zu sehen. Im oberen Teil sind die Datenpunkte und das mathematische Modell der quadratischen Funktion eingezeichnet. Im unteren Teil sind die Differenzen der Datenpunkte vom Modell abgebildet. Da dort kein Muster erkennbar ist, ist zu vermuten, dass die Fehler zufällig und nicht systematisch auftreten. So kann man von einem sinnvollen funktionalen Modell ausgehen (vgl. Kap. 6). Auch aus inhaltlicher Perspektive erscheint ein Modell mit quadratischem Wachstum sinnvoll, da bei Vergrößerung der Schrift sowohl Breite als auch Höhe zunehmen.

Ein weiteres Beispiel für Experimente mit funktionalen Zusammenhängen liefert der *Algorithmus der Quadratwegnahme* mit einem Din-A4 Blatt. Dazu betrachtet man ein solches Blatt und kann stets ein Quadrat mit der Seitenlänge der kürzeren Seite entfernen, um ein kleineres Rechteck zu erhalten. Die Folge der Seitenlängen soll dann mathematisch beschrieben werden (Brandenburger & Siller, 2015).

Tab. 4.3 Schriftgröße und Textlänge für einen Text mit 3000 Zeichen

Schriftgröße (in pt)	Textlänge (in cm)
5	3,3
8	8,0
9	11,2
10	13,0
11	15,5
12	18,5
13	21,2
14	24,5

Für verschiedene Kontexte können auch bereits im Internet zur Verfügung stehende digitale Simulationen genutzt werden (Baum et al., 2018). Beispielsweise gibt es für den Kontext Anhalteweg, der sich aus Bremsweg und Reaktionsweg zusammensetzt, eine Reihe von Simulationen, die verschiedene Bedingungen wie trockene, nasse und eisige Fahrbahn rechnerisch simulieren und so den Brems- und Anhalteweg für vorgegebene Geschwindigkeiten berechnen können.

4.3.2 Mit Exponentialfunktionen modellieren

Die Eigenschaften exponentiellen Wachstums sollten nicht nur vor dem Hintergrund der COVID-19-Pandemie zur Allgemeinbildung aller Menschen gehören. Vielmehr tritt exponentielles Wachstum bei zahlreichen Wachstumsvorgängen in der Natur auf. Beim exponentiellen Wachstum wird eine Bestandsgröße in je gleichen Einheiten um denselben Faktor vervielfacht. Beispielsweise wachsen Bakterien in einer Bakterienkultur in unterschiedlichen Phasen. In einer dieser Phasen vermehren sich die Bakterien sehr schnell, bis schließlich die Nährstoffe erschöpft sind und sich Stoffwechselprodukte im Nährmedium angesammelt haben. In dieser Phase der schnellen Vermehrung können beispielsweise folgende Daten ermittelt werden (siehe die Tabelle in Abb. 4.33). Stellt man diese Daten in einem Diagramm dar, so wird erkennbar, dass sich das Bakterienwachstum gut durch eine Exponentialfunktion beschreiben lässt. Mit Hilfe zweier Schieberegler kann dann eine Exponentialfunktion des Typs $f(x) = b \cdot 2^{a \cdot x}$ an die Daten angepasst werden (Abb. 4.33). Alternativ kann auch eine andere Basis für die Exponentialfunktion gewählt werden. Nach entsprechender Variation der Parameter am Schieberegler a zeigt sich, dass für $a = 0{,}86$ ein exponentielles Wachstum angenommen werden kann. Die Bedeutung der Parameter und insbesondere die Auswirkungen kleiner Veränderungen der Parameter können ebenfalls mit Hilfe dieser dynamischen Visualisierung erfahren werden.

Beim Vergleich unterschiedlicher Wachstumsarten ist es von besonderer Bedeutung, die Besonderheiten des exponentiellen Wachstums, etwa im Vergleich zum linearen Wachstum,

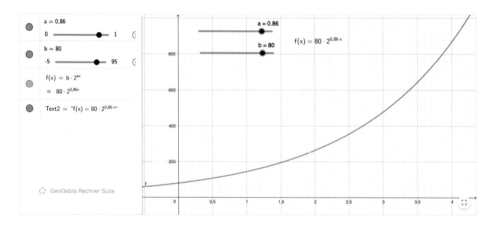

Abb. 4.33 GeoGebra-App zum Variieren der Parameter einer Exponentialfunktion

zu erkennen. Hierzu können auch spezielle Apps genutzt werden, die dynamische heuristische Visualisierungen anbieten. Solche „Verstehens-Apps" (Leuders, 2019) können beispielsweise verwendet werden, um den Ansatz eines Problems zu finden, das Durchführen von Berechnungen, das Erklären von Lösungen oder das Kontrollieren zu unterstützen. Ein Beispiel ist die „Expo-App" (https://fr-v.de/fv_MW215), die exponentielles und lineares Wachstum vergleichen hilft. Das Wachstum wird schrittweise durch Balken und einen Graphen visualisiert, und die Unabhängigkeit des Wachstumsverhalten von Grundwert und Skalierung wird deutlich. Beim Ablesen von Werten wird der Rechenweg hervorgehoben, ohne dass die App die Rechnungen direkt übernimmt (Leuders, 2019). Solche Apps können entweder fertig übernommen oder auch mit Hilfe eines digitalen Werkzeugs wie GeoGebra von Lehrkräften direkt für die Lerngruppe erstellt werden.

▶ **Eigenschaften von „Verstehens-Apps"**
- Grundvorstellungsorientierung: Der zentrale mathematische Begriff wird auf der Basis von Grundvorstellungen dargestellt.
- Kognitive Aktivierung: Lernende können mit der App interagieren und werden herausgefordert.
- Dynamisches Lernen: Die App entlastet Lernende von technischem Arbeiten und ermöglicht dynamische Variation des Lernens (vgl. Leuders, 2019).

4.3.3 Periodische und zeitabhängige Vorgänge beschreiben

Schülerinnen und Schüler beschäftigen sich im Rahmen der Leitidee *Strukturen und funktionaler Zusammenhang* mit der Sinusfunktion zur Beschreibung periodischer Vorgänge mit Hilfe digitaler Mathematikwerkzeuge insbesondere in der Form $f(x) = a \cdot \sin(b \cdot x)$. Zuvor haben sie trigonometrische Beziehungen bei Konstruktionen, Berechnungen, Begründungen und Beweisen genutzt (KMK, 2022). Eine Herausforderung ist es nun, den Zusammenhang der trigonometrischen Beziehungen zur Sinusfunktion und insbesondere die Bedeutung der Amplitude a und der Frequenz b herauszustellen.

Mit Hilfe eines dynamischen Mathematiksystems kann der Zusammenhang zwischen dem Sinuswert im rechtwinkligen Dreieck bzw. verallgemeinert im Einheitskreis und der Darstellung der Sinusfunktion im Koordinatensystem verdeutlicht werden. Hier können alle Grundvorstellungen von Funktionen für die Sinusfunktion schrittweise entwickelt werden.

Beispielsweise kann wie in Abb. 4.34 der Winkel im Einheitskreis verändert werden, und der jeweilige Wert des Sinus wird dynamisch im nebenstehenden Funktionsgraphen für den entsprechenden Winkel eingetragen. Schaut man in dieser Darstellung auf einen konkreten Winkel, also beispielsweise 150°, dann wird deutlich, dass diesem Winkel der Funktionswert 0,5 zugeordnet wird. Diese konkrete Zuordnung von Winkel und Funktionswert entspricht der Zuordnungsvorstellung. Betrachtet man dynamisch ein bestimmtes Intervall, also beispielsweise das Intervall zwischen den Winkel 270° und 360°, so ist zu erkennen, dass der im Einheitskreis zugeordnete Wert und gleichzeitig der entsprechende Funktionswert im Graphen monoton wachsen. Dieser Zusammenhang, der insbesondere durch die Dynamik der Darstellung verdeutlicht wird, kann die Kovariationsvorstellung der Sinusfunktion unter-

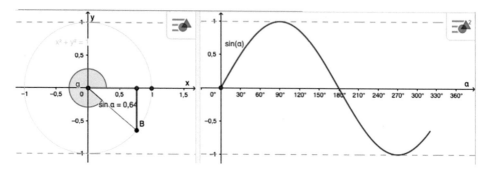

Abb. 4.34 Sinus am Einheitskreis und als Funktionsgraph

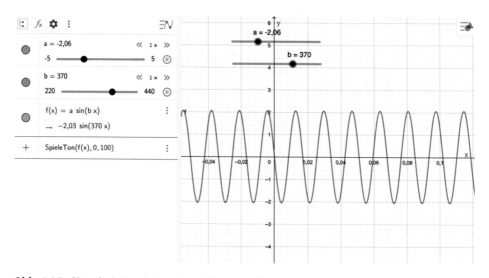

Abb. 4.35 Sinusfunktion als Graph und Ton darstellen

streichen. Die vollständige Darstellung der Sinusfunktion und die Erkenntnis, dass durch die Erzeugung der Werte im Einheitskreis immer typische periodische Funktionen entstehen, können helfen, die Objektvorstellung der Sinusfunktion auszuprägen.

Möchte man die Sinusfunktion genauer erkunden und die Auswirkungen der Veränderungen der beiden Parameter Amplitude a und Frequenz b untersuchen, so bietet es sich an, die entsprechenden Töne zur Veranschaulichung der Veränderungen zu nutzen. So ist es möglich, in GeoGebra einen Ton zu erzeugen, indem man eine passende Sinusfunktion vorgibt. Beispielsweise spielt der Befehl

```
SpieleTon[sin(440·2π·x),0,1]
```

eine reine Sinuswelle mit 440 Hz (Ton A) für eine Sekunde. Der Einfluss der Amplitude a kann dann mit Hilfe eines Schiebereglers verdeutlicht werden. Ein zweiter Schieberegler für die Frequenz macht dann auch für diesen Parameter den Zusammenhang von Funktionsgleichung, Funktionsgraph und Ton erlebbar (Abb. 4.35).

4.3.4   Funktionen zweier Veränderlicher untersuchen

Typischerweise werden im Mathematikunterricht, insbesondere der Sekundarstufe I, lediglich Funktionen mit einer Veränderlichen bearbeitet (Weigand et al., 2022). Tatsächlich treten jedoch an einigen Stellen auch Größen auf, die von mehreren Größen abhängen. Dies ist beispielsweise bei Flächen- und Volumenberechnungen der Fall, wenn man die verwendeten Formeln entsprechend funktional betrachtet, etwa den Flächeninhalt eines Rechtecks in Abhängigkeit von den Längen der beiden Seiten $A(a, b) = a \cdot b$. Ebenso kommen Funktionenscharen als allgemeine Terme von Funktionen, also etwa $f(a, x) = f_a(x) = a \cdot x^2$, vor.

Graphische Darstellung einer Funktionenschar

Die Funktionenschar $f(a, x) = f_a(x) = a \cdot x^2$ wird häufig im 2D-Koordinatensystem mit einem Schieberegler für den Parameter a dargestellt. Es ist aber ebenso eine Darstellung im 3D-Koordinatensystem möglich, bei der auf der ersten Achse die Variable a und auf der zweiten Achse die Variable x dargestellt sind. Auf der dritten Achse ist dann der Funktionswert $f(a, x)$ eingetragen. Verschiedene Perspektiven auf diese Darstellung eröffnen weitere Einsichten als die 2D-Darstellung (Abb. 4.36). ◄

Das Beispiel zeigt auch die Anforderungen an die Interpretation von 3D-Darstellungen, die höher sind als das Interpretieren von 2D-Darstellungen, da weitere Informationen über den Parameter a gleichzeitig abrufbar sind.

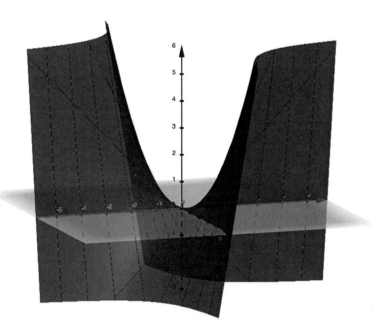

Abb. 4.36   3D-Darstellung einer Funktionenschar

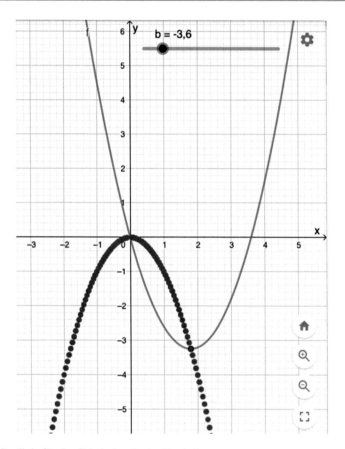

Abb. 4.37 Ortslinie für den Scheitelpunkt der Parabeln

Die Darstellung einer Funktionenschar $f_b(x)$ in der Form $f(b, x)$ betont, dass beide Variablen b und x als Veränderliche betrachtet werden können. Dies bereitet auch die Betrachtung von Ortskurven für den Parameter b vor. Stellt man sich etwa die Frage, welche Kurve der Scheitelpunkt der Parabeln $f_b(x) = x^2 + bx$ beschreibt, wenn sich b ändert, dann kann dies mit Hilfe eines dynamischen Mathematiksystems gut veranschaulicht werden. Man erkennt am Graphen, wie sich der Scheitelpunkt der Parabeln $f_b(x) = x^2 + bx$ für Werte von -5 bis 5 für b auf einer nach unten geöffneten Parabel bewegt (Abb. 4.37). Die kann dann auch mit einem Computeralgebrasystem bestätigt werden, wenn die allgemeine Form der Scheitelpunkte von $f_b(x)$ als $\left(-\dfrac{b}{2}; -\dfrac{b^2}{4}\right)$ berechnet wird.

Der Zugang zu Funktionen mit zwei Veränderlichen kann diskret erfolgen. Die Darstellung von Daten mit zwei Merkmalen wie die Durchschnittstemperatur in Abhängigkeit von Ort und Monat kann mit Hilfe einer Tabellenkalkulation in einer diskreten 3D-Darstellung visualisiert werden. Die zur Tab. 4.4 passende Abbildung ist Abb. 4.38. Aufgrund ihrer relativ einfachen Interpretierbarkeit stellen solche 3D-Säulendiagramme einen leichten

Tab. 4.4 Monatliche Durchschnittstemperaturen in °C in Bayern, Berlin und Bremen im Jahr 2022

	Bayern	Berlin	Bremen
Jan '22	1,2	3,6	5,0
Feb '22	3,5	5,4	5,7
Mär '22	4,6	5,5	6,1
Apr '22	7,3	8,6	8,5
Mai '22	14,8	15,5	13,8
Jun '22	18,9	20,1	17,1
Jul '22	19,6	20,0	18,3
Aug '22	19,8	21,6	20,6
Sep '22	12,8	13,9	14,3
Okt '22	12,1	12,8	13,0
Nov '22	5,4	5,8	7,4
Dez '22	1,2	1,7	2,7

Monatliche Durchschnittstemperaturen. (Quelle: DWD in Statista 2023)

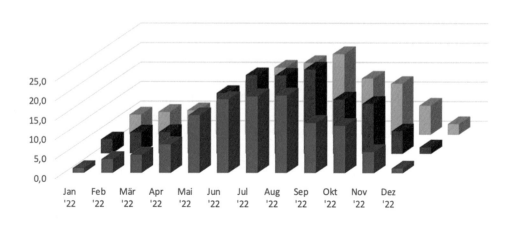

Abb. 4.38 Durchschnittstemperaturen in Berlin, Bayern und Bremen

Zugang zum Interpretieren von Darstellungen von Funktionen zweier Veränderlicher dar. Dabei zeigen sich im Vergleich zur Tabellendarstellung sowohl Vorteile wie das direktere Erfassen der Informationen als auch Nachteile wie das ungenauere Ablesen der Werte und ggf. nicht sichtbare Säulen.

Diese Sichtweise auf bestimmte Zusammenhänge im Mathematikunterricht als Funktionen zweier oder mehrerer Veränderlicher ist eher nicht üblich, wird aber durch die

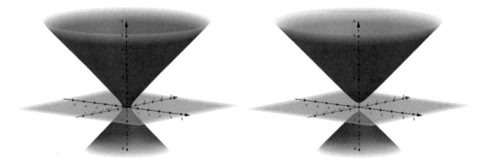

Abb. 4.39 Hyperboloid

Möglichkeiten digitaler Werkzeuge auf Basis von 3D-Darstellungen oder CAS-Funktionalitäten für den Unterricht zugänglich. So kann einerseits der mathematische Inhalt wie etwa die Formel für den Flächeninhalt aus funktionaler Perspektive betrachtet und andererseits ein umfassenderer Funktionsbegriff vermittelt werden. Die 3D-Darstellungen der digitalen Werkzeuge können darüber hinaus einen Beitrag zur Entwicklung des Raumvorstellungsvermögens liefern. Aus didaktischer Perspektive können Funktionen mit zwei oder mehr Veränderlichen auch eine Beziehung zwischen Mathematik und Naturwissenschaften herstellen (Weigand et al., 2022).

3D-Darstellungen von Funktionen mit mehreren Veränderlichen wie in Abb. 4.36 können interessante neue Einblicke in mathematische Objekte liefern. Auch komplexere Sachverhalte können dargestellt werden. Analog zur Parabel, bei der das Vorzeichen einer kleinen Änderung wie in der Gleichung $y = x^2 \pm 0{,}1$ über die Anzahl der Nullstellen entscheidet, verhält es sich auch bei $x^2 + y^2 = z^2 \pm 0{,}1$. Für das positive Vorzeichen besteht das Hyperboloid aus einem Stück, während es für das negative Vorzeichen in zwei Stücke zerlegt wird (Halverscheid & Labs, 2019) (Abb. 4.39).

Solche und ähnliche Objekte werden zur besseren Veranschaulichung als materielle Modelle auch aus Glas hergestellt (Labs, 2014); sie lassen sich aber auch mit einem 3D-Drucker herstellen. In GeoGebra 3D erstellte Konstruktionen können als STL-Datei exportiert und dann als Vorlage für einen 3D-Drucker verwendet werden.

4.3.5   Mit Funktionen operieren

Neben der Betrachtung einer Funktion als Ganzes im Rahmen der Objektvorstellung von Funktionen (vgl. Abschn. 4.1.3) gehört zu dieser Vorstellung auch das Operieren mit Funktionen als einem Objekt. Dies beinhaltet beispielsweise, dass Funktionen miteinander verknüpft oder verkettet werden. Aber auch der Umgang mit abschnittsweise definierten Funktionen zählt zum Operieren mit Funktionen.

Die Verknüpfung von Funktionen kann mit verschiedenen Darstellungsformen erfahren werden. Neben der punktweisen Verknüpfung, die sich durch eine tabellarische Darstellung erkennen lässt, kann die Verknüpfung einer Funktion mit einer weiteren Funktion als Ganzes eher graphisch oder symbolisch dargestellt werden. Wird beispielsweise die Sinusfunktion zu einer verschobenen Sinusfunktion addiert, kann man herausfinden, wann sich beide Funktionen zu einer Sinusfunktion maximaler bzw. minimaler Amplitude ergänzen.

Addition zweier Sinusfunktionen

Mit Hilfe eines Schiebereglers kann die Verschiebung einer Sinusfunktion variiert werden, sodass der Effekt auf die Summenfunktion beobachtet werden kann (Abb. 4.40). ◄

Ebenso können Verkettungen von Funktionen untersucht werden. Verkettungen sind beispielsweise bei quadratischen Funktionen in Scheitelpunktform relevant, die auch als Verkettung der Funktion $g(x) = x - d$ mit der Funktion $f(x) = a \cdot x^2 + e$ betrachtet werden. Man erhält dann $f(g(x)) = a \cdot (x - d)^2 + e$. Hier wird bereits deutlich, dass die Verkettung nicht kommutativ ist, da $g(f(x)) = a \cdot x^2 + e - d \neq f(g(x))$ ergibt. Aufgrund der Betrachtung der Verkettung kann ggf. besser deutlich werden, warum der Term $x - d$ eine Verschiebung des Funktionsgraphen von f nach rechts (und nicht nach links) ergibt. Hierzu können sowohl algebraische und graphische, aber auch numerische Darstellungen sinnvoll genutzt werden. Die Tabelle zeigt, dass der gleiche Funktionswert nun erst bei einem um 4 höheren x-Wert auftritt, dass sich also alle Werte um 4 nach rechts verschieben (Abb. 4.41).

Indem man Verknüpfungen von Funktionen symbolisch durch Terme, numerisch durch Tabellen wie auch graphisch darstellt, kann die Objektvorstellung von Funktionen vertieft werden, sodass diese im Zusammenhang als Ganzes begriffen werden und so ein Beitrag zum Erwerb des Funktionsbegriffs geleistet wird.

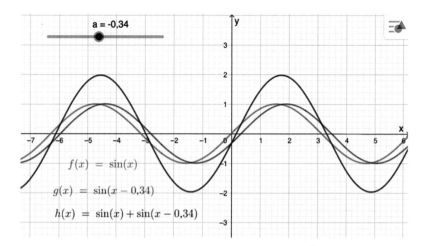

Abb. 4.40 Addition zweier Sinusfunktionen

Abb. 4.41 Verschiebung
quadratischer Funktionen als
Verkettung

x	f(x) = 2*x^2+3	x-4	f(x-d)=2*(x-4)^2+3
0	3	-4	35
1	5	-3	21
2	11	-2	11
3	21	-1	5
4	35	0	3
5	53	1	5
6	75	2	11
7	101	3	21
8	131	4	35
9	165	5	53
10	203	6	75
11	245	7	101
12	291	8	131
13	341	9	165
14	395	10	203
15	453	11	245
16	515	12	291
17	581	13	341

4.4   Aufgaben

1. **Füllexperiment**
   Erstellen Sie ein Video zu einem Füllexperiment mit Wasser. Bestimmen Sie anschließend die Füllfunktion mit Hilfe zweier unterschiedlicher digitaler Werkzeuge (z. B. Tabellenkalkulation und Computeralgebrasystem) und diskutieren Sie Chancen und Herausforderungen der beiden Werkzeuge in diesem Kontext.

2. **Apfelbäume**
   Bearbeiten Sie die Aufgabe aus Abb. 4.7 mit Hilfe einer Tabellenkalkulation und vergleichen Sie die erforderlichen Kompetenzen der Schülerinnen und Schüler mit denen einer Lösung ohne digitale Werkzeuge.

3. **Darstellungsformen**
   Erstellen Sie ein Lernvideo für Schülerinnen und Schüler zur Nutzung von GeoGebra mit den Darstellungsformen graphisch, tabellarisch und symbolisch im Kontext linearer Funktionen.

4. **Grundvorstellungen**
   Erstellen Sie eine Tabelle mit Beispielen zur Nutzung verschiedener digitaler Werkzeuge zur Förderung der Grundvorstellungen von Funktionen (Zuordnungsvorstellung, Kovariationsvorstellung, Objektvorstellung) (Tab. 4.5).

Tab. 4.5 Grundvorstellungen von Funktionen fördern

Digitales Werkzeug	Zuordnungsvorstellung	Kovariationsvorstellung	Objektvorstellung
Dynamische Geometriesoftware	z. B. Füllgraphen zeichnen	…	
Tabellenkalkulation	…		
Computeralgebrasystem			
…			

5. **Darstellungswechsel**
   Ergänzen Sie die Tab. 4.2 zu Darstellungswechseln in jedem Feld mit einer konkreten Aufgabe für Schülerinnen und Schüler der Sekundarstufe I.

6. **Graph-als-Bild-Fehler**
   Recherchieren Sie nach einem Lernvideo, das zur Vermeidung des Graph-als-Bild-Fehlers beim Zuordnen von Graphen zu einer realen Situation eingesetzt werden kann.

7. **3D-Darstellungen**
   Diskutieren Sei den didaktischen Mehrwert durch digitale 3D-Darstellungen im Kontext der Leitidee *Strukturen und funktionaler Zusammenhang*.

8. **Proportionale Funktionen**
   Skizzieren Sie eine Unterrichtseinheit zu proportionalen Funktionen mit dem besonderen Fokus auf Nutzung digitaler Medien zur Vermeidung einer linearen Übergeneralisierung.

9. **Digitale Lernumgebung**
   Wählen Sie eine digitale Lernumgebung zu quadratischen Funktionen und diskutieren Sie kriteriengeleitet die Bestandteile dieser digitalen Lernumgebung im Hinblick auf das Anregen selbstregulativer Prozesse.

10. **KI und Modellieren**
    Erzeugen Sie mit Hilfe eines Sprachmodells der künstlichen Intelligenz (z. B. ChatGPT) verschiedene mathematische Modelle für einen Basketballwurf. Diskutieren Sie die dort getroffenen Annahmen und die mathematischen Modelle vor dem Hintergrund der Passung bezüglich Mathematik und Kontext.

11. **Expo-App**
    Diskutieren Sie Möglichkeiten und Grenzen der „Expo-App" zur Grundvorstellungsorientierung, zur kognitiven Aktivierung und zum dynamischen Lernen.

Literatur

Affolter, W., Beerli, G., Hurschler, H., Jaggi, B., Jundt, W., Krummenacher, R., Nydegger, A., Wälti, B., & Wieland, G. (2002). *Mathbuch 7. Mathematik im 7. Schuljahr für die Sekundarstufe I.* Klett.

Ainsworth, S. (1999). The functions of multiple representations. *Computers & Education, 33*(2–3), 131–152. https://doi.org/10.1016/S0360-1315(99)00029-9

Ainsworth, S., Bibby, P. A., & Wood, D. J. (1998). Analysing the costs and benefits of multi-representational learning environments. In M. W. van Someren, P. Reimann, H. P. A. Boshuizen, & T. de Jong (Hrsg.), *Learning with multiple representations* (S. 120–134). Pergamon.

Barzel, B., Hußmann, S., Leuders, T., & Prediger, S. (Hrsg.). (2016). *Mathewerkstatt 9*. Cornelsen.

Barzel, B., Glade, M., & Klinger, M. (2021). *Algebra und Funktionen: Fachlich und fachdidaktisch.* Springer Spektrum. https://doi.org/10.1007/978-3-662-61393-1

Baum, S., Beck, J., & Weigand, H.-G. (2018). Experimentieren, Mathematisieren und Simulieren im Mathematiklabor. In G. Greefrath & H.-S. Siller (Hrsg.), *Digitale Werkzeuge, Simulationen und mathematisches Modellieren (S. 91–118).* Springer Fachmedien. https://doi.org/10.1007/978-3-658-21940-6_5

Blum, W., & Leiß, D. (2005). Modellieren im Unterricht mit der „Tanken"-Aufgabe. *mathematik lehren, 128,* 18–21.

Brandenburger, H.-U., & Siller, H.-S. (2015). Der analytische Blick auf ein DIN-A4-Blatt. *Praxis der Mathematik in der Schule, 57*(62), 9–13.

Brauner, U. (2008). Graphen gehen. Ein Gefühl für Diagramme entwickeln. *mathematik lehren, 148,* 20–24.

Conway, J. H., & Guy, R. K. (1997). *Zahlenzauber.* Birkhäuser Basel. https://doi.org/10.1007/978-3-0348-6084-0

De Bock, D., Verschaffel, L., & Janssens, D. (1998). The predominance of the linear model in secondary school students' solutions of word problems involving length and area of similar plane figures. *Educational Studies in Mathematics, 35*(1), 65–83. https://doi.org/10.1023/A:1003151011999

Dilling, F., & Struve, H. (2019). Funktionen zum Anfassen: Ein empirischer Zugang zur Analysis. *mathematik lehren, 217,* 34–37.

Dilling, F., Pielsticker, F., Schneider, R., & Vogler, A. (2022). 3D-Druck im empirisch-gegenständlichen Mathematikunterricht. *MNU-Journal, 75*(1), 37–45.

Duncan, A. G. (2010). Teachers' views on dynamically linked multiple representations, pedagogical practices and students' understanding of mathematics using TI-Nspire in Scottish secondary schools. *ZDM –Mathematics Education, 42*(7), 763–774. https://doi.org/10.1007/s11858-010-0273-6

Duval, R. (2006). A cognitive analysis of problems of comprehension in a learning of mathematics. *Educational Studies in Mathematics, 61*(1–2), 103–131. https://doi.org/10.1007/s10649-006-0400-z

Engel, J. (2016). Funktionen, Daten und Modelle: Vernetzende Zugänge zu zentralen Themen der (Schul-)Mathematik. *Journal für Mathematik-Didaktik, 37*(1), 107–139. https://doi.org/10.1007/s13138-016-0094-4

Frenken, L. (2022). *Mathematisches Modellieren in einer digitalen Lernumgebung: Konzeption und Evaluation auf der Basis computergenerierter Prozessdaten.* Springer Fachmedien. https://doi.org/10.1007/978-3-658-37330-6

Frenken, L., & Greefrath, G. (2023). Selbstreguliertes Lernen in einer digitalen Lernumgebung. *mathematik lehren, 238,* 29–32.

Gieding, M. (2003). Programming by example. Überlegungen zu Grundlagen einer Didaktik der Tabellenkalkulation. *mathematica didactica, 26*(2), 42–72.

Gieding, M., & Vogel, M. (2012). Tabellenkalkulation – einsteigen bitte! *Praxis der Mathematik in der Schule, 54*(43), 2–9.

Göbel, L. (2021). *Technology-assisted guided discovery to support learning: Investigating the role of parameters in quadratic functions.* Springer Fachmedien. https://doi.org/10.1007/978-3-658-32637-1

Göbel, L., & Barzel, B. (2021). Parameter digital entdecken – Wirklich so easy? *mathematik lehren, 226,* 20–24.

Greefrath, G. (2018). *Anwendungen und Modellieren im Mathematikunterricht: Didaktische Perspektiven zum Sachrechnen in der Sekundarstufe.* Springer. https://doi.org/10.1007/978-3-662-57680-9

Greefrath, G., Oldenburg, R., Siller, H.-S., Ulm, V., & Weigand, H.-G. (2016). *Didaktik der Analysis.* Springer. https://doi.org/10.1007/978-3-662-48877-5

Greefrath, G., & Siller, H.-S. (2012). Gerade zum Ziel – Linearität und Linearisieren. *Praxis der Mathematik in der Schule, 54*(44), 2–8.

Greefrath, G., & Siller, H.-S. (2022). Mathematische Modelle und Digitalisierung – Forschungsstand, Chancen und Beispiele. In G. Pinkernell, F. Reinhold, F. Schacht, & D. Walter (Hrsg.), *Digitales Lehren und Lernen von Mathematik in der Schule* (S. 325–346). Springer Spektrum. https://doi.org/10.1007/978-3-662-65281-7_14

Greefrath, G., & Weigand, H.-G. (2012). Simulieren – Mit Modellen experimentieren. *mathematik lehren, 174*, 2–6.

Griesel, H., & Postel, H. (Hrsg.). (2003). *Elemente der Mathematik. 11. Schuljahr Nordrhein-Westfalen.* Schroedel.

Gruner, A., & Jahnke, H. N. (2001). Parabelbrücken als Thema eines anwendungsorientierten Mathematikunterrichts. *Journal für Mathematik-Didaktik, 22*(2), 145–168. https://doi.org/10.1007/BF03338930

Hafner, T. (2012). *Proportionalität und Prozentrechnung in der Sekundarstufe I.* Vieweg+Teubner. https://doi.org/10.1007/978-3-8348-8668-2

Hale, P. (2000). Kinematics and graphs: Students' difficulties and CBLs. *Mathematics Teacher, 93*(5), 414–417.

Halverscheid, S., & Labs, O. (2019). Felix Klein's mathematical heritage seen through 3D models. In H.-G. Weigand, W. McCallum, M. Menghini, M. Neubrand, & G. Schubring (Hrsg.), *The Legacy of Felix Klein* (S. 131–152). Springer International Publishing. https://doi.org/10.1007/978-3-319-99386-7_10

Henn, H.-W., & Müller, J. H. (2013). Von der Welt ins Modell und zurück. In R. Borromeo Ferri, G. Greefrath, & G. Kaiser (Hrsg.), *Mathematisches Modellieren für Schule und Hochschule* (S. 202–220). Springer Fachmedien. https://doi.org/10.1007/978-3-658-01580-0_10

Heugl, H., Klinger, W., & Lechner, J. (1996). *Mathematikunterricht mit Computeralgebra-Systemen: Ein didaktisches Lehrerbuch mit Erfahrungen aus dem österreichischen DERIVE-Projekt.* Addison-Wesley.

Hoffkamp, A. (2011). The use of interactive visualizations to foster the understanding of concepts of calculus: Design principles and empirical results. *ZDM – Mathematics Education, 43*(3), 359–372. https://doi.org/10.1007/s11858-011-0322-9

Höffler, T. N., & Leutner, D. (2007). Instructional animation versus static pictures: A meta-analysis. *Learning and Instruction, 17*(6), 722–738. https://doi.org/10.1016/j.learninstruc.2007.09.013

Holzäpfel, L., & Leiss, D. (2014). Modellieren in der Sekundarstufe. In H. Linneweber-Lammerskitten (Hrsg.), *Fachdidaktik Mathematik – Grundbildung und Kompetenzaufbau im Unterricht* (S. 159–178). Klett/Kallmeyer.

Hußmann, S., & Prediger, S. (2010). Vorstellungsorientierte Analysis – auch in Klassenarbeiten und zentralen Prüfungen. *Praxis der Mathematik in der Schule, 52*(31), 35–38.

Janvier, C. (1981). Use of situations in mathematics education. *Educational studies in mathematics, 12*(1), 113–122. https://doi.org/10.1007/BF00386049

Jedtke, E. (2018). Digitales Lernen mit Wiki-basierten Lernpfaden: Konzeption eines Lernpfads zu Quadratischen Funktionen. In G. Pinkernell & F. Schacht (Hrsg.), *Digitales Lernen im Mathematikunterricht* (S. 49–60). Franzbecker.

Jedtke, E., & Greefrath, G. (2019). A computer-based learning environment about quadratic functions with different kinds of feedback: Pilot study and research design. In G. Aldon & J. Trgalová

(Hrsg.), *Technology in mathematics teaching* (S. 297–322). Springer International Publishing. https://doi.org/10.1007/978-3-030-19741-4_13

Kaiser, H. (2014). Tabellen statt Formeln. *Praxis der Mathematik in der Schule, 56*(57), 10–15.

Kaput, J. (1992). Technology and mathematics education. In D. A. Grouws (Hrsg.), *Handbook of research on mathematics teaching and learning* (S. 515–556). National Council of Teachers of Mathematics.

Kaufmann, S.-H. (2021). *Schülervorstellungen zu Geradengleichungen in der vektoriellen Analytischen Geometrie*. Springer Fachmedien. https://doi.org/10.1007/978-3-658-32278-6

Kittel, A., Beckmann, A., Hole, V., & Ladel, S. (2005). The computer as "an exercise and repetition" medium in mathematics lessons: Educational effectiveness of tablet PCs. *ZDM – Mathematics Education, 37*(5), 379–394. https://doi.org/10.1007/s11858-005-0026-0

Klinger, M. (2018). *Funktionales Denken beim Übergang von der Funktionenlehre zur Analysis*. Springer Fachmedien. https://doi.org/10.1007/978-3-658-20360-3

KMK. (Hrsg.). (2022). *Bildungsstandards für das Fach Mathematik. Erster Schulabschluss (ESA) und Mittlerer Schulabschluss (MSA) (Beschluss der Kultusministerkonferenz vom 15.10.2004 und vom 04.12.2003, i.d.F. vom 23.06.2022)*. Sekretariat der Ständigen Konferenz der Kultusminister der Länder in der Bundesrepublik Deutschland. https://www.kmk.org/fileadmin/Dateien/veroeffentlichungen_beschluesse/2022/2022_06_23-Bista-ESA-MSA-Mathe.pdf. Zugegeriffen am 05.05.2024.

Laakmann, H. (2013). *Darstellungen und Darstellungswechsel als Mittel zur Begriffsbildung*. Springer Fachmedien. https://doi.org/10.1007/978-3-658-01592-3

Labs, O. (2014). Faszinierende Mathematik. Singuläre Flächen in Glas. In O. Zauzig, D. Ludwig, & C. Weber (Hrsg.), *Das materielle Modell* (S. 235–241). Fink. https://doi.org/10.30965/9783846756966_026

Lambert, A. (2013). Zeitgemäße Stoffdidaktik am Beispiel „Füllgraph". In G. Greefrath, F. Käpnick, & M. Stein (Hrsg.), *Beiträge zum Mathematikunterricht 2013* (S. 596–599). WTM. https://doi.org/10.17877/DE290R-14002

Leuders, T. (2019). Apps for Understanding: Verstehensförderndes Wiederholen mit digitalen Werkzeugen zur Problemunterstützung. *mathematik lehren, 215*, 44–45.

Leuders, T., & Prediger, S. (2005). Funktioniert's? – Denken in Funktionen. *Praxis der Mathematik in der Schule, 47*(2), 1–7.

Lohse, G. L., Biolsi, K., Walker, N., & Rueter, H. H. (1994). A classification of visual representations. *Communications of the ACM, 37*(12), 36–49. https://doi.org/10.1145/198366.198376

Malle, G. (2000). Zwei Aspekte von Funktionen: Zuordnung und Kovariation. *mathematik lehren, 103*, 8–11.

Nitsch, R. (2015). *Diagnose von Lernschwierigkeiten im Bereich funktionaler Zusammenhänge*. Springer Fachmedien. https://doi.org/10.1007/978-3-658-10157-2

OECD. (2002). *Beispielaufgaben aus der PISA-Erhebung 2000 in den Bereichen: Lesekompetenz, mathematische und naturwissenschaftliche Grundbildung*. OECD Publishing. https://doi.org/10.1787/9789264594272-de

Oldenburg, R., & Scheffler, S. (2018). Analysis mit Freihandfunktionen. *Der Mathematikunterricht, 64*(3), 45–49.

Pallack, A. (2018). *Digitale Medien im Mathematikunterricht der Sekundarstufen I + II*. Springer. https://doi.org/10.1007/978-3-662-47301-6

Rolfes, T., Roth, J., & Schnotz, W. (2020). Learning the concept of function with dynamic visualizations. *Frontiers in Psychology, 11*, 693. https://doi.org/10.3389/fpsyg.2020.00693

Roth, J. (2022). Digitale Lernumgebungen – Konzepte, Forschungsergebnisse und Unterrichtspraxis. In G. Pinkernell, F. Reinhold, F. Schacht, & D. Walter (Hrsg.), *Digitales Lehren und Lernen von Mathematik in der Schule* (S. 109–136). Springer Spektrum. https://doi.org/10.1007/978-3-662-65281-7_6

Siller, H.-S., & Greefrath, G. (2010). Mathematical modelling in class regarding to technology. *Proceedings of the Sixth Congress of the European Society for Research in Mathematics Education* (S. 2136–2145). www.inrp.fr/editions/cerme. Zugegeriffen am 05.05.2024.

Swan, M. (1982). The teaching of functions and graphs. In G. van Barneveld & H. Krabbendam (Hrsg.), *Conference on functions, Report 1* (S. 151–165). Foundation for Curriculum Development.

Swan, M. (Hrsg.). (1985). *The language of functions and graphs. An examination module for secondary schools*. Shell Centre for Mathematical Education.

Tversky, B., Morrison, J. B., & Betrancourt, M. (2002). Animation: Can it facilitate? *International Journal of Human-Computer Studies, 57*(4), 247–262. https://doi.org/10.1006/ijhc.2002.1017

Vollrath, H.-J. (1989). *Funktionales Denken. Journal für Mathematik-Didaktik, 10*(1), 3–37. https://doi.org/10.1007/BF03338719

Weigand, H.-G., & Bichler, E. (2010). Symbolic calculators in mathematics lessons – The case of calculus. *International Journal for Technology in Mathematics Education, 17*(1), 3–16.

Weigand, H.-G., Schüler-Meyer, A., & Pinkernell, G. (2022). *Didaktik der Algebra: Nach der Vorlage von Hans-Joachim Vollrath*. Springer. https://doi.org/10.1007/978-3-662-64660-1

Yohannes, A., & Chen, H.-L. (2021). GeoGebra in mathematics education: A systematic review of journal articles published from 2010 to 2020. *Interactive Learning Environments* (S. 1–16). https://doi.org/10.1080/10494820.2021.2016861

Zbiek, R. M., Heid, M. K., Blume, G. W., & Dick, T. P. (2007). Research on technology in mathematics education: A perspective of constructs. In F. K. Lester (Hrsg.), *Second handbook of research on mathematics teaching and learning* (S. 1169–1207). Information Age.

Geometrie

5

Eine der fünf Leitideen der Bildungsstandards sowohl für den Ersten und Mittleren Schulabschluss (KMK, 2022) als auch für die Allgemeine Hochschulreife (2012) heißt „Raum und Form". Dabei geht es um den Umgang mit Objekten in Ebene und Raum, um das Erkennen von Eigenschaften von Figuren und Körpern sowie um das Entdecken von Beziehungen. Mit „Raum" ist sowohl die uns umgebende Welt gemeint, die Ausgangspunkt für viele geometrische Überlegungen ist, als auch der gedachte zwei- und dreidimensionale mathematische Raum, in dem Figuren und Körper konstruiert, dargestellt und durch entsprechende Koordinatensysteme analytisch beschrieben werden können. Mit „Form" sind die vielfältigen Figuren, Flächen und Körper in der Ebene und im Raum gemeint. In enger Beziehung zur Geometrie steht auch die Leitidee „Größen und Messen", bei der es insbesondere um das Messen geometrischer Objekte geht, also etwa Winkel-, Längen-, Flächen- und Volumenmessungen.

Im Hinblick auf die Verwendung digitaler Medien spielen in der Geometrie bzw. im Geometrieunterricht sowohl digitale Lernmedien als auch digitale Mathematikwerkzeuge eine große Rolle. Aufgrund der hohen visuellen Bedeutung vieler geometrischer Inhalte bietet deren adäquate Aufbereitung und Darstellung, etwa für eine Präsentationssoftware oder für unterschiedliche Arten von Videos, gute Möglichkeiten, Personen zielgruppenspezifisch Informationen und Erklärungen zu geben. Digitale Mathematikwerkzeuge ermöglichen dann das Darstellen dieser Objekte, aber vor allem das Operieren damit; sie dienen zur Durchführung von Messungen in der realen Welt und zum Messen von Objekten in der Geometrie.

Digitale Medien erlauben das dynamische Darstellen geometrischer Objekte in der Ebene und im Raum – als 2D-Objekte oder als 2D-Projektionen dreidimensionaler Umgebungen auf dem Bildschirm oder im Rahmen der „Virtual" oder „Augmented Reality" (vgl. Abschn. 5.4.5 und 5.4.6) – mit der Möglichkeit, diese Darstellungen interaktiv zu verändern. Neben 3D-Programmen zur unmittelbaren Darstellung von Körpern und Situationen im Raum, wie etwa *Shapes*[1] (vgl. Abschn. 5.4.2.1) oder *Shapr3D*[2] (vgl. Abschn. 5.4.3), sind Dynamische Geometriesysteme (DGS) einschließlich 3D-Erweiterung sowie multifunktionale Mathematikwerkzeuge, die eine interaktive Verknüpfung zwischen Algebra und Geometrie erlauben, grundlegende Hilfsmittel. In einem Grundsatzbeitrag zur geometriedidaktischen Forschung haben Sinclair et al. (2016) den Erfolg des Einsatzes digitaler Medien im Geometrieunterricht noch sehr zurückhaltend beurteilt. Für die Zukunft sehen sie aber ein großes Potenzial in der Verwendung von internetbasierten Systemen, Touch-Technologie, mobilen Geräten und 3D-Technologien. Sie betonen allerdings auch nachdrücklich, dass diese Technologien nur in Bezug zu Zielen und Inhalten mithilfe entsprechend gestalteter Aufgaben zur Verständnisentwicklung beitragen werden (S. 701 ff.).

Der Einsatz digitaler Medien im Geometrieunterricht unterstützt in vielfältiger Weise die Entwicklung prozessbezogener Kompetenzen nach den Bildungsstandards (KMK, 2022). Bezüglich der inhaltsbezogenen Kompetenzen steht vor allem die Leitidee „Raum und Form" im Vordergrund. Danach gilt insbesondere (ebd., S. 20 f.): Die Schülerinnen und Schüler

- stellen ebene geometrische Figuren (z. B. Dreiecke, Vierecke) und elementare geometrische Abbildungen (z. B. Verschiebungen, Drehungen, Spiegelungen, zentrische Streckungen) im ebenen kartesischen Koordinatensystem dar, auch mit Hilfe digitaler Mathematikwerkzeuge;
- wenden Sätze der ebenen Geometrie (insbesondere den Satz des Pythagoras, den Satz des Thales, Ähnlichkeitsbeziehungen und trigonometrische Beziehungen) bei Konstruktionen, Berechnungen, Begründungen und Beweisen an, auch mit Hilfe digitaler Mathematikwerkzeuge,
- zeichnen und konstruieren geometrische Figuren unter Verwendung angemessener Medien wie Zirkel, Geodreieck oder digitaler Mathematikwerkzeuge.

Darüber hinaus treten bei der Leitidee „Größen und Messen" zahlreiche geometrische Inhalte mit dem expliziten Hinweis auf digitale Mathematikwerkzeuge auf (ebd., S. 17 f.): Die Schülerinnen und Schüler

- ermitteln Flächeninhalt und Umfang von Rechteck, Dreieck und Kreis sowie daraus zusammengesetzten Figuren, auch mit Hilfe digitaler Mathematikwerkzeuge,
- ermitteln Volumen und Oberflächeninhalt von Prisma, Pyramide und Zylinder sowie daraus zusammengesetzten Körpern, auch mit Hilfe digitaler Mathematikwerkzeuge,
- berechnen Streckenlängen und Winkelgrößen, auch unter Nutzung des Satzes von Pythagoras und Ähnlichkeitsbeziehungen, auch mit Hilfe digitaler Mathematikwerkzeuge.

---

[1] https://shapes.learnteachexplore.com/. (05.05.2024)
[2] https://www.shapr3d.com/. (05.05.2024)

Digitale Medien können dabei zum einen Ideen für die Herleitung von Flächeninhalts- und Volumenformeln von Figuren und Körpern visualisieren (vgl. etwa Abschn. 5.1.6), zum anderen sind sie Hilfsmittel zum Berechnen von Längen, Flächeninhalten und Volumina.

In den letzten Jahren und Jahrzehnten ist vor allem in Deutschland ein Zurückdrängen der traditionellen klassischen Themen aus dem realen Geometrieunterricht zu beobachten. Dagegen werden Berechnungsaspekte der Inhalte aus der Leitidee „Größen und Messen" stärker betont, wohl gelegentlich auch überbetont. Mit Hilfe digitaler Medien lassen sich nun gerade Konstruktionsprobleme, geometrische Abbildungen und Sätze in einer neuen Art und Weise dynamisch und interaktiv behandeln. Deshalb werden in diesem Kapitel vor allem diese klassischen geometrischen Inhalte herausgestellt, und es werden Möglichkeiten und Chancen aufgezeigt, wie digitale Medien zum einen zu einer Revitalisierung der klassischen Elemente beitragen und zum anderen aber auch eine innovative, neue Perspektive ermöglichen können. Flächeninhalts- und Volumenformeln werden dabei als bekannt vorausgesetzt und situationsadäquat verwendet (vgl. Abschn. 5.1.6).

Im Folgenden werden zunächst die grundlegenden Eigenschaften von DGS in der ebenen euklidischen Geometrie beschrieben und an Beispielen erläutert. Dabei wird insbesondere auf die Figurenlehre, die dynamische Sichtweise der Abbildungsgeometrie und auf einen interaktiven DGS-gestützten Zugang zu Kegelschnitten eingegangen. Dann werden Möglichkeiten und Chancen aufgezeigt, die digitale Medien für die Intensivierung der Raumgeometrie eröffnen. Schließlich geben Abschnitte über 3D-Druck, Virtuelle Realität und Augmented Reality einen Ausblick auf die zukunftsorientierten Potenziale der Beziehung zwischen Geometrie und Realität.

5.1   Ebene Geometrie – Dreiecke, Vierecke und Vielecke

Dreiecke sind die Grundbausteine aller Vielecke, da diese sich in Dreiecke zerlegen und deren Eigenschaften somit häufig auf die Eigenschaften von Dreiecken zurückführen lassen. Dreiecke sind insofern „einfache" geometrische Figuren, weil sie bereits durch die Längen der Seiten eindeutig – bis auf Kongruenz – festgelegt sind. Dreiecke zeigen eine Vielfalt an Beziehungen zu anderen geometrischen Objekten, etwa zu Winkeln und Geraden, wie Mittelsenkrechten, Winkelhalbierenden, Höhen und Schwerlinien, die wiederum im Zusammenhang mit Umkreis, Inkreis und besonderen Punkten wie dem Schwerpunkt stehen. Bei Dreiecken erarbeitete Eigenschaften lassen sich zunächst auf Vierecke übertragen und zu deren Klassifizierung nutzen. Das bekannteste derartige Schema ist das Haus der Vierecke (siehe Weigand, 2018, S. 122 ff.). Schließlich sind bei allgemeinen Vielecken vor allem die regelmäßigen Vielecke und deren Winkeleigenschaften sowie die Beziehungen zu In- und Umkreis interessant.

Im Folgenden wird die Bedeutung von DGS für das Entwickeln eines Begriffsverständnisses vor allem von Dreiecken und Vierecken herausgestellt.

Kurzbeschreibung Dynamische Geometriesysteme (DGS)

DGS bauen auf der griechischen Tradition auf, dass geometrische Konstruktionen ausschließlich mit einer begrenzten Anzahl an Instrumenten – etwa Zirkel und Lineal ohne Maßeinheiten – erstellt werden dürfen. In der Schulgeometrie werden über diese klassischen Instrumente hinaus weitere Instrumente genutzt, etwa Lineal mit Maßeinheit, Winkelmesser oder Geodreieck.

DGS bieten alle Zirkel- und Linealoperationen, häufig benötigte Grundkonstruktionen wie das Zeichnen von Parallelen, Mittelsenkrechten oder Winkelhalbierenden sowie „Messfunktionen" wie das Messen von Streckenlängen und Winkelgrößen an. Gegenüber analogen Instrumenten besitzen sie den Vorteil, dass Konstruktionen schneller, sauberer und präziser erstellt, leichter korrigiert und verändert sowie Messungen präziser durchgeführt werden können, als dies mit Papier und Bleistift üblicherweise der Fall ist.

Der entscheidende Vorzug der DGS gegenüber den analogen Zeichenwerkzeugen besteht aber darüber hinaus in den Möglichkeiten,

- einmal erstellte Konstruktionen zu variieren (*Zugmodus*),
- Ortslinien von Punkten bei der Variation von Konstruktionen zu erstellen (*Ortslinienfunktion*) und
- auf bereits erstellte Konstruktionen zurückzugreifen (*modulares Konstruieren*).

5.1.1 Heuristisches Arbeiten – der Zugmodus

Der Mathematikunterricht sollte eigenständige Entdeckungen durch Lernende ermöglichen. Im Geometrieunterricht lassen sich neue Figuren erzeugen, an denen besondere Eigenschaften entdeckt werden können, und es lassen sich Besonderheiten der Beziehungen zwischen verschiedenen Figuren, etwa zwischen Dreiecken und Geraden oder Vierecken und Kreisen entdecken. Eine grundlegende Voraussetzung ist dabei, dass Lernende die Begriffe Definition, Satz, Umkehrung eines Satzes und Beweis voneinander abgegrenzt unterscheiden können (vgl. Weth, 1999).

Sätze über die Mittelsenkrechte

Ausgehend von der Mittelsenkrechten $m_{[AB]}$ einer Strecke [AB] als der Gerade, die durch den Mittelpunkt der Strecke [AB] geht und auf dieser senkrecht steht, wird der Satz über die *Mittelsenkrechte*, dass alle Punkte von $m_{[AB]}$ denselben Abstand von A und B haben, sowie dessen Umkehrung mit einem DGS veranschaulicht. Abb. 5.1 zeigt die Ortslinie der Punkte, die den gleichen Abstand von zwei gegebenen Punkten haben. Der Vorteil der Verwendung eines DGS liegt darin, dass sehr viele Punkte mit einer vor-

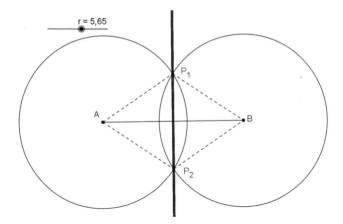

Abb. 5.1 Konstruktion entsprechend der Umkehrung des Satzes über die Mittelsenkrechte

gegebenen Eigenschaft, hier gleicher Abstand von zwei gegebenen Punkten, gezeichnet
bzw. konstruiert werden können.

Die Vermutung liegt nahe, dass diese so konstruierten Punkte auf der Mittelsenkrechte der Strecke [AB] liegen. Gleichwohl ist diese Konstruktion kein Beweis für die
Umkehrung des Satzes von der Mittelsenkrechten: es wird nicht einmal ein Hinweis gegeben, wie dieser Beweis aussehen könnte. ◄

Der Umkreismittelpunkt eines Dreiecks

Dass sich die Mittelsenkrechten eines Dreiecks $\triangle ABC$ in einem Punkt schneiden, dem
Umkreismittelpunkt, lässt sich gut mit einem DGS veranschaulichen. Auch lässt sich
die Lage dieses Punktes in Abhängigkeit von der Form des Dreiecks erkunden. Ausgangspunkt kann etwa die folgende Aufgabe für Lernende der 7. oder 8. Jahrgangsstufe sein.

Aufgabe: Der Umkreismittelpunkt des Dreiecks $\triangle ABC$ sei U. Variiere die Eckpunkte A, B und C. Für welche Dreiecke liegt U innerhalb, außerhalb, auf dem Rand
von $\triangle ABC$?

Für die Lösung dieser Aufgabe werden zunächst drei „Basispunkte" A, B und C beliebig gesetzt. Alle anderen Punkte, die Mittelsenkrechten und der Umkreis sind in Abhängigkeit dieser Basispunkte konstruiert. Insbesondere kann die Lage des Umkreismittelpunkts U in Abhängigkeit oder als Funktion der drei Basispunkte angesehen
werden.

Der *Zugmodus* der DGS erlaubt das Variieren der Basispunkte (aber nicht der rest-
lichen abhängigen Punkte). Die Lage von U kann so in Abhängigkeit der Form des
Dreiecks gesehen werden (vgl. Abb. 5.2, 5.3, 5.4). ◄

Abb. 5.2 Umkreismittelpunkt
bei einem
spitzwinkligen Dreieck

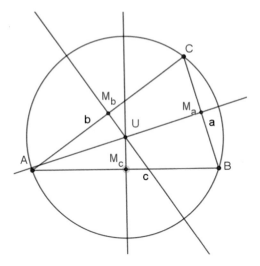

Abb. 5.3 Umkreismittelpunkt
bei einem
rechtwinkligen Dreieck

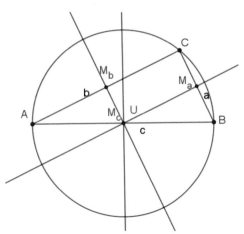

Abb. 5.4 Umkreismittelpunkt
bei einem
stumpfwinkligen Dreieck

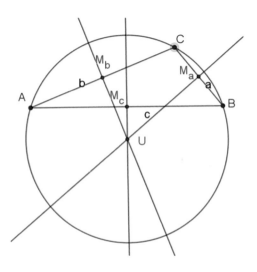

Der Zugmodus

Bei Verwendung eines DGS ist es möglich, die gleiche Konstruktion wiederholt hintereinander mit veränderten Eingangs- oder Basisobjekten am Bildschirm durchzuführen. Das kann in zeitlich sehr schneller Folge sukzessive nacheinander erfolgen. Praktisch umsetzen lässt sich dies durch „Ziehen" mit der Maus, wodurch die Lage eines Basisobjekts (Punkt, Strecke, Gerade, Kreis, …) auf dem Bildschirm verändert wird. Vom DGS werden unmittelbar die Koordinaten aller von diesem Punkt abhängigen Objekte (andere Punkte, Geraden, Winkel, Kreise, …) berechnet und am Bildschirm neu dargestellt, wodurch der Eindruck einer dynamischen Veränderung der Konstruktion entsteht. Wesentlich dabei ist, dass die ursprünglichen geometrischen Relationen einer Konstruktion vollständig erhalten bleiben.

Jede geometrische Konstruktionszeichnung kann als Vertreter einer ganzen Klasse von Konstruktionszeichnungen aufgefasst werden, die nach derselben Konstruktionsvorschrift entstanden sind – wie etwa die Konstruktion des Umkreismittelpunkts bei einem beliebigen Dreieck.

Als ein Kriterium für die Richtigkeit einer Konstruktion kann die *Zugmodusinvarianz* angesehen werden: Eine DGS-Konstruktion gilt dann als korrekt, wenn die geforderten geometrischen Relationen auch bei beliebiger Variation der Ausgangskonfiguration mit dem Zugmodus erhalten bleiben (siehe etwa die GeoGebra-Seiten von H.-J. Elschenbroich[3] oder Baccaglini-Frank & Mariotti, 2010).

Die Aufgabe lässt sich zunächst auf der experimentellen Ebene mit einem DGS lösen bzw. veranschaulichen. Die Konstruktion zeigt aber weder, *warum* dieser Sachverhalt gilt, noch gibt sie einen Hinweis auf eine Beweisstrategie. Die möglichen Begründungen hängen von der Kenntnis entsprechender Sätze ab, etwa dem Umfangswinkelsatz.

Die Möglichkeit des Überprüfens erstellter Zeichnungen oder Konstruktionen auf Zuginvarianz ist ein mächtiges Hilfsmittel zur Überprüfung der Korrektheit einer Konstruktion und ein Anlass zur Reflexion über Lösungswege (Fahlgren & Brunström, 2014, Brunheira & da Ponte, 2017). Dabei lassen sich verschiedene Arten des Zugmodus unterscheiden, etwa das freie Bewegen eines Basispunktes auf dem Bildschirm, das Verziehen eines an ein Objekt (Gerade, Kreis) gebundenen Punktes oder das Verziehen eines Objekts, etwa eines Dreiecks, Vierecks oder Kreises (siehe Arzarello et al., 2002).

So lassen sich die Lagen etwa von Inkreismittelpunkt (als Schnittpunkt der Winkelhalbierenden), Schwerpunkt (als Schnittpunkt der Seitenhalbierenden) oder Höhenschnittpunkt in Abhängigkeit von der Lage der Eckpunkte eines $\triangle ABC$ untersuchen. Aufgaben mit etwas höherem Schwierigkeitsgrad, etwa zu Sehnenvierecken aus dem Bundeswettbewerb Mathematik, finden sich bei Vargyas (2020). Hier wird die dynamische geo-

---

[3] https://www.geogebra.org/u/elschenbroich.

metrische Visualisierung einer Aufgabenstellung zum Ausgangspunkt für das Entwickeln von Problemlösefragen. Guncaga und Fuchs (2020) zeigen, wie historische Problemstellungen durch dynamische Visualisierungen den Kern von Problemstellungen sowie das Entwickeln von Begriffen und Verfahren deutlicher herausstellen können.

5.1.2 Modulares Konstruieren

Eine klassische Konstruktionsaufgabe im Geometrieunterricht ist die Konstruktion der beiden Tangenten von einem gegebenen Punkt P an einen gegebenen Kreis $k(M, r)$, M Mittelpunkt, $r \in IR^+$, $|MP| > r$. Die Konstruktionsidee führt über die Berührpunkte T_1 und T_2 der Tangenten und besteht darin, den (Thales-)Kreis mit dem Durchmesser $[PM]$ mit dem gegebenen Kreis k zu schneiden. Die Verwendung des Thaleskreises baut auf dem Wissen auf, dass eine Tangente senkrecht zum Berührpunktradius ist (Abb. 5.5).

Diese Konstruktion lässt sich in Form eines eigenständigen *Moduls* definieren und im DGS abspeichern, sodass bei der Vorgabe eines Punktes und eines Kreises in Form einer Ein-Schritt-Konstruktion unmittelbar das zugehörige Tangentenpaar konstruiert wird (Abb. 5.6 und Abb. 5.7).

Dieses Modul ist bereits in der Grundkonfiguration von GeoGebra enthalten (Abb. 5.8). Die hier durchgeführte Konstruktion klärt somit die Black-Box-Konstruktion auf; sie überführt also das Modul in eine „White Box" (vgl. Abschn. 3.1.2). Das entsprechende Modul lässt sich aber auch aus GeoGebra entfernen und erst dann verwenden, wenn „das

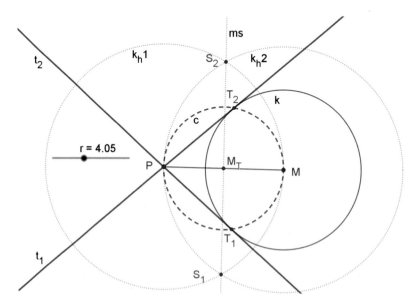

Abb. 5.5 Konstruktion der Tangenten durch den Punkt P an den Kreis k

Abb. 5.6 Eingabe Objekte des Moduls „Tangenten an Kreis"

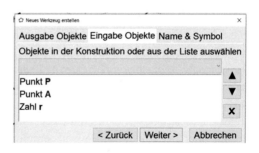

Abb. 5.7 Ausgabe Objekte des Moduls „Tangenten an Kreis"

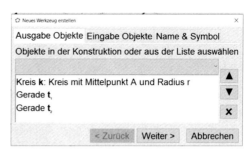

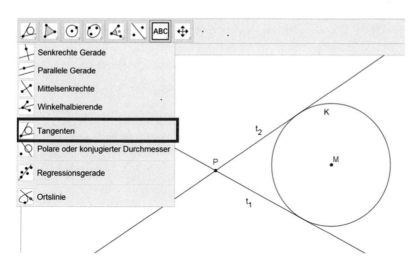

Abb. 5.8 Das Modul „Tangenten" in GeoGebra

Innenleben" des Moduls bekannt ist. Ein verständnisorientierter Unterricht ist stets darum bemüht, verwendete Begriffe, Verfahren und Algorithmen zu erläutern und zu erklären. Dies gilt natürlich auch beim Einsatz digitaler Medien. Bei den in GeoGebra vorhandenen zahlreichen Modulen ist das in unterschiedlicher Art und Weise möglich. Viele Module, wie das Tangentenmodul, lassen sich auf die grundlegenden Zirkel-und-Lineal-Konstruktionen zurückführen, sodass hier der Aufbau des Moduls nachvollzogen werden kann.

Die Idee dieses *modularen Konstruierens* ist im traditionellen Geometrieunterricht in einem ersten Schritt bereits durch die Verwendung des Geodreiecks umgesetzt. Dieses kann als Sammlung von Modulen aufgefasst werden, die das Zeichnen von Senkrechten, Winkeln oder Winkelhalbierenden ermöglicht. Damit wird das Erstellen von Konstruktionen im Unterricht erleichtert; das Geodreieck erspart bei Senkrechten, Parallelen, Winkelhalbierenden usw. den Lernenden das Einzeichnen und Berücksichtigen tieferliegender Elementarkonstruktionen. Dadurch können sich Lernende besser auf die wesentlichen Gedanken einer Konstruktionsidee konzentrieren, wenn nicht jeder „Mikroschritt" bedacht werden muss, sondern von einem geeigneten Werkzeug übernommen wird. Diese beschränkte Modulsammlung beim Geodreieck wird durch die Verwendung von DGS erheblich erweitert und kann auch in Problemlösesituationen genutzt werden.

Modulare Konstruktion eines regelmäßigen n-Ecks (n ≥ 3)

Die grundlegende Idee ist es, nach Vorgabe einer Strecke [AB] und einer Zahl n das regelmäßige n-Eck mit Hilfe eines entsprechenden Moduls zu konstruieren.

Diese Aufgabe kann auf unterschiedliche Weisen gelöst werden. So lässt sich das n-Eck etwa mit Hilfe der Innenwinkel, des Umkreises und der sukzessiven Abtragung der gegebenen n-Eck-Seitenlänge konstruieren. Die jeweilige Konstruktion lässt sich dann als Modul „Regelmäßiges n-Eck" festlegen.[4] Dieses Modul ist in den meisten DGS bereits in der Grundkonfiguration enthalten. Die hier durchgeführte Konstruktion klärt somit die Black-Box-Konstruktion anhand des regelmäßigen Fünfecks auf (Abb. 5.9). ◄

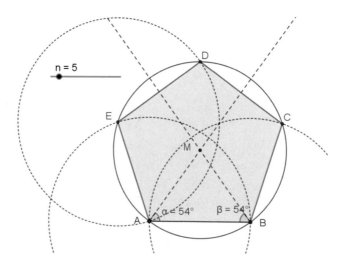

Abb. 5.9 Konstruktion eines regelmäßigen 5-Ecks aus einer gegebenen 5-Eck-Seite [AB] und dem berechneten Innenwinkel 108°

---

[4] Für beliebige n werden die Koordinaten der Eckpunkte dabei berechnet, da die Zirkel-und-Lineal-Konstruktion ja nicht für alle n möglich ist.

5.1.3 Ortslinien (von Punkten im Dreieck)

Neben dem Zugmodus und dem modularen Konstruieren ist das Zeichnen oder Konstruieren von Ortslinien eine dritte charakteristische Eigenschaft von DGS. Prinzipiell geht es um die Frage: Welche Kurve durchläuft ein irgendwie konstruierter Punkt, wenn ein anderer Ausgangs- oder Basispunkt (auf einer Geraden, einem Kreis oder völlig frei) bewegt wird? Dies wird im folgenden Beispiel an der Bewegung des Höhenschnittpunkts eines Dreiecks verdeutlicht.

> **Bei einem ΔABC bewegt sich der Eckpunkt C längs einer Parallelen zu [AB]. Auf welcherOrtslinie bewegt sich der Höhenschnittpunkt?[5]**

Die Vermutung liegt nahe, dass es sich bei der Ortslinie um eine Parabel handelt. Eine Begründung dafür erfordert allerdings weitere Überlegungen, etwa die Herleitung der Gleichung der Ortskurve in einem geeignet positionierten Koordinatensystem (Abb. 5.10, 5.11). ◀

Abb. 5.10 ABC mit C ∈ p, wobei p ∥ AB

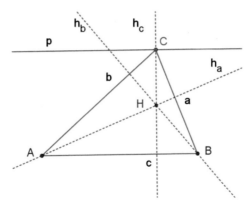

Abb. 5.11 Ortslinie des Höhenschnittpunkts H, wenn C längs von p bewegt wird

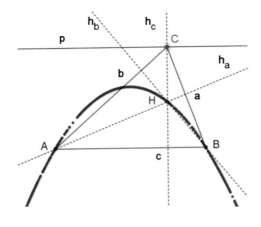

---

[5]Als Höhenschnittpunkt wird hier der Schnittpunkt der Geraden bezeichnet, die längs der drei Höhen eines Dreiecks verlaufen.

Ortslinien als Spurpunkte
Wenn mit einem DGS eine Ortslinie eines Punktes P gezeichnet werden soll, dann
wird dieser Punkt „markiert", und es wird der DGS-Befehl „Spurpunkt zeichnen"
aktiviert. Beim Bewegen eines Basis- oder Ausgangspunktes A werden dann jeweils
einzelne Spurpunkte von P gezeichnet, die in ihrer Gesamtheit die Ortslinie L_P darstellen. Die so gezeichneten Ortslinienpunkte bleiben unverändert, wenn ein zweiter
Basispunkt B verändert wird und dann erneut Ortslinienpunkte durch die Variation
von A erzeugt werden. Die Ortslinienpunkte ändern sich also nicht, wenn die gesamte Ausgangskonstellation verändert wird.

Ortslinie als Objekt
Die Ortslinie eines Punktes beim Verändern von Ausgangspunkten lässt sich auch
analytisch berechnen und in die vorhandene Konstruktion einzeichnen. In diesem
Fall verändert sich die gesamte Ortslinie, wenn die Ausgangskonstellation geändert wird.

5.1.3.1 Die Ortslinie als Objekt

In Abb. 5.12 und Abb. 5.13 sind die Ortslinien jeweils als Objekt gezeichnet, das sich entsprechend verändert, wenn die Ausgangskonstellation geändert wird, wenn etwa der
Abstand der Parallelen durch C zu [AB] oder die Streckenlänge |AB| vergrößert oder ver-
kleinert wird.

Wiederum lässt sich ein Bezug zwischen den geometrischen Größen (Streckenlänge
|AB| und Abstand p von [AB]), der Funktionsgleichung einer Parabel und dem Graphen
(Lage und Öffnungswinkel der Parabel) herstellen.

Abb. 5.12 Die Ortslinie des
Höhenschnittpunktes als
(berechnetes) Objekt

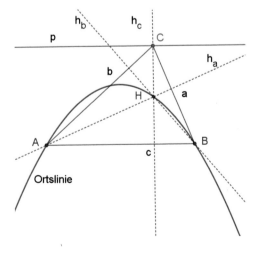

Abb. 5.13 Veränderte Ortslinie beim Verändern der Ausgangskonstellation: geringerer Abstand der Parallelen von [AB]

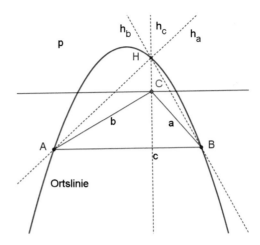

5.1.4 Argumentieren, Begründen und Beweisen

Digitale Mathematikwerkzeuge sind eine Hilfe beim Lernen und Lehren des Argumentierens, Begründens und Beweisens. Sie wirken insbesondere unterstützend

- beim Überprüfen und Finden von Vermutungen,
- beim Visualisieren und Verdeutlichen von Beweisideen und
- beim Entwickeln neuer Beweisstrategien.

Schließlich lassen sich mit digitalen Medien geometrische Beweise auch automatisiert durchführen bzw. Lernende beim Beweisen intelligent unterstützen, etwa mit Hilfe des STACK[6] (vgl. Bickerton & Sangwin, 2022).

5.1.4.1 Überprüfen und Finden von Vermutungen

Ein DGS eröffnet die Möglichkeit eines experimentellen Zugangs zu Sätzen und Begriffsbildungen.

Winkelsumme im Dreieck

Für diesen zentralen Satz lassen sich auf verschiedenen Ebenen Begründungen anführen. Neben der experimentellen Gewinnung des Satzes durch Messen der Winkel mit Hilfe des Winkelmessers und/oder Papierfalten, Eckenabreißen und Parkettieren mit Dreiecken, lässt sich die Vermutung über die Winkelsumme auch mit einem DGS verifizieren. Insbesondere ergibt sich die Möglichkeit, auch bei „Extremfällen" von Dreiecken – „sehr schmale" Dreiecke oder Dreiecke mit einem Innenwinkel nahe bei

---

[6] STACK = **S**ystem for **T**eaching and **A**ssessment using a **C**omputer algebra **K**ernel. https://www.ed.ac.uk/maths/stack. (05.05.2024)

180° – zu erkennen, dass der Winkelsummensatz richtig bleibt. Dass die Winkelsumme im Dreieck 180° beträgt, wird nach derartigen DGS-Aktivitäten niemand bezweifeln. Allerdings zeigt das digitale Werkzeug nicht, *warum* es so ist. Es gibt nicht einmal einen Hinweis auf eine mögliche Begründung, wenn lediglich die Winkelsumme berechnet wird. ◄

Gerade aufgrund der Genauigkeit von graphischen Darstellungen und numerischen Berechnungen von digitalen Medien ist es deshalb wichtig und notwendig, den Sinn des Beweisens sowie Grundtypen und Strategien des Beweisens insbesondere im Geometrieunterricht zu entwickeln (Jahnke et al., 2023).

Satz des Thales und dessen Umkehrung

Auf der enaktiven Ebene lassen sich die jeweiligen Zugänge zu Satz und Kehrsatz experimentell gestalten. Beim Satz des Thales lassen sich etwa mit Schnüren gespannte Winkel messen. Bei der Umkehrung wird ein gegebener rechter Winkel (ein Geodreieck oder ein DIN-A4-Karton) an zwei vorgegebene Punkte (Stecknadeln) so angelegt, dass seine beiden Schenkel an den Punkten entlanggleiten. Alle eingezeichneten Scheitelpunkte scheinen auf einem Kreis zu liegen.

Diese Ideen lassen sich auf die ikonische Ebene übertragen und mit einem DGS visualisieren. Abb. 5.14 und Abb. 5.15 zeigen die jeweiligen DGS-Konstruktionen. ◄

Diese Aufgaben lassen sich in verschiedener Hinsicht variieren. So kann der Punkt C bei Abb. 5.14 auch innerhalb oder außerhalb des Halbkreises positioniert werden, und bei

Abb. 5.14 Der Satz des Thales

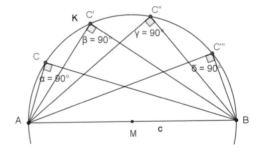

Abb. 5.15 Experimentelle Veranschaulichung der Umkehrung des Satzes von Thales

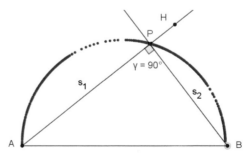

Abb. 5.15 lässt sich auch bei einem (festen) Winkel kleiner oder größer als 90° nach der Ortslinie fragen (siehe etwa Heintz et al., 2017, S. 44 ff.).

5.1.4.2 Entwicklung von Beweisstrategien

Eine wichtige Tätigkeit im Rahmen des Beweisens ist das Finden von Beweisen und das Entwickeln von Beweisstrategien. Dabei gilt es, experimentelle Zugänge sowie präformale und inhaltlich-anschauliche gegenüber formalen Aspekten stärker in den Vordergrund zu stellen. Inhaltlich-anschauliche Beweise geben den „mathematischen Kern" eines Sachverhalts korrekt wieder, sie lassen sich formalisieren und zu einem exakten Beweis weiterentwickeln. Mit einem DGS können experimentelle Zugänge praktisch umgesetzt werden, indem die Beziehung zwischen *Konstruieren* und *Beweisen* im Rahmen von Problemlöseprozessen aufgegriffen und der Beweis zum konstitutionellen Bestandteil einer Konstruktion wird.

Das einbeschriebene Quadrat

In ein Dreieck ABC soll ein Quadrat *DEFG* so einbeschrieben werden, dass die Ecken *D* und *E* auf der Seite [*AB*] liegen, *F* auf [*BC*] und *G* auf [*AC*] liegt (Abb. 5.16, 5.17). ◄

Eine mögliche heuristische Strategie, die sich bei derartigen „Einpassungsaufgaben" oftmals erfolgreich einsetzen lässt, lautet: „Konstruiere ein Objekt, das alle außer einer der geforderten Bedingungen erfüllt. Variiere die Figur und beobachte einen (oder mehrere)

Abb. 5.16 Quadrat mit Seite
[DE] ⊂ c

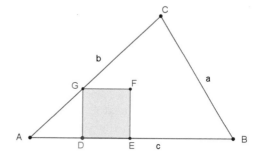

Abb. 5.17 Ortslinie von F,
wenn D auf c variiert wird

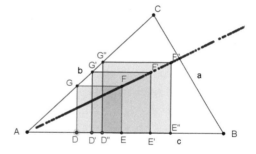

der mitbewegten Punkte. Versuche, mit der entstehenden Ortslinie eine endgültige Lösung für das Problem zu finden." (vgl. Weigand & Weth, 2002)

Im vorliegenden Beispiel scheint der Eckpunkt F beim Variieren von D auf AB eine Gerade durch A zu durchlaufen. Mit dem Schnittpunkt dieser Gerade mit BC erhält man eine konstruktive Lösung des Problems. Diese sog. *n–1-Strategie*[7] liefert somit durch die erzeugte Ortslinie den zentralen Hinweis auf die oder eine Problemlösung. Im Allgemeinen ist dazu noch abschließend die Vermutung zu beweisen, die man über die beobachtete Ortslinie angestellt hat. Im vorliegenden Beispiel ist also zu begründen, ob und warum die Ortslinie eine Gerade ist. Dies kann hier mit Hilfe der zentrischen Streckung erfolgen, die eine geradentreue Abbildung ist, wobei Geraden durch das Streckzentrum Fixgeraden sind.

Dieses Problem eröffnet weitere Fragestellungen und Möglichkeiten zum Experimentieren. So lässt sich etwa fragen, ob es auch Dreiecke ABC gibt, für die *keine* Lösung dieser Aufgabe existiert, oder ob sich andere Figuren wie ein gleichseitiges Dreieck oder ein Kreis in das gegebene Dreieck einbeschreiben lassen.

Das eingepasste gleichseitige Dreieck

Einen weiteren Vertreter der Aufgabenklasse zur „n–1-Strategie" bildet die folgende Problemstellung:

Beispiel: „Gegeben sind drei parallele Geraden a, b, c. Gesucht ist ein gleichseitiges Dreieck ABC mit der Eigenschaft $A \in a$, $B \in b$ und $C \in c$."

Verfolgt man wieder die „n–1-Strategie", so konstruiert man ein gleichseitiges Dreieck, für das alle Bedingungen erfüllt sind, außer etwa $C \in c$. Lässt man nun (etwa) B auf b fest und bewegt A auf a, so ergibt sich anscheinend eine Gerade als Ortslinie, auf der sich C bewegt. Diese Gerade (wenn es denn eine ist, was noch zu zeigen ist) gibt den Hinweis auf eine Lösung des Konstruktionsproblems: Man wählt einen Punkt $B \in b$ und konstruiert dazu die Gerade, auf der sich C bewegt, wenn A variiert wird. Dies ist etwa durch das Konstruieren zweier Punkte C_1 und C_2 für zwei verschiedene Punkte A_1 und A_2 möglich. Der Schnittpunkt dieser Gerade mit c ist ein zweiter Eckpunkt C des gesuchten gleichseitigen Dreiecks. Mit Hilfe von B und C lässt sich dann der Punkt A als dritter Eckpunkt eines gleichseitigen Dreiecks konstruieren. Das Konstruktionsproblem ist also gelöst, wenn man die (mit einem DGS generierte) Vermutung beweisen kann, dass sich C beim Verändern von A auf einer Geraden bewegt.

Eine mögliche Begründung ist die Folgende: Die Ortslinie von C entsteht, indem A auf a bewegt und B auf b festgehalten wird. In jeder Lage ist C von B gleich weit entfernt wie A von B, denn ABC ist gleichseitig. Also ist $\angle ABC$ immer ein $60°$-Winkel, und C lässt sich als Bildpunkt von A unter einer $60°$-Drehung um B auffassen. Da A die Gerade a durchläuft, wird also jeder Punkt von a um $60°$ um A gedreht: Die Ortslinie von C ist das Bild von a unter einer $60°$-Drehung mit Drehzentrum B. Damit ist bewiesen,

---

[7] Die Bezeichnung „n–1-Strategie" kommt daher, dass zu Beginn des heuristischen Verfahrens eine Konfiguration konstruiert wird, die alle bis auf eine, also n – 1, der geforderten Bedingungen erfüllt.

Abb. 5.18 Konstruktion eines
Dreiecks nach der „n–1-
Strategie"

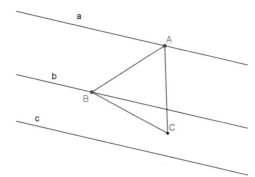

Abb. 5.19 Ortslinie von
Punkt C bei Variation
von Punkt A

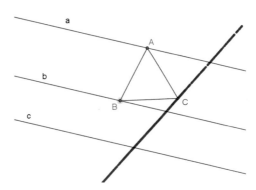

dass C eine Gerade durchläuft, und es ist auch klar, wie diese Gerade (und mit obiger Vorüberlegung das gesuchte Dreieck) zu konstruieren ist (Abb. 5.18, 5.19).[8] ◄

Dynamische Realisierungen von Konstruktionen mit DGS im Bereich der Vierecke können auch zur Entwicklung der heuristischen Strategien des Vorwärts- und Rückwärtsarbeitens genutzt werden (vgl. etwa Kortenkamp & Dohrmann, 2016).

5.1.5 Konstruktionsbeschreibungen – eine Form des Verbalisierens und Kommunizierens

Zur allgemeinen Kompetenz *Mathematisch kommunizieren* gehört nach den Bildungsstandards (KMK, 2022) auch das „Dokumentieren einfacher Lösungswege zum strukturierten Darlegen oder Präsentieren eigener Überlegungen, auch mit Hilfe geeigneter Medien" (S. 10). Im Geometrieunterricht ist dies insbesondere bei Konstruktionsbeschreibungen der Fall.

---

[8] Eine Lösung des Problems könnte also lauten: Wähle einen (nicht speziellen Punkt $A \in a$. Bilde zwei beliebige Punkte von b durch eine 60°-Drehung um A ab. Die Gerade durch die beiden Bildpunkte schneidet c im Dreieckspunkt C. Konstruiere zu A und C die beiden möglichen gleichseitigen Dreiecke. Das Dreieck, bei dem $B \in b$, ist dann das gesuchte.

5.1.5.1 Konstruktionsbeschreibungen

Konstruktionsbeschreibungen zu erstellen ist für Lernende herausfordernd. Sie werden meist als unnötiger zusätzlicher Aufwand bei Konstruktionsaufgaben angesehen, da nach Meinung von (vielen) Lernenden das Wesentliche einer Konstruktionsaufgabe mit der Erstellung einer graphischen Darstellung erledigt ist und alles andere dann als zusätzlicher Ballast angesehen wird. Weiterhin fehlt ein „Standard" zu deren Erstellung. Lernende sind es nicht gewohnt, im Mathematikunterricht eigene Formulierungen mit einem relativ großen Spielraum zu erstellen, die dennoch bestimmte Exaktheitskriterien erfüllen müssen (vgl. Weth, 1994).

Diese generelle Unsicherheit beim Formulieren schlägt sich in typischen Fehlermustern nieder. So werden Konstruktionsbeschreibungen häufig als Aktivitätsprotokolle verfasst, die Fachsprache ist nicht ausgebildet, ungenau und fehlerhaft, und es fehlt an der Kenntnis entsprechender Notationen für geometrische Objekte und Tätigkeiten. Zudem werden Konstruktionsbeschreibungen häufig aufgrund einer generellen Unsicherheit hinsichtlich eines Beschreibungsmusters sehr kleinschrittig verfasst.

5.1.5.2 Konstruktionsbeschreibungen mit DGS

Die Verwendung digitaler Medien und insbesondere von DGS erfordert zunächst die Kenntnis geometrischer Fachbegriffe im Hinblick auf die adäquate Auswahl gewünschter geometrischer Objekte aus den Auswahlmenüs. Weiterhin bedarf es der Kenntnis der entsprechenden mathematischen Notationen – bzw. der vom jeweiligen DGS verwendeten Notationen – sowohl für die Eingabe geometrischer Objekte in ein DGS als auch für das Lesen und Interpretieren der vom System generierten Konstruktionsbeschreibungen oder -protokolle. In Abb. 5.20 ist der Konstruktionsverlauf der in Abschn. 5.1.2 durchgeführten Konstruktion der beiden Tangenten von einem Punkt P an

▸ Algebra

- $r = 4.05$
- $M = (11.4, -4)$
- $k: (x - 11.4)^2 + (y + 4)^2 = 16.4$
- $P = (5.18, -3.84)$
- $f = 6.22$
- $k_1: (x - 5.18)^2 + (y + 3.84)^2 = 38.71$
- $k_2: (x - 11.4)^2 + (y + 4)^2 = 38.71$
- $S_2 = (8.43, 1.47)$
- $S_1 = (8.15, -9.31)$
- $ms: 10.77x - 0.28y = 90.4$
- $M_1 = (8.29, -3.92)$
- $c: (x - 8.29)^2 + (y + 3.92)^2 = 9.68$
- $T_2 = (8.84, -0.86)$
- $T_1 = (8.69, -7.01)$
- $t_1: -2.98x + 3.66y = -29.51$
- $t_2: 3.17x + 3.51y = 2.94$

▾ Konstruktionsprotokoll

Nr.	Name	Beschreibung	Wert
1	Zahl r		$r = 4.05$
2	Punkt M		$M = (11.4, -4)$
3	Kreis k	Kreis mit Mittelpunkt M und Radius r	$k: (x - 11.4)^2 + (y + 4)^2 = 1...$
4	Punkt P		$P = (5.18, -3.84)$
5	Strecke f	Strecke P, M	$f = 6.22$
6	Kreis k_1	Kreis durch M mit Mittelpunkt P	$k_1: (x - 5.18)^2 + (y + 3.84)^2 = 38.71$
7	Kreis k_2	Kreis durch P mit Mittelpunkt M	$k_2: (x - 11.4)^2 + (y + 4)^2 = 38.71$
8	Punkt S_2	Schnittpunkt von k_1, k_2	$S_2 = (8.43, 1.47)$
9	Punkt S_1	Schnittpunkt von k_1, k_2	$S_1 = (8.15, -9.31)$

Abb. 5.20 Algebra-Fenster und Konstruktionsprotokoll der Tangentenkonstruktion

einen Kreis k (siehe Abb. 5.5) angegeben. So lässt sich sowohl im *Algebra-Fenster* als auch im Konstruktionsprotokoll des DGS die sukzessive erstellte Konstruktion sowohl vom Ablauf her als auch bzgl. der verwendeten Objekte und Befehle nachvollziehen.

Beim Erstellen von Konstruktionsbeschreibungen erfolgt der Übergang von der Umgangssprache zur Fachsprache schrittweise, indem umgangssprachliche Formulierungen sukzessive durch fachsprachliche Formulierungen und die entsprechenden Notationen ersetzt werden (vgl. Weigand, 2018, S. 58 ff.). Bei der Verwendung eines DGS schiebt sich zwischen diese beiden Sprachebenen noch die *Werkzeugsprache*. „Insgesamt zeigt sich eine Entwicklung, bei der die sprachliche Oberfläche des digitalen Werkzeuges eine (sprachlich) vermittelnde Funktion zwischen Umgangs- und Fachsprache einnimmt (Umgangssprache → Werkzeugsprache → Fachsprache" (Schacht, 2017, S. 819).

Darüber hinaus ist das Verbalisieren geometrischer Konstruktionen vor allem wichtig, um die in hoher Geschwindigkeit ablaufenden Veränderungsprozesse bewusst zu entschleunigen. Verbalisieren hilft beim Reflektieren über die auf dem Bildschirm dargestellten Veränderungen. DGS fordern somit mathematisch präzises Verbalisieren und fördern es damit zugleich. Dabei ist es hilfreich, wenn (handschriftliche) Notizen unmittelbar in eine digitale Umgebung eingetragen werden können, in der auch Arbeitsaufträge und interaktive Apps zur Verfügung stehen[9] (siehe etwa Ahrer et al., 2020).

5.1.6 Geometrie und Algebra: Flächenberechnung bei Drei- und Vierecken

Die Flächenberechnung von Dreiecken und Vierecken ist ein zentraler Lerninhalt der Sekundarstufe I. Im Folgenden werden zunächst Perspektiven aufgezeigt, die beim Einsatz eines DGS zu einer klassischen Einführung mit Papier und Bleistift hinzukommen. Dann ergeben sich bei der Verwendung eines DGS erweiterte Möglichkeiten der Flächenberechnung, die sich auch in Beziehung zu realen Flächenbestimmungen mit Hilfe von GPS-Koordinaten setzen lassen.

5.1.6.1 Flächeninhaltsformeln visualisieren

Die Formeln für den Flächeninhalt von Dreiecken und Vierecken können dadurch hergeleitet werden, dass diese Figuren auf flächengleiche Rechtecke zurückgeführt werden.

Die Flächenumwandlung (Abb. 5.21, 5.22, 5.23) ist eine Begründung für die Flächeninhaltsformel

$$A = \frac{g}{2} \cdot h$$

---

[9] Dies ist etwa mit „GeoGebra Notes" möglich. Siehe https://www.geogebra.org/notes. (05.05.2024)

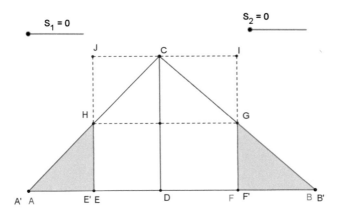

Abb. 5.21 Flächeninhaltsberechnung eines Dreiecks

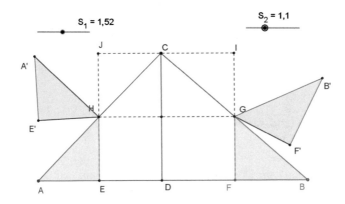

Abb. 5.22 Dynamische Darstellung des Umwandlungsprozesses

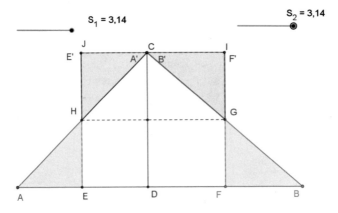

Abb. 5.23 Rückführung auf die Flächenberechnung eines Rechtecks

eines Dreiecks. Ein DGS kann den Umwandlungsprozess dynamisch visualisieren. Eine mathematische Begründung ist mit Hilfe von Abbildungen oder mit den Kongruenzsätzen möglich. In analoger Weise lassen sich die Formeln

$$A = \frac{g \cdot h}{2} \text{ und } A = g \cdot \frac{h}{2}$$

herleiten, wodurch sich in den Formeln die Art der Flächenumwandlung widerspiegelt. Die geometrische Interpretation zeigt die Äquivalenz dieser drei Formeln (siehe auch Elschenbroich, 2007).

5.1.6.2 Flächeninhalt eines Dreiecks – experimentell

Ausgangspunkt ist die Suche nach möglichst wenigen Größen, die den Flächeninhalt eines Dreiecks bestimmen. Bei der Experimentierumgebung in Abb. 5.24 kann etwa der Frage nachgegangen werden: „Beschreibe, welche Größen (Winkel, Seitenlängen, …) eines Dreiecks man ändern darf, ohne den Flächeninhalt zu verändern."

Während des Variierens eines Eckpunkts des Dreiecks kann an der nebenstehenden Leiste der Flächeninhalt des Dreiecks abgelesen werden. Insbesondere zeigt sich, dass sich der Flächeninhalt offensichtlich (!) nicht ändert, wenn ein Eckpunkt parallel zur gegenüberliegenden Seite variiert wird, oder dass sich der Flächeninhalt vergrößert, wenn eine Seite verlängert wird. So lässt sich die Abhängigkeit von Seitenlänge und zugehöriger Höhe entdecken: Als erste Vermutung erhält man: „Der Flächeninhalt eines Dreiecks hängt von einer Seite und der zugehörigen Höhe ab."

Diese Aussage lässt sich durch Experimentieren mit dem Computer verschärfen zu: „Je größer die Seite und die zugehörige Höhe sind, desto größer ist der Flächeninhalt."

Mit Hilfe der Messfunktion kann man sogar finden: „Verdoppelt man eine Seite bei konstanter Höhe, so verdoppelt sich der Flächeninhalt. Verdoppelt man eine Höhe bei konstanter Seite, dann verdoppelt sich der Flächeninhalt."

Diese Betrachtungen verstärken das Bedürfnis, eine Formel für den Flächeninhalt des Dreiecks zu finden.

Abb. 5.24 Flächeninhalt
eines Dreiecks – experimentell

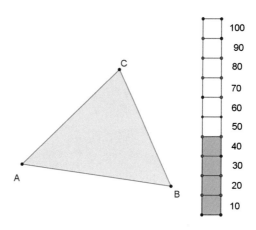

5.1.6.3 Flächenberechnungen mit DGS

Mit einem DGS lassen sich Flächeninhalte von Vielecken, Ellipsen, Kreisen und Kreis-sektoren „auf Knopfdruck" computergestützt berechnen.

Der Flächeninhalt des Fünfecks

In Abb. 5.25 wurde der Flächeninhalt mit dem GeoGebra-Befehl „Fläche" bestimmt. Hinter diesem „Black-Box-Befehl" liegt ein Verfahren, das die „Gaußsche Schuhband-Formel" verwendet (Riemer, 2013). Hierzu wird das Fünfeck in 5 Dreiecke zerlegt, die den Nullpunkt als gemeinsame Ecke haben (Abb. 5.26).

Mit Hilfe des in Abb. 5.27 eingezeichneten Rechtecks lässt sich der Flächeninhalt des Dreiecks OCD aus den Koordinaten der Punkte C und D berechnen.

Bei einem n-Eck mit den Eckpunkten $E_i(x_i, y_i)$ ergibt sich für den Flächeninhalt des n-Ecks:

$$A = \frac{1}{2}\sum_{i=1}^{n}\left(x_i y_{i+1} - y_i x_{i+1}\right),$$

wobei $E_{n+1} = E_1$ ist. Beim tabellarischen Untereinanderschreiben der x- und y-Koordinaten erinnert das Bilden der Produkte der Summanden an den Verlauf des Ein-fädelns eines Schuhbandes.[10] ◄

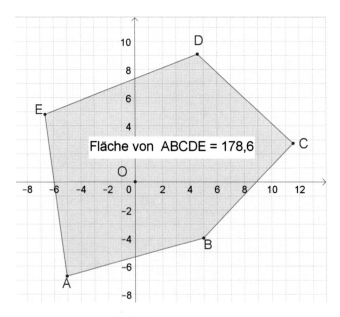

Abb. 5.25 Flächenberechnung mit GeoGebra

---

[10] Die Gaußsche Schuhbandformel gilt auch, wenn der Ursprung nicht innerhalb des Vielecks liegt.

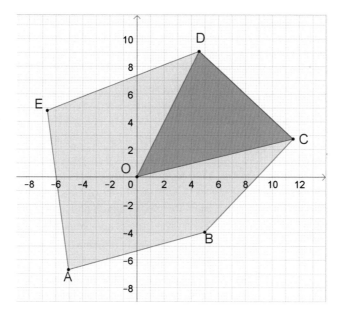

Abb. 5.26 Zerlegen des Fünfecks in Dreiecke

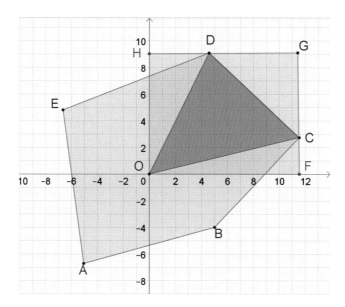

Abb. 5.27 Flächenberechnung des Dreiecks

Mit Hilfe dieser Formel lässt sich auch der Flächeninhalt von in unserer Umwelt vorhandenen Flächen bestimmen. Hierzu können mit einem „Global Positioning System" (GPS) die Koordinaten der Eckpunkte eines umgrenzenden Vielecks bestimmt werden. Die Umrechnung der erhaltenen Kugelkoordinaten in kartesische Koordinaten ist eine eigene Herausforderung, entsprechende Apps[11] übernehmen aber auch unmittelbar die Flächenberechnung aus den GPS-Daten (Riemer, 2013; Riemer & Greefrath, 2013).

5.1.6.4 Funktionale Zusammenhänge

Flächeninhaltsformeln können als Funktionsgleichungen einer oder mehrerer Variablen aufgefasst werden. So ist etwa der Flächeninhalt eines Kreises eine Funktion des Radius, der Flächeninhalt des Dreiecks eine Funktion von Grundseitenlänge und Höhe. Über derartige funktionale Zusammenhänge lassen sich auch inhaltliche Vorstellungen zu den jeweiligen Figuren aufbauen. Der Flächeninhalt eines Dreiecks ist proportional zur Grundseitenlänge bei konstanter Höhe und proportional zur Höhe bei konstanter Grundseitenlänge. Der Flächeninhalt eines Dreiecks wächst somit bei maßstäblicher Vergrößerung quadratisch. Bleibt der Flächeninhalt eines Rechtecks gleich und sind seine Seitenlängen variabel, so sind diese Seitenlängen indirekt proportional zueinander. Bei derartigen Überlegungen wird somit neben der Zuordnungsgrundvorstellung auch die Kovariationsgrundvorstellung des Funktionsbegriffs betont (vgl. Abschn. 4.1.2).

Abb. 5.28 zeigt das proportionale Anwachsen des Flächeninhalts bei Vergrößerung einer Rechteckseite (und gleichzeitigem Konstanthalten der anderen Rechteckseite).

In Abb. 5.29 ist der Flächeninhalt eines Trapezes in Abhängigkeit der Längen der beiden parallelen Seiten sowie der Höhe dargestellt.

Flächeninhaltsformeln zeigen in mehrfacher Hinsicht den Bezug der Geometrie zur Algebra. Erstens können Terme inhaltlich geometrisch interpretiert werden, äquivalente Termumformungen lassen sich so durch einen inhaltlichen Bezug begründen. Zweitens stärkt und entwickelt die funktionale Interpretation von Flächeninhaltsformeln das funk-

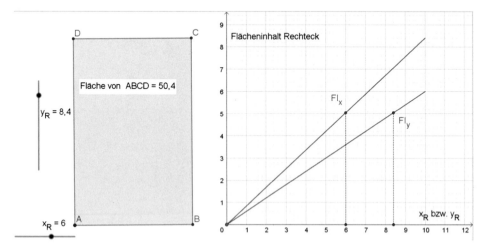

Abb. 5.28 Flächeninhalt eines Rechtecks in Abhängigkeit der Seitenlängen

---

[11] Etwa die App „GPS-Flächenmessung".

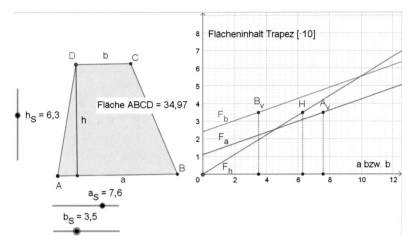

Abb. 5.29 Flächeninhalt Trapez in Abhängigkeit der Längen der beiden parallelen Seiten und der Höhe

tionale Denken. Und schließlich wird drittens die funktionale Sichtweise von den im Mathematikunterricht üblicherweise vorherrschenden Funktionen einer Variablen auf Funktionen mehrerer Variablen ausgedehnt (vgl. Weigand et al., 2021).

5.1.7 DGS-Geometrie und herkömmliche Geometrie

Nach der griechischen Tradition werden geometrische Konstruktionen ausschließlich mit Zirkel und Lineal durchgeführt. Im heutigen Geometrieunterricht werden von Beginn an Hilfsmittel wie das Lineal mit Messskala und das Geodreieck eingesetzt. Damit können zusätzlich zu den Zirkel-und-Lineal-Konstruktionen Winkel und Streckenlängen gemessen bzw. Winkel einer vorgegebenen Größe oder Strecken einer bestimmten Länge gezeichnet werden. DGS erweitern diese Möglichkeiten nochmals, indem eine Auswahl von häufig benötigten Grundkonstruktionen wie das Zeichnen von Parallelen, Mittelsenkrechten oder Winkelhalbierenden sowie Tangenten an Kreisen oder regelmäßige Vielecke in Form von Modulen zur Verfügung stehen. Damit stellen DGS *Zeichen-* oder *Konstruktionsprogramme* dar, die gegenüber Zirkel und Lineal den Vorteil besitzen, dass Konstruktionen schneller, sauberer und präziser erstellt, leichter korrigiert und Messungen präziser durchgeführt werden können, als dies mit Papier und Bleistift üblicherweise der Fall ist. Es hängt nun von den Zielen des Unterrichts ab, ob DGS-Befehle, wie etwa die Winkel- und Flächenmessung oder die Tangentenkonstruktion, als „Black Boxes" (vgl. Abschn. 3.1.2) eingesetzt werden oder ob durch eine entsprechende „White-Box-Phase" (ebd.) ein Einblick in den Aufbau und die Grundlagen dieser DGS-Befehle gegeben wird.

Beginnend mit Euklid wurde die ebene Geometrie bis zum Ende des 19. Jahrhunderts im Wesentlichen als statische Figurenlehre betrieben. Untersucht wurden Dreiecke, Vierecke und Vielecke sowie Kreise und Kegelschnitte. Erst dann wurden geometrische Figuren stärker als bewegliche Objekte angesehen (vgl. etwa Henrici & Treutlein, 1891) und der dynamische Aspekt geometrischer Problemstellungen untersucht. Mit Hilfe von DGS eröffnen sich nochmals neue Chancen und Möglichkeiten der Beweglichkeit geometrischer Figuren (Bach & Bikner-Ahsbahs, 2020).

Zirkel-und-Lineal-Konstruktionen – ob mit einem realen Zirkel und einem realen Lineal oder mit einem DGS – haben allerdings nach wie vor ihre Berechtigung im Geometrieunterricht. Sie dienen dem Entwickeln von Problemlöse- und Argumentationsfähigkeiten sowie von algorithmischem Denken und Handeln und der Einführung neuer Begriffe. Reale Instrumente entwickeln zudem praktische oder haptische Fertigkeiten und stellen einen historischen Bezug her (vgl. Weigand, 2018, S. 60 ff.). Die Verwendung von DGS führt nun zu einer erheblichen Erweiterung des Werkzeugkastens. Dabei lassen sich verschiedene Werkzeugebenen unterscheiden:

Ebene 1: Als Grundobjekte werden nur Punkte, Strecken, Halbgeraden und Geraden sowie Kreise zugelassen. Ein DGS, auf dieser Ebene verwendet, simuliert somit Zirkel-und-Lineal-Konstruktionen, wie sie beim Arbeiten mit Papier und Bleistift möglich sind, ergänzt um die drei *Basiswerkzeuge* Zugmodus, Ortslinien und Modulkonstruktion.

Ebene 2: Ein DGS wird mit den zusätzlich zur Verfügung gestellten Modulen Senkrechte, Parallele, … verwendet. Darüber hinaus können Streckenlängen und Flächeninhalte gemessen werden, und es werden etwa Kongruenzabbildungen als Module zur Verfügung gestellt. Dadurch ist ein effektives Arbeiten auf einer durch die Verwendung von Modulen gekennzeichneten höheren Ebene möglich.

Ebene 3: Ein DGS kann in interaktive Arbeitsblätter eingebunden (siehe Elschenbroich, 2010) oder zu einem interaktiven Lernpfad ausgebaut werden (Roth et al., 2015). Das Lernwerkzeug DGS wird somit zu einem Lernmedium, mit dem sich computerbasierte eigenständige Unterrichtseinheiten oder -sequenzen erstellen lassen.

Auf Ebene 1 kommen somit „nur" die *Basiswerkzeuge* eines DGS zu den geometrischen Objekten hinzu, die auch beim Arbeiten mit Papier und Bleistift vorhanden sind. Sie ermöglichen nun allerdings eine dynamische interaktive Geometrie gegenüber der statischen Papiergeometrie. Die Geometrie auf Ebene 2 unterscheidet sich schon erheblich von der traditionellen Geometrie. Es ist eine offene Frage, ob man in diesem Fall noch von DGS-Konstruktionen oder DGS-Zeichnungen sprechen sollte. So lassen sich etwa alle Winkel mit natürlichen Zahlen als Gradzahlen DGS-exakt zeichnen, während sich mit Zirkel und Lineal nur Winkel mit Vielfachen von drei als Gradzahl konstruieren lassen. Auch lassen sich jetzt, im Gegensatz zur Zirkel-und-Lineal-Geometrie, alle regulären Polygone konstruieren oder zeichnen. Diese Ebenen lassen sich auch gut in das SAMR-Modell einordnen (siehe Abschn. 1.3.2)

Allerdings stellt die Bedienung von DGS bereits auf Ebene 1 Lernende durchaus vor eigene Herausforderungen. So stellte Oldenburg (2017) in einer Studie mit 77 Studierenden verschiedener Lehrämter fest, dass das Problemlösen lediglich mit Hilfe von Papier und Bleistift effektiver ist als das bei DGS-Verwendung. Vor allem die Bedienung des DGS Geo-Gebra stellte eine Hemmschwelle bzgl. heuristischer Überlegungen dar. Weiterhin führt die

Möglichkeit der individuellen Erweiterung der Module zu unterschiedlichen Konfigurationen von DGS, was sowohl für den Unterricht als auch für Prüfungen ein Problem darstellt.

5.2   Abbildungen

In der zweiten Hälfte des 20. Jahrhunderts waren Abbildungen obligatorische Elemente des Geometrieunterrichts und Grundlage für Symmetrien, Kongruenz und Ähnlichkeit. Die Diskussion um die Bedeutung der Abbildungsgeometrie in den 1980er-Jahren (vgl. Bender, 1982) und das Aufzeigen von Schwierigkeiten vieler Schülerinnen und Schüler mit abbildungsgeometrischen Beweisen (Beckmann, 1989) haben dann zu einem deutlichen Zurückdrängen der Behandlung von Abbildungen im Unterricht geführt. In vielen Lehrplänen sind seitdem Abbildungen nicht mehr als eigenständige Lerninhalte vorgesehen. Mit der Verwendung digitaler Medien kommt der Beweglichkeit von Figuren und Konstruktionen wieder eine steigende Bedeutung zu, da sich diese nun in einfacher technischer Weise dynamisch durchführen lassen.

Im Folgenden wird das dynamische Arbeiten mit Abbildungen beim Entdecken von Eigenschaften, beim Begründen und Beweisen sowie beim Verketten von Abbildungen herausgestellt. Dadurch lassen sich Ideen der Abbildungsgeometrie mit Hilfe eines neuen Werkzeugs erneut aufgreifen und Schwierigkeiten überwinden oder zumindest abmildern, die zum Ende des 20. Jahrhunderts zum Zurückdrängen von Abbildungen im Geometrieunterricht geführt haben.

5.2.1   Dynamisches Arbeiten mit Abbildungen

Abbildungen lassen sich statisch und dynamisch charakterisieren. Bei der Verwendung von DGS werden etwa bei Achsenspiegelungen statische Beschreibungen wie „Urpunkt und Bildpunkt haben von der Achse denselben Abstand" zu eher handlungsorientierten dynamischen Formulierungen wie „Bewegt man den Urpunkt auf die Achse zu, so folgt ihm der Bildpunkt immer in gleicher Entfernung von der Achse auf der anderen Seite" oder „Wenn man einen Urpunkt auf einer Strecke bewegt, dann bewegt sich der Bildpunkt auf einer gleich langen Strecke." Diese noch vagen und unpräzisen Formulierungen sind als Vorstufe und Hilfsmittel auf dem Weg zu formalen Beschreibungen und den damit zusammenhängenden Verbalisierungen und Interpretationen anzusehen (Hollebrands et al., 2021).

Achsenspiegelung

Ist das Konstruktionsverfahren des Bildpunktes P' bei einer Achsenspiegelung S_a bekannt, so lässt sich anschaulich dynamisch zeigen, dass das Bild eines Kreises wieder ein Kreis ist. In Abb. 5.30 ist P' der Spiegelpunkt von P bzgl. der Achse a, P kann auf dem Kreis K frei bewegt werden. Abb. 5.31 zeigt einzelne Spurpunkte des Bildes von K bei der Spiegelung an a. ◄

Abb. 5.30 Punkt P und
Bildpunkt P' bei der
Spiegelung an a

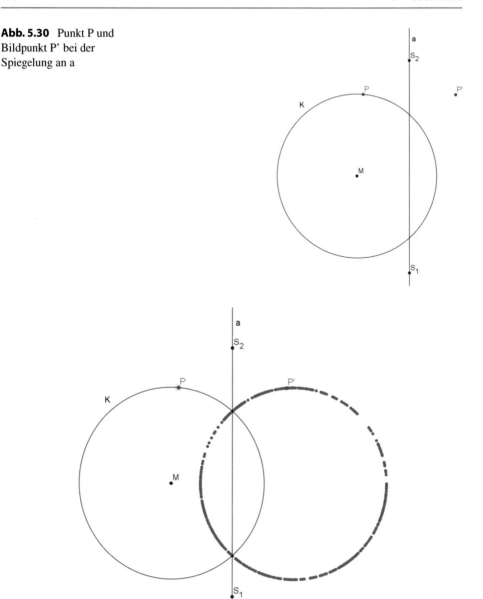

Abb. 5.31 Das Bild eines Kreises bei einer Achsenspiegelung

DGS bieten eine einheitliche Arbeitsumgebung, mit der etwa Kongruenz- und Ähnlichkeitsabbildungen, also Achsenspiegelungen, Drehungen, Verschiebungen oder zentrische
Streckungen auf ihre Eigenschaften hin Eigenschaften untersucht werden können. Dabei
werden diese Abbildungen von DGS als „Abbildungsmakros" zur Verfügung gestellt,
d. h., die Abbildung wird direkt ohne Konstruktionszwischenschritte erzeugt.

Damit lassen sich technische Schwierigkeiten des Erstellens dieser Abbildungen umgehen, und das Erkunden von Eigenschaften kann bereits an den Anfang der Beschäftigung mit diesen Abbildungen gestellt werden. Umso wichtiger sind dann adäquate Beschreibungen beobachteter Phänomene, die mit Hilfe von Abbildungsvorschriften und -eigenschaften begründet werden müssen, wenn das verständnisorientierte Arbeiten mit Abbildungen das Ziel ist.[12]

Zentrische Streckung mit dem Streckzentrum Z und dem Streckfaktor k

Bei zentrischen Streckungen (Abb. 5.32) lassen sich die Verhältnisse entsprechender Seiten sowie der Flächeninhalte von Bild- und Urbilddreieck dynamisch visualisieren. Dadurch können Gesetzmäßigkeiten entweder entdeckt oder zuvor erfolgte theoretische Überlegungen verifiziert werden (siehe etwa Körner et al., 2018, S. 48 ff.). ◄

Um einer Verengung der Vorstellung, alle Abbildungen seien geraden- und winkeltreu, vorzubeugen, sind Kontrastbeispiele wichtig. Dabei ermöglichen digitale Medien das einfache Erzeugen verschiedener derartiger Beispiele. Als Kontrast zu Kongruenz- und Ähnlichkeitsabbildungen ist die Spiegelung am Kreis oder Kreisspiegelung eine winkel-, aber nicht geradentreue Abbildung (Halbeisen et al., 2021; Hölzl & Schneider, 1997). Die grundlegende Idee ist dabei, dass bei einer Spiegelung am Einheitskreis um den Nullpunkt O ein Punkt P mit einem Abstand d von O auf einen Punkt P' abgebildet wird, der auf der Halbgeraden [OP liegt und von O den Abstand $\frac{1}{d}$ hat. Bei der Spiegelung an einem Kreis

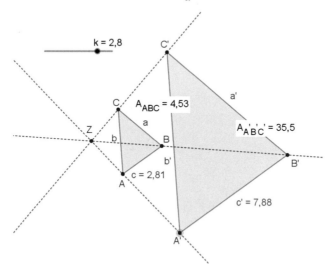

Abb. 5.32 Zentrische Streckung mit Hilfe des Makros „Strecke zentrisch von Punkt aus"

[12] „Verständnisorientiert" ist ein weiter auf verschiedenen Niveaus sich entwickelnder Begriff. Er reicht vom intuitiven Verständnis über das inhaltliche und integrierte Verständnis bis zum formalen und strukturellen Verständnis (siehe etwa Vollrath, 1984).

mit dem Mittelpunkt M und dem Radius r erhält man den Bildpunkt P' eines Punktes P somit durch die beiden Bedingungen:

a) P' liegt auf der Halbgeraden [MP

b) Es gilt $|MP'| = \dfrac{r^2}{|MP|}$

Die Abbildung der Kreisspiegelung lässt sich mit Zirkel und Lineal konstruieren (Abb. 5.33).[13] Bei vielen DGS ist die Kreisspiegelung als Abbildungsmodul vorgegeben (Abb. 5.34). Damit lässt sich zeigen, dass Geraden auf Kreise oder Geraden sowie Geraden ebenfalls auf Kreise oder Geraden abgebildet werden. Im Hinblick auf einen entdeckenden Unterricht lassen sich etwa die folgenden Fragen stellen: Welche Geraden werden auf Kreise, welche auf Geraden abgebildet? Analog lässt sich die Frage für Kreise als Urbilder stellen. Welches sind die Fixpunkte der Abbildung? Welche Geraden sind Fixgeraden?

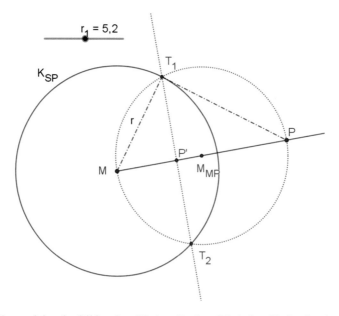

Abb. 5.33 Konstruktion des Bildpunktes P' eines Punktes P bei einer Kreisspiegelung an K_{SP}

---

[13] Der Kathetensatz bzgl. der Dreiecks MPT_1 liefert unmittelbar den Zusammenhang in b):

$|MP'| = \dfrac{r^2}{|MP|}$.

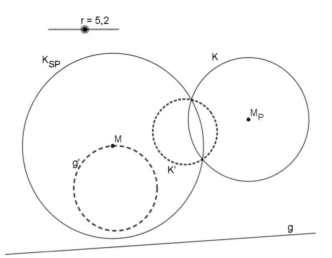

Abb. 5.34 Abbildung eines Kreises und einer Geraden bei einer Kreisspiegelung an K_{SP}

5.2.2 Dynamisches Visualisieren von Beweisideen

Das Zurückdrängen von Abbildungen im Geometrieunterricht in den 1990er-Jahren lässt sich auch darauf zurückführen, dass keine Medien und Werkzeuge zur Verfügung standen, um die dynamische Sichtweise adäquat darzustellen. Durch die dynamische Darstellung mit Hilfe digitaler Medien können abbildungsgeometrische Gesichtspunkte heute aber wieder eine größere Bedeutung erlangen. Es zeigt sich insbesondere ein gesteigertes Potenzial beim dynamischen Visualisieren von Beweisen. Beispiele hierfür sind die Lage des Umkreismittelpunkts eines Dreiecks (Abschn. 5.1.1), die Tangentenkonstruktion an einen Kreis (Abschn. 5.1.2) oder der Satz des Thales (Abschn. 5.1.4.1).

Der Beweis des Satzes des Pythagoras, der von Euklid bereits 300 v. Chr. in den „Elementen" angegeben wurde, lässt sich mit einem DGS dynamisch darstellen.[14]

Die zentrale Idee des Beweises besteht darin, die beiden Kathetenquadrate jeweils durch flächeninhaltserhaltende Umformungen bzw. Abbildungen in einen rechteckigen Teil des Hypotenusenquadrats zu verwandeln. Die beiden erhaltenen Rechtecke füllen dann das Hypotenusenquadrat vollständig aus.

In den ersten drei Bildern von Abb. 5.35 wird das grüne Kathetenquadrat zu einem geeigneten Parallelogramm geschert (wobei seine Höhe und damit der Flächeninhalt unverändert bleiben). In den Bildern 4 und 5 wird das Parallelogramm um den Eckpunkt A gedreht, wobei sein Inhalt wiederum gleich bleibt. Schließlich wird das Parallelogramm (unter Beibehaltung seiner Höhe) zu einem Rechteck geschert, das den einen Teil des

---

[14] Hier in leicht abgewandelter Form, indem von den Kathetenquadraten und nicht – wie bei Euklid – von Dreiecken ausgegangen wird (siehe etwa Weigand & Weth, 2002).

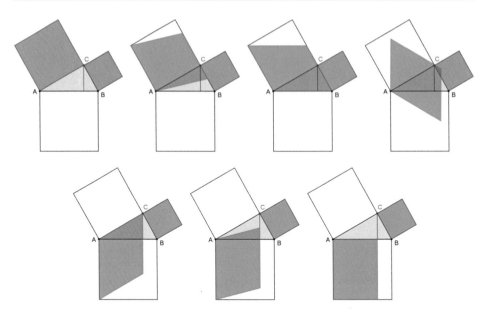

Abb. 5.35 Visualisierung der Beweisidee des Satzes des Pythagoras nach Euklid

Hypotenusenquadrats bildet. Alle diese Veränderungen können Lernende selbstständig mit einer individuell angepassten Geschwindigkeit nachvollziehen.

Der Vorteil der Verwendung von DGS bei diesem Beweis ist die dynamische Visualisierung und damit das anschauliche Darstellen der Übergänge zwischen einzelnen Beweisschritten. Allerdings erfordert sowohl das Generieren von Beweisideen als auch das Begründen der Beweisschritte entsprechendes geometrisches Wissen (vgl. auch Weth, 2000).

5.2.3   Die Dynamik der Verkettungen

Kongruenzabbildungen, also Spiegelungen, Verschiebungen und Drehungen, lassen sich einerseits als jeweils eigenständige Abbildungen einführen, sie lassen sich aber auch durch die Zurückführung auf die grundlegende Abbildung der Achsenspiegelung gewinnen. Neben dem Erkennen eines stringenten Aufbaus der Abbildungsgeometrie liegt der Vorteil bei diesem zweiten Weg vor allem in der Möglichkeit der strukturierten Begründung von Eigenschaften (etwa Kirsche, 2012 oder Agricola & Friedrich, 2014). Dabei zeigt sich vor allem bei der Rückführung von Verschiebung und Drehung auf die Verkettung von Achsenspiegelungen das Potenzial der dynamischen Visualisierung.

5.2.3.1 Kongruenzabbildungen
Die Kongruenzabbildungen Verschiebung und Drehung lassen sich auf Verkettungen von Achsenspiegelungen zurückführen. Die Verkettung von zwei Achsenspiegelungen S_a und

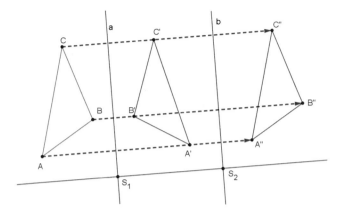

Abb. 5.36 Die Verkettung zweier Spiegelungen mit parallelen Spiegelachsen ergibt eine Verschiebung

S_b ergibt dabei eine Verschiebung, wenn die beiden Spiegelachsen a und b parallel sind, es ergibt sich eine Drehung, wenn a und b sich schneiden.

a) **Verschiebung**

Jede Verschiebung lässt sich aus zwei Achsenspiegelungen zusammensetzen, deren Achsen senkrecht auf dem Verschiebungspfeil stehen und deren Abstand gleich der halben Länge des Verschiebungsvektors ist (Abb. 5.36). Dadurch lassen sich die Eigenschaften der Verschiebung auf die Eigenschaften der Achsenspiegelung zurückführen. Die dynamische Visualisierung erhält man durch die Parallelverschiebung von a oder b – durch Verschieben von S_1 oder S_2 auf g.

b) **Drehung**

Jede Drehung lässt sich aus zwei Achsenspiegelungen zusammensetzen, deren Achsen sich in einem Punkt, dem Drehpunkt, schneiden (Abb. 5.37). Dass der Drehwinkel dem doppelten Winkel zwischen den beiden Spiegelachsen entspricht, lässt sich unmittelbar aus den Eigenschaften der Achsenspiegelung erkennen.

Auch hier gilt, dass sich jede Drehung aus zwei Achsenspiegelungen zusammensetzten lässt. Dies kann der Anlass für das Arbeiten mit einer entsprechenden Experimentierumgebung sein.

5.2.3.2 Eine DGS-Experimentierumgebung zum Rückführen einer Drehung auf zwei Achsenspiegelungen

Abb. 5.38 zeigt zwei sich im Punkt D schneidende Geraden a und b, wobei sich die Lage von a, der Punkt D auf a und der Schnittwinkel α zwischen a und b verändern lassen. Das Dreieck ABC wurde zunächst an der Achse a, das dadurch erhaltene Bilddreieck A'B'C'

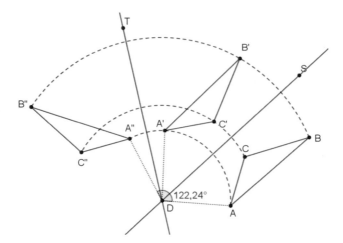

Abb. 5.37 Die Verkettung zweier Spiegelungen mit sich schneidender Spiegelachse ergibt eine Drehung

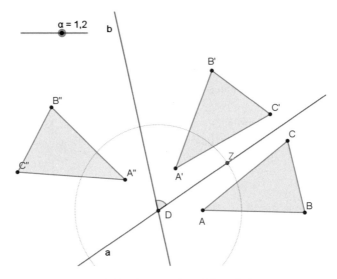

Abb. 5.38 Die Verkettung zweier Spiegelungen mit variablen Achsen

dann an der Achse b gespiegelt. Man erhält das Dreieck A′B′C′. Der Winkel α bleibt zunächst konstant. Was passiert, wenn man die Ausgangskonstellation verändert?

Verändert man zunächst das Aussehen des Urbilds $\triangle$ABC, so verändert sich entsprechend und in keiner Weise überraschend das Aussehen der Bilder $\triangle$A′B′C′ und $\triangle$A″B″C″. Verändert man dann etwa die Lage des Schnittpunkts der beiden Achsen, so ändern sich die Lagen der Bildfiguren. Dreht man schließlich die beiden Achsen unter Beibehaltung des Schnittwinkels, ohne dabei die Lage des Schnittpunkts zu verändern, so bleiben überraschender- und merkwürdigerweise Urbild und Bild $\Delta A''B''C''$ fest. Es verändert sich nur $\Delta A'B'C'$.

Das selbstständige Experimentieren und Entdecken mit einer interaktiven dynamischen Lernumgebung vermitteln einen viel tiefergehenden Eindruck als das Hinweisen oder Erläutern dieser Eigenschaft an einer statischen Skizze. Obige Experimentierumgebung kann zum eigenständigen Entdecken des Erzeugens einer Drehung aus zwei Achsenspiegelungen dienen.

DGS ermöglichen das dynamische Arbeiten mit Abbildungen. Dadurch erhält man einen neuen Blickwinkel auf die an sich statischen Objekte der Mathematik. Nun ist hinlänglich bekannt, dass Dynamik nicht von allein das Verständnis erhöht, sondern dass diese Sichtweise vielmehr sukzessive und in Wechselbeziehung zur statischen Sichtweise eingeführt werden muss (etwa Clark-Wilson & Hoyles, 2017, Simsek et al., 2022). Das Ziel dieser erweiterten dynamischen Perspektive ist es erstens, die mit dem Abbildungsbegriff verbundenen dynamischen Sichtweisen zu visualisieren und sie einem handlungsorientierten Unterricht – bzgl. des Umgangs mit digitalen Medien – zugänglich zu machen. Zweitens ist es das Ziel, auf Veränderung ausgelegte Argumentations- und Beweisschritte zu visualisieren, und drittens geht es um ein umfassenderes Verständnis geometrischer Abbildungen, indem diese auf Achsenspiegelungen zurückgeführt werden.

5.3 Kegelschnitte: Parabel, Ellipse und Hyperbel

Kegelschnitte, also Parabeln, Ellipsen und Hyperbeln, kommen in unterschiedlicher Bedeutung und in verschiedenen Zusammenhängen auch im heutigen Mathematikunterricht vor: Parabeln als Graphen quadratischer Funktionen, Ellipsen als Schrägbilder von Kreisen bei Zylindern und Kegeln, Hyperbeln als Graphen indirekt proportionaler Funktionen. Allerdings werden sie, wie das bis in die 2. Hälfte des 20. Jahrhunderts üblich war, nicht mehr als eigenständige Objekte behandelt. Bei den letzten Jahrzehnten erfolgten Lehrplanänderungen glaubte man auf sie verzichten zu können. Dazu hat sicherlich auch beigetragen, dass entsprechend flexibel zu nutzende Instrumente zum adäquaten Darstellen und Zeichnen dieser Kegelschnitte fehlten. Mit DGS steht allerdings heute ein flexibles Werkzeug zur Verfügung, welches das Zeichnen von Kegelschnitten erlaubt. Dadurch eröffnet sich insbesondere die Möglichkeit, Kegelschnitte unter geometrischen Gesichtspunkten zu analysieren. Im Folgenden wird zunächst gezeigt, wie auf die geometrische Definition zurückgehende digitale Simulationen einen entdeckenden Zugang zu Kegelschnitten eröffnen können. Dann wird die Beziehung zwischen geometrischen und algebraischen Darstellungen bei Kegelschnitten aufgezeigt, die sich gut im Rahmen interaktiver dynamischer Visualisierungen erkunden, erläutern und verstehen lässt.

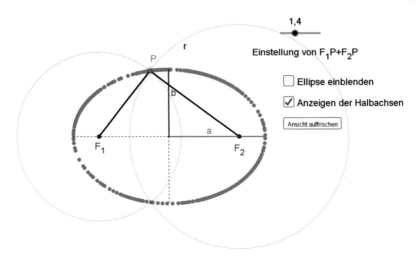

Abb. 5.39 Computersimulation der Ellipsenkonstruktion

5.3.1 Dynamisches Erzeugen von Kegelschnitten mit DGS

Auf die Definition der einzelnen Kegelschnitte zurückgehend, lassen sich mit einem DGS Kegelschnitte als Ortslinien erzeugen.

5.3.1.1 Ellipse

Eine Ellipse ist die Menge aller Punkte P, deren Summe der Entfernungen zu zwei gegebenen Punkten F_1 und F_2, den Brennpunkten, gleich ist. Die „Faden-" oder „Gärtnerkonstruktion" der Ellipse lässt sich unmittelbar aus dieser Definition ableiten und mit einem DGS darstellen. In Abb. 5.39 erhält man die Punkte der Ellipse als Schnittpunkte zweier Kreise, wobei die Summe der beiden Radien konstant ist.

> **Konstruktion der Ellipse**
> Vorgegeben werden zwei Punkte F_1 und F_2 sowie die Strecke L und der Schieberegler mit der Variable r. K_1 ist der Kreis um F_1 mit dem Radius r, K_2 der um F_2 mit dem Radius L-r. S_1 und S_2 sind die beiden Schnittpunkte der Kreise K_1 und K_2. Wenn für S1 und S2 die Spurpunktfunktion aktiviert und der Radius r mit dem Schieberegler verändert wird, erhält man die Ortslinie der Ellipse (Abb. 5.40, 5.41).

Der Vorteil der Computersimulation liegt darin, dass mit der „Länge des Fadens" und dem Abstand der Brennpunkte in einfacher Weise experimentiert werden kann.

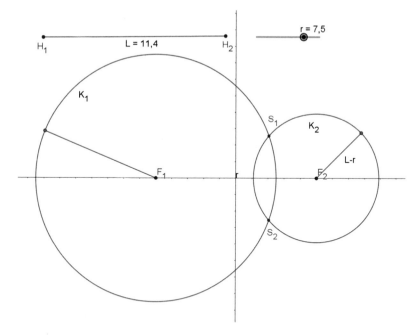

Abb. 5.40 Grundlagen der Ellipsenkonstruktion

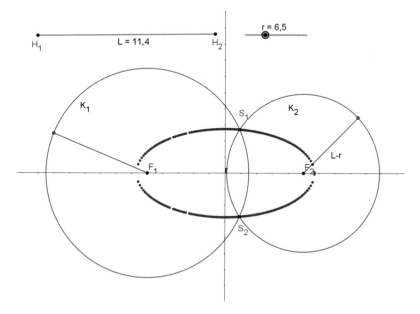

Abb. 5.41 Spurpunkte der Ellipsenkonstruktion

5.3.1.2 Parabel

Eine Parabel ist die Menge aller Punkte P, die von einer Geraden g und einem Punkt $F \notin g$ gleich weit entfernt sind.

Bei der DGS-Simulation ist t die Mittelsenkrechte von [FL], folglich gilt $|LP| = |FP|$. Beim Konstruieren ergibt sich zwangsläufig die Vermutung, dass diese Mittelsenkrechte t die Tangente im Punkt P an die Parabel ist (Abb. 5.42).[15]

Bei dieser Konstruktion werden die Vorteile der DGS-Simulation gegenüber dem mechanischen Konstruieren deutlich. So lässt sich etwa der Abstand p des Brennpunktes von der Leitlinie leicht verändern, und man erhält verschiedene Formen der Parabel.

5.3.1.3 Hyperbel

Die Hyperbel ist die Menge aller Punkte P, für die bzgl. zweier gegebener Punkte F_1 und F_2. gilt:

$$\left\| |F_1\,P| - |F_2\,P| \right\| = \text{const}$$

In Abb. 5.43 ist die Konstruktion so, dass die Differenz der Radien der beiden Kreise und damit die Differenz der Abstände der beiden Schnittpunkte vom Brennpunkt F_2 konstant ist.

Gegenüber Ellipse und Parabel hat die Hyperbel unter geometrischen Gesichtspunkten im Mathematikunterricht der Sekundarstufe I nur eine untergeordnete Bedeutung. Deshalb werden im Folgenden nur Ellipse und Parabel betrachtet.

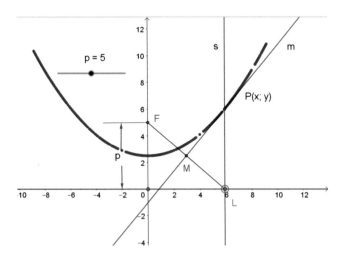

Abb. 5.42 DGS-Simulation der Parabelkonstruktion

---

[15] Dies lässt sich aber erst im Rahmen der Analysis in der Sekundarstufe 2 begründen.

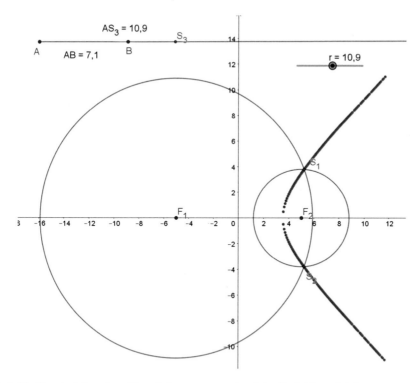

Abb. 5.43 Konstruktion eines Hyperbelastes entsprechend der Definitionsgleichung

5.3.2 Die Algebra der Kegelschnitte

Kegelschnitte waren bereits bei Descartes mathematische Objekte, welche die Beziehung zwischen Geometrie und Algebra in Form der Analytischen Geometrie herstellten. Auch im heutigen Mathematikunterricht können Kegelschnitte diese Beziehung aufzeigen; darüber hinaus sind sie, neben ihrem Umweltbezug, aber auch Beispiele für Relationen und damit Erweiterungen des Funktionsbegriffs (vgl. Weth, 1993).

5.3.2.1 Ellipse
Ausgehend von der Brennpunktdefinition (Abschn. 3.1.1) erhält man für die *Kurven-gleichung der Ellipse* mit den Halbachsen a und b (siehe etwa Penssel & Penssel, 1993, Profke, 1993 oder Schupp, 2000):

$$\frac{x^2}{a^2} + \frac{y^2}{b^2} = 1.$$

In Abb. 5.44 sind Ellipsen mit verschiedenen Halbachsen a und der festen Halbachse b gezeichnet.

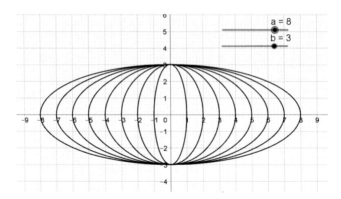

Abb. 5.44 Ellipsen mit den Halbachsen a = 1, 2, …, 8 und b = 3

Mit DGS steht somit ein Instrument zur Verfügung, das Kegelschnitte als Graphen von Relationen bei gegebener Kurvengleichung zeichnet.

Bis Mitte des letzten Jahrhunderts wurden verschiedene Instrumente zum Zeichnen von Kegelschnitten entwickelt (vgl. Vollrath, 2013; Van Randenborgh, 2015). Diese lassen sich gut mit Hilfe von DGS simulieren; für die Richtigkeit der Konstruktion sind dann allerdings algebraische Begründungen notwendig.

Ellipsenkonstruktion oder die Papierstreifenmethode

Das eine Ende eines Stabes oder eines Papierstreifens fester Länge L bewegt sich auf einer Geraden, das andere Ende auf einer zur ersten Geraden senkrechten Geraden. Auf L wird ein Punkt P fest markiert (Abb. 5.45, 5.46, 5.47). Wenn sich die beiden Enden des Stabes auf den Koordinatenachsen bewegen, dann beschreibt P eine Ellipse.

Legen wir den Endpunkt A der Strecke L auf die x-Achse und den Endpunkt B auf die y-Achse. Dann gilt für den Punkt P(x; y) $\in L$ mit $L = a + b$:

$$\frac{y}{b} = \frac{v-y}{a} \quad \text{und} \quad \frac{x}{a} = \frac{u-x}{b}$$

$$v = y\frac{a+b}{b} \quad \text{und} \quad u = x\frac{a+b}{a}$$

Mit $u^2 + v^2 = (a+b)^2$ ergibt sich

$$\frac{x^2}{a^2} + \frac{y^2}{b^2} = 1. \quad \blacktriangleleft$$

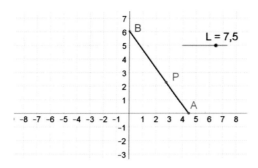

Abb. 5.45 Papierstreifenkonstruktion 1

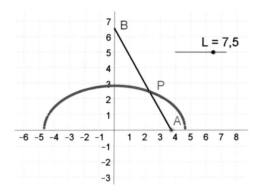

Abb. 5.46 Papierstreifenkonstruktion 2

Abb. 5.47 Algebraische
Herleitung der
Ellipsengleichung bei der
Papierstreifenkonstruktion

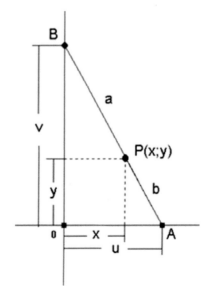

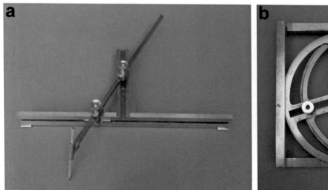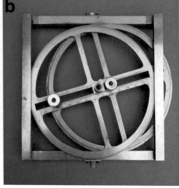

Abb. 5.48 (**a–b**) Ellipsenzirkel auf der Basis der Papierstreifenkonstruktion aus der Sammlung historischer Rechenmaschinen des Instituts für Mathematik der Universität Würzburg

Abb. 5.48[16] zeigt zwei Ellipsenzirkel mit unterschiedlichen Konstruktionsprinzipien nach der Papierstreifemethode.

5.3.2.2 Parabel

Mit der x-Achse als Leitgerade und dem Punkt P(0; p), $p \in 1\text{R}$, ergibt sich (Abb. 5.49):

$$\left(y - p\right)^2 + x^2 = y^2.$$

Damit erhält man

$$y = \frac{1}{2p}x^2 + \frac{p}{2}.$$

In Abb. 5.50 sind Parabeln mit der Gleichung $y = \dfrac{1}{2p}x^2 + \dfrac{p}{2}$ und den Parametern $p = -5, -4, \ldots, 4, 5$ gezeichnet.

In dieser Darstellung wird insbesondere die Abhängigkeit der Form der Parabel vom Abstand des Brennpunkts von der x-Achse bzw. Leitlinie deutlich.

Der Name der Parabel

Der Name Parabel ist griechischen Ursprung und bedeutet *Gleichnis* oder *Gleichheit*. Während in der Literatur eine Parabel als Gleichnis angesehen wird, ist der Name in der Mathematik auf die Gleichheit der Flächeninhalte von Rechteck und Quadrat zurückzuführen. Wird ein Rechteck ABCD mit Hilfe des Höhensatzes in ein flächengleiches Quadrat umgewandelt, dann durchläuft der Eckpunkt G des rechtwinkligen Dreiecks beim Variieren des Eckpunkts D des Rechtecks eine Parabel (Abb. 5.51).

---

[16] https://www.didaktik.mathematik.uni-wuerzburg.de/history/Inventar/index.html. (05.05.2024)

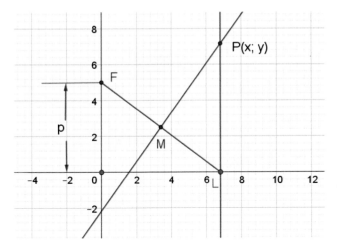

Abb. 5.49 Herleitung der Parabelgleichung

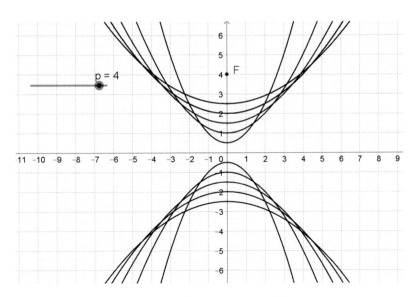

Abb. 5.50 Parabel mit der Gleichung $y = \dfrac{1}{2p}x^2 + \dfrac{p}{2}$ und den Parametern $p = -5, -4, \ldots, 4, 5$

Zeichengeräte und deren Simulation mit einem DGS zeigen historische Bezüge mathematischer Begriffe auf, wie hier die der Kegelschnitte; sie sind vor allem aber Anlässe für das Problemlösen auf verschiedenen Anforderungs- bzw. Darstellungsebenen. Dies betrifft neben dem Zeichnen der Kegelschnitte mit vorgegebenen Eigenschaften das Bestimmen von Tangenten oder das Berechnen von Flächeninhalten. ◀

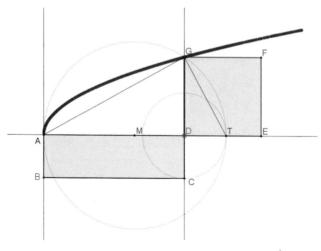

Abb. 5.51 Bedeutung der Bezeichnung Parabel

5.4   Raumgeometrie

Schulgeometrie in der Sekundarstufe I findet hauptsächlich auf dem zweidimensionalen Zeichenblatt statt. Dies ist einerseits notwendig und sinnvoll, da sich die euklidische Geometrie der Ebene gut auf einem Zeichenblatt darstellen lässt und dadurch einen überschaubaren Charakter (bei aller Komplexität, die in Problemen stecken kann) erhält. Andererseits ist die Raumgeometrie die Geometrie unserer Lebenswelt. Deshalb wird auch in den Bildungsstandards (KMK, 2022) in der Leitidee „Raum und Form" explizit die Wechselbeziehung zwischen der Umwelt und dem dreidimensionalen (geometrischen) Raum gefordert, wobei die Darstellung von räumlichen Objekten in Schrägbilddarstellungen – „auch mit Hilfe digitaler Mathematikwerkzeuge" (S. 21) – erfolgt.

Allerdings stellt das Einbeziehen des Raumes den Geometrieunterricht vor erweiterte Herausforderungen: Das reale Herstellen raumgeometrischer Objekte – etwa als Voll-, Flächen- oder Kantenmodelle – erfordert das Vorhandensein entsprechenden Materials; die Vielfalt geometrischer Körper ist größer; ihre Eigenschaften sind im Allgemeinen zahlreicher als die von ebenen Figuren, und das Darstellen raumgeometrischer Objekte auf dem Zeichenblatt erfordert Wissen über perspektivische Darstellungen (siehe Biehler & Weigand, 2021).

Digitale Werkzeuge eröffnen in vielerlei Hinsicht einen neuen, veränderten interaktiven Zugang zu und Umgang mit dreidimensionalen Objekten im Unterricht. Insbesondere sind das:

- Apps und Lernumgebungen inkl. Virtueller Realität (VR) und Augmented Reality (AR), mit denen gezielt spezielle räumliche Konfigurationen erkundet werden können,

- Räumliche Dynamische Geometriesysteme (3D-DGS),
- 3D-Modellierungs- oder CAD-ähnliche Programme wie Sketchup[17] (Ruppert & Wörler, 2013) oder Shapr3D (Kortenkamp, 2020) zur Herstellung von 3D-Modellen, insbesondere auch für den 3D-Druck.

Digitale 3D-Welten können und sollen das Handeln mit realen Objekten und damit herkömmliche Materialien nicht ersetzen, sondern sollen dort eingesetzt werden, wo das reale Arbeiten an Grenzen stößt und virtuelle Darstellungen einen Mehrwert gegenüber realen Darstellungen haben.

5.4.1 Aufbau von Raumvorstellungen

Die Entwicklung der Raumvorstellung ist eine Aufgabe, die den gesamten Mathematikunterricht durchzieht. Die o. g. digitalen Medien können hier in vielfältiger Weise unterstützend wirksam werden. Im Folgenden werden zwei Aktivitäten erläutert, *Würfelbauten* und *Würfelschnitte*, bei denen sich mit digitalen Mathematikwerkzeugen eine größere Flexibilität und Vielfalt beim Umgang mit räumlichen Objekten erreichen lässt.

5.4.1.1 Würfelbauten

Insbesondere in der Grundschule dienen Würfelbauwerke seit Langem zur Entwicklung der Raumvorstellung (siehe etwa Franke & Reinhold, 2016). Eine diesbezüglich traditionelle Übungsform in der Grundschule ist das Erstellen und Interpretieren von Bauplänen. Hier werden üblicherweise „Gebäude" mit konkretem Material aufgrund eines Bauplans erstellt.

Beispiel

Ein Bauplan für die Darstellung eines „Winkels" oder eines „L" mit Hilfe von Würfeln auf einer quadratischen Grundfläche:	4	2	2	0
	4	2	2	0
	0	0	0	0
	0	0	0	0

◀

Programme wie *Klötzchen*[18] oder *OpenSCAD*[19] bieten die Möglichkeit, diesen Bauplan schrittweise in einer 3D-Darstellung umzusetzen, indem die Einzelwürfel sukzessive aufeinandergetürmt und/oder entfernt werden können. Die Würfelgebäude können um verschiedene Achsen gedreht und so aus verschiedenen Perspektiven betrachtet werden. Dem

---

[17] https://www.sketchup.com/de. (05.05.2024)

[18] https://apps.apple.com/de/app/klötzchen/id1027746349 (nur für IOS). (05.05.2024)

[19] https://openscad.org/ (in programmiergestütztes 3D-Programm). (05.05.2024)

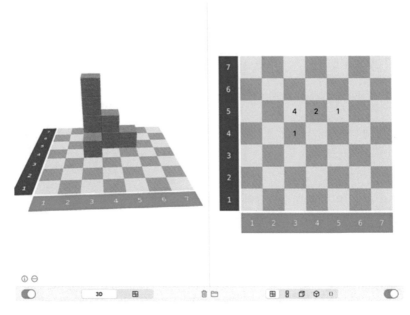

Abb. 5.52 Würfelbauten mit der Klötzchen-App. 3D-Darstellung und Bauplan

operativen Prinzip folgend sollte auch hier die entsprechende „Gegenaufgabe" bearbeitet werden, indem gegebene 3D-Würfelbauten (Abb. 5.52)[20] formal als Bauplan beschrieben werden (Bönig & Thöne, 2018; Florian & Etzold, 2021).

Weiterhin lassen sich auch einfache Projektionen und Dreitafelbilder erzeugen bzw. für Aufgabenstellungen benutzen (Abb. 5.53).

Durch derartige Programme lässt sich in der Raumgeometrie ein Schritt vom Arbeiten mit *konkretem Material* hin zu einer *höheren Abstraktionsstufe* vollziehen.

5.4.1.2 Würfelschnitte

Würfelschnitte eignen sich sowohl für das Arbeiten mit realen als auch mit digital erzeugten Würfeln. Insbesondere können sie aber auch zur Kopfgeometrie genutzt werden, wobei es das Ziel ist, mögliche Schnittfiguren gedanklich zu antizipieren. Reale, vor allem aber digitale Medien können dann zum Überprüfen von Vermutungen verwendet werden.

Beispiel

Ein Würfel wird von einer Ebene geschnitten. Welche Vielecke – auch Vielecke mit besonderen Eigenschaften wie regelmäßige Vielecke, Rechtecke, Quadrate – können dabei entstehen? Begründe!

---

[20] https://dlgs.uni-potsdam.de/sites/default/files/u3/Leitfaden-v1-Bericht.pdf. (05.05.2024)

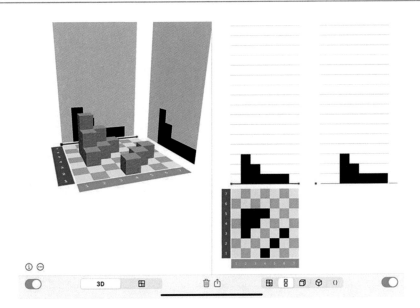

Abb. 5.53 Würfelgebäude und 3-Tafel-Projektionen mit der Klötzchen-App

Beginnend mit kopfgeometrischen Überlegungen lassen sich Würfelschnitte dann mit Hilfe von realen Würfeln – aus Holz, Styropor oder einer Kartoffel – erzeugen. Durch das Eintauchen eines realen durchsichtigen Würfels in eine Wasserfläche lässt sich auch gut experimentell die Vielfalt der Lösungen aufzeigen (Abb. 5.54).[21] ◄

Schließlich können Würfelschnitte mit einer digitalen Simulation erkundet werden. Zahlreiche Programm hierfür findet man auf der Seite von GeoGebra.[22] Ein Beispiel zeigt Abb. 5.55.[23]

Digitalen Medien kommen im Zusammenhang mit Würfelschnitten zwei unterschiedliche Funktionen zu. Es lassen sich einerseits Phänomene sichtbar machen, wenn die entsprechende Umweltsituation (durchsichtiger Würfel) oder ein anderes reales Modell nicht zur Verfügung steht. Andererseits stellen 3D-DGS ein vielfältiges Experimentierwerkzeug zur Verfügung, das über die Möglichkeiten des realen Materials hinausgeht. Insgesamt sollen diese digitalen Simulationen dazu beitragen, besser zu verstehen, warum sich bestimmte Schnittfiguren beim Würfel ergeben und andere, etwa Sieben- oder Achtecke, nicht möglich sind. Diese Überlegungen lassen sich dann mit anderen Körpern, etwa Tetraedern, Oktaedern oder Pyramiden fortsetzen (Glaser & Weigand, 2006).

---

[21] Bild aus Mathematik lehren 228 (2021). S. 3.

[22] https://www.geogebra.org/search/Würfelschnitte. (05.05.2024)

[23] https://www.geogebra.org/m/T36U8v7R. (05.05.2024)

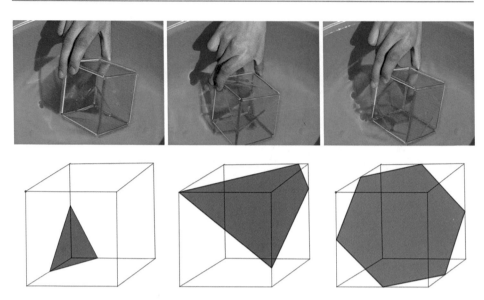

Abb. 5.54 Würfelschnitte real und virtuell

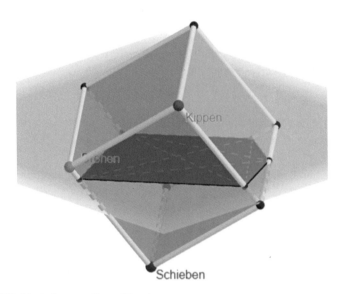

Abb. 5.55 Würfelschnitte von Georg Wengler

5.4.2   Raum und Ebene – 3D und 2D

Die Beziehung zwischen Ebene und Raum, zwischen 2D und 3D, ist grundlegend und wichtig für das Verständnis raumgeometrischer Zusammenhänge und das Operieren mit 3D-Objekten. So haben einerseits 3D-Objekte durch die begrenzenden Oberflächen einen unmittelbaren Bezug zu 2D-Objekten, andererseits bestehen zwischen 2D- und 3D-Objekten viele Analogien, die vor allem zum Verständnis entsprechender 3D-Objekte genutzt werden können (Ruppert, 2015; Weigand, 2011).

Beim Einsatz von digitalen Medien hat die Beziehung zwischen 2D und 3D eine Doppelbedeutung:

- Die Fähigkeit zur wechselseitigen Interpretation von Darstellungen auf der 3D- und 2D-Ebene ist die Grundlage für das Arbeiten mit 3D-Objekten auf der 2D-Bildschirmoberfläche.
- Die konstruktive euklidische ebene Schulgeometrie lässt sich auf den Raum ausweiten, ohne explizit analytische Geometrie (wie dann in der Sekundarstufe II) nutzen zu müssen.

Im Folgenden gehen wir zunächst auf Körpernetze verschiedener Körper ein, die interaktiv digital erzeugt werden können. Dann wird auf die Beziehung zwischen 2D und 3D eingegangen und diese Beziehung im Rahmen des raumgeometrischen Konstruierens mit einem 3D-DGS konstruktiv genutzt. Schließlich werden Möglichkeiten aufgezeigt, die sich – zukünftig – durch Virtuelle Realität (VR) und Augmented Reality (AR) ergeben.

5.4.2.1 Körper und Netze

Das reale und gedankliche Operieren mit geometrischen Körpern ist ein wichtiger Zugang zu raumgeometrischen Fragestellungen zu Beginn der Sekundarstufe. Dem Erkunden von Körpernetzen kommt dabei im Hinblick auf die Ausbildung der Raumvorstellung eine wichtige Bedeutung zu. Interaktive digitale Simulationen erlauben nun zum einen das eigenständige Erstellen von Körpernetzen zu einem gegebenen Körper, zum anderen aber auch das eigenständige experimentelle Zusammenstellen von verschiedenen Anordnungen aus (regelmäßigen) Vielecken und das Überprüfen, ob diese Anordnungen ein Netz eines bestimmten Körpers sind.[24] Die Abb. 5.56a–c zeigen das Entstehen eines Netzes eines Dodekaeders mit dem Programm Shapes.[25]

Geht man von einzelnen kongruenten Vielecken aus, etwa von 6 Quadraten beim Würfelnetz bzw. 12 regelmäßigen Fünfecken beim Dodekaedernetz, so lässt sich bei selbst zusammengestellten Vieleckanordnungen überprüfen, ob diese Anordnungen Körpernetze sind (siehe Abb. 5.57a-c).

Eine Aufgabenstellung kann es auch sein, Anordnungen zu finden, die *kein* Würfelnetz ergeben.

---

[24] https://mathematikalpha.de/
https://www.matheretter.de/rechner/polyeder/
http://www.peda.com/polypro/. (05.05.2024)

[25] https://shapes.learnteachexplore.com/. (05.05.2024)

Abb. 5.56 (**a–c**) Die dynamische Entstehung eines Netzes eines Dodekaeders

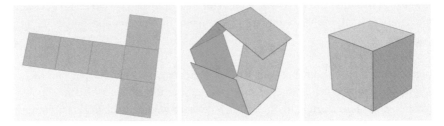

Abb. 5.57 (**a-c**) Die dynamische Faltung eines Würfels aus einem Würfelnetz

Kurzbeschreibung des 3D-Programms „Shapes" [26]
Es können 27 Körper ausgewählt werden: Prismen, platonische Körper, Pyramiden und Rotationskörper. Dann sind verschiedene Darstellungsoptionen möglich.

- Drehen und Zoomen des Körpers
- Anzeigen der Flächen, Kanten und Eckpunkte sowie deren Anzahl
- Erzeugen von Körpernetzen durch Auffalten mit Hilfe von Schiebereglern
- Auswählen aller möglichen Netze des Körpers
- Erstellen von Netzen durch Aneinanderlegen von Flächen mit anschließender Selbstkontrolle
- Erstellen von Druckvorlagen
- Augmented-Reality-Modus über die Kameranutzung

Eine kostenlose Alternative für Würfelnetze ist das Programm Klipp Klapp.[27]
Körpernetze erhält man auch mit Hilfe von GeoGebra.[28]

---

[26] Siehe https://shapes.learnteachexplore.com/ und Hummel et al. (2021, S.7). (05.05.2024)

[27] https://apps.apple.com/de/app/klipp-klapp/id1157365733. (05.05.2024)

[28] https://www.geogebra.org/m/w7ac6V2X. (05.05.2024)

Beim Arbeiten mit Körpernetzen sind die mentalen Bewegungen und Antizipationen wichtig, die beim Zusammenstellen einer Anordnung vorgenommen werden. Das Programm dient zur Unterstützung und Vergegenständlichung dieser mentalen Operationen sowie zur Überprüfung von Hypothesen.

Bei einem Würfel (hier wurde das Programm Poly verwendet[29]) wurden „die Ecken abgeschnitten" (Abb. 5.58a–c). Ein Netz dieses Körpers lässt sich interaktiv erzeugen. ◀

Hier sind viele kopfgeometrische Übungen möglich, die sich dann mit digitalen Simulationen überprüfen lassen, etwa: Wie viele Flächen, Ecken und Kanten hat ein Körper, bei dem ausgehend vom Tetraeder (Oktaeder) die Ecken in Form von gleichseitigen Dreiecken (Quadraten) abgeschnitten werden?

Die Netze der Körper lassen sich auch ausdrucken und zum Ausschneiden und Basteln verwenden. Damit lässt sich der Weg vom Gedankenexperiment über dynamische Visualisierungen zur konkreten Realisierung und Herstellung eines Objekts beschreiten (vgl. Hummel et al., 2021).

5.4.2.2 Analogien zwischen 2D und 3D

Bei den Körpernetzen wurden bereits die wechselseitigen Beziehungen zwischen 2D und 3D deutlich. Es gibt weiterhin zahlreiche Analogien zwischen Ebene und Raum. Dies betrifft zum einen geometrische Begriffe wie Parallele, Senkrechte oder Winkel, bei denen allerdings weitere Bedingungen hinzukommen, wenn sie im Raum betrachtet werden (vgl. Abschn. 5.4.3). Zum anderen sind es Objekte, die sich in verschieden dimensionalen Räumen entsprechen, wie etwa Gerade und Ebene, Kreis und Kugel, Dreieck und Tetraeder oder Quadrat und Würfel.

Weiterhin lässt sich fragen, wie sich Beziehungen zwischen Objekten in der Ebene auf den Raum übertragen. So drückt sich in der Ebene etwa die Beziehung zwischen Dreieck und Kreis durch die Begriffe Umkreis und Inkreis des Dreiecks aus. Sieht man das Tetra-

Abb. 5.58 (**a-c**) Würfel mit abgeschnittenen Ecken und einem dazugehörigen Netz

---

[29] Pedagoguery Software: Poly. (05.05.2024)

eder als ein raumgeometrisches Analogon zum Dreieck in der Ebene, so lässt sich nach Um- und Inkugeln von Tetraedern fragen. Dabei ist eine Umkugel eines Tetraeders (Polyeders) eine Kugel, auf der alle Ecken des Tetraeders (Polyeders) liegen. Das Analogon zum Inkreis kann entweder die Inkugel sein, die alle Tetraeder- oder Polyederflächen berührt, oder auch die Kantenkugel, die alle Kanten des Tetraeders oder Polyeders berührt (vgl. Ruppert, 2015). Diese Beziehungen sind eine Quelle für vielfältige Problemstellungen wie etwa folgende Fragen im Umfeld von Kugel und Tetraeder:

- Besitzen alle Tetraeder eine Umkugel? Wenn ja, wie findet man deren Mittelpunkt?
- Welche Polyeder haben eine Umkugel?
- Besitzen alle Tetraeder eine Inkugel, die alle 4 Tetraederflächen berührt? Wenn ja, wie findet man deren Mittelpunkt?
- Besitzen alle Tetraeder eine Kugel, die alle Tetraederkanten (die Kantenkugel) berührt? Wenn ja, wie findet man ihren Mittelpunkt?
- Wie findet man das Tetraeder mit maximalem Volumen, das einer Kugel einbeschrieben ist?

Schumann (2007) widmet sich umfassend den vielen Aspekten der Tetraedergeometrie.

Mit einem 3D-DGS lässt sich ein reguläres Tetraeder zeichnen, und der Mittelpunkt der Umkugel ergibt sich als Schnittpunkt der Senkrechten auf den Tetraederflächen durch den Umkreismittelpunkt dieser Fläche (Abb. 5.59).

Mit Hilfe einer Schnittebene, in der eine Kante des Tetraeders und der Mittelpunkt der Umkugel liegt, lässt sich ein Dreieck einzeichnen (Abb. 5.59), mit dessen Hilfe sich der Radius der Umkugel berechnen lässt. Die Konstruktion mit einem 3D-DGS kann der Verdeutlichung der räumlichen Beziehungen entsprechender Punkte, Strecken und Ebenen dienen. Für das eigenständige Konstruieren und Aufzeigen dieser Zusammenhänge sind

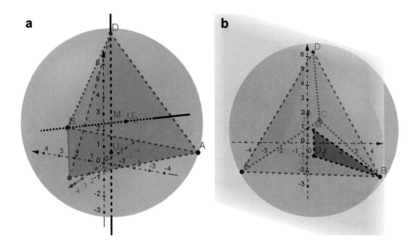

Abb. 5.59 a) Umkreiskugel eines regulären Tetraeders. **b)** Hilfsdreieck für die Berechnung des Radius der Umkugel

allerdings – neben dem Bedienungswissen des Systems – Berechnungskompetenzen der
ebenen Dreiecksgeometrie und räumliches Vorstellungsvermögen unabdingbar.

Kurzbeschreibung Dynamisches Raumgeometriesystem (3D-DGS)

3D-DGS erweitern die konstruktiv-synthetische Geometrie der Ebene auf den
Raum. Dabei ist zu beachten, dass elementare geometrische Begriffe und Zusammenhänge der Ebene im Raum Erweiterungen und Änderungen erfahren. So
gibt es beispielsweise neben parallelen und sich schneidenden Geraden nun auch
eine dritte Kategorie, nämlich windschiefe Geraden. Oder: Zu einem Punkt auf einer
Geraden gibt es nicht nur eine orthogonale Gerade, sondern unendlich viele, und
durch einen Mittelpunkt sowie einen Randpunkt im Raum ist ein Kreis nicht mehr
eindeutig festgelegt.

Ein Punkt kann in einer gegebenen Konstruktionsebene gezeichnet und in dieser
Ebene oder senkrecht zu dieser Ebene verschoben werden. Objekte wie Kreise, Geraden oder Vielecke lassen sich technisch gesehen in analoger Weise wie bei 2D-
DGS zeichnen, nur sind es jetzt Objekte im Raum. Körper wie Pyramiden, Zylinder
oder Würfel können mit Hilfe von Makrobefehlen durch die Vorgabe von Rand-
punkten gezeichnet werden. Zugmodus, Ortslinienfunktion und modulares Konstruieren sind mit 3D-DGS in gleicher Weise möglich wie bei 2D-DGS.

5.4.3 Raumgeometrisches Konstruieren

Ein Zugang zum eigenständigen Konstruieren mit einem 3D-DGS ist es etwa, „einfache" geometrische Körper wie Tetraeder und Würfel räumlich zu konstruieren. Beim
Würfel wird zunächst ein Quadrat in der x-y-Ebene konstruiert.[30] Hier ist es von Vorteil,
die Wechselbeziehung zwischen dem 2D- und dem 3D-Fenster zu nutzen (siehe
Abb. 5.60).

Auch für die Fortführung im Raum gibt es verschiedene Möglichkeiten. In Abb. 5.61
wurden jeweils Kreise mit dem Radius einer Seitenlänge des Quadrats um die Eckpunkte
der Grundfläche gezeichnet, deren Mittelpunktsache ebenfalls längs einer Seite des Quadrats verläuft.

Eine korrekte Konstruktion ist invariant gegenüber dem Zugmodus. Dies kann zur
Überprüfung zumindest in einem überschaubaren Zeichenraum genutzt werden. Eine sehr
ausführliche und gründliche Analyse des Zugmodus in 3D-DGS und der damit verbundenen Schwierigkeiten, auch im Vergleich zu 2D-DGS, gibt Hattermann (2011). Eine
Kurzanleitung zum 3D-Konstruieren findet sich bei Bender et al. (2021).

---

[30] Hierfür gibt es bereits verschiedene Konstruktionsmöglichkeiten.

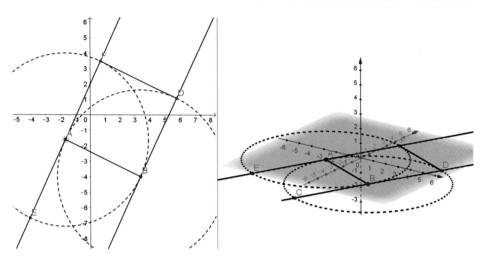

Abb. 5.60 Konstruktion eines Quadrats mit Hilfe der 2D-3D-Wechselbeziehung bei GeoGebra

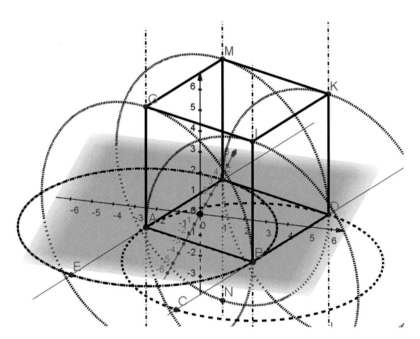

Abb. 5.61 Konstruktion eines Würfels

Eine andere Möglichkeit ist das Erzeugen raumgeometrischer Objekte mit CAD-Programmen. Allerdings ist die Bedienung dieser Programme vergleichsweise kompliziert und erfordert eine längere Einarbeitungszeit. Bei diesen Programmen steht das Darstellen räumlicher Objekte auf der Bildschirmoberfläche im Vordergrund, es geht nicht um die konstruktive Entwicklung mit Hilfe geometrischer Eigenschaften. Konstruktion auf dieser Ebene bedeutet das Zeichnen von Körpern, deren Eigenschaften bekannt und in mächtigen Makrobefehlen zusammengefasst sind und so unmittelbar angewandt werden können. Deshalb sind solche Programme eher für den beruflichen Bereich, für Unterrichtsfächer wie technisches Zeichnen oder darstellende Geometrie sowie für das Erzeugen von Demonstrationsobjekten durch die Lehrkraft geeignet. Ein Beispiel für ein derartiges Programm ist Shapr3D[31] (siehe Kasten).

Kurzbeschreibung des 3D-Programms „Shapr3D" (vgl. auch Kortenkamp, 2020, S. 41)
Shapr3D ist ein professionelles CAD-Programm, das auch in der Schule kostenlos verwendet werden kann. Die App kann mit den Fingern, mit dem Stift oder der Maus bedient werden. Man kann, wie bei einem DGS, Punkte und Geraden zeichnen, aber auch zweidimensionale Objekt wie etwa Kreise, Rechtecke oder andere Vielecke. Die Flächen lassen sich, wie etwa bei Sketchpad, durch Mausklick zu einem Prisma erweitern.

Das System ist nicht ganz einfach zu bedienen; es helfen aber verschiedene Videotutorials. Gezeichnete 3D-Objekte können vergrößert, verkleinert, verschoben oder gedreht werden. Sie lassen sich auch mit anderen Objekten verknüpfen. Reizvoll – für die Schule – ist die 3-Tafel-Ansicht insbesondere von verknüpften Objekten. Besonders einfach ist es mit Shapr3D, Objekte zu konstruieren, die dann für den 3D-Druck verwendet werden können (Abb. 5.62, 5.63, 5.64).

Abb. 5.62 Zwei sich durchdringende Zylinder

---

[31] https://www.shapr3d.com/. (05.05.2024)

Abb. 5.63 Seitenansicht der
sich durchdringenden Zylinder

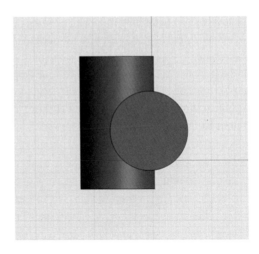

Abb. 5.64 Schnittfläche eines
Zylinders mit einer
Koordinatenebene

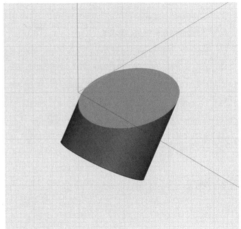

5.4.4 3D-Druck

In der industriellen Fertigung hat der 3D-Druck in den letzten Jahren in vielen Bereichen
eine wichtige Bedeutung erlangt. Auch im Mathematikunterricht eröffnen sich verschiedene Anwendungsbereiche für Lehrende und Lernende (vgl. Witzke & Heitzer, 2019;
Holz & Pusch, 2022; Dilling et al., 2022). So ist der 3D-Druck einerseits ein Werkzeug,
mit dessen Hilfe sich Lehr- und Arbeitsmittel bei Bedarf seitens der Lehrkraft verviel-
fältigen bzw. nach individuellen Wünschen und Bedürfnissen neu anfertigen lassen.
Andererseits kann er aber auch zum Unterrichtsinhalt werden, indem sich die Herstellung
von realen Objekten von der Planung über die Herstellung bis zum Einsatz in den Unterricht integrieren lässt.

Kurzbeschreibung 3D-Druck

Der 3D-Druck ist ein Verfahren, bei dem ein pulverförmiges oder flüssiges Material programm- oder softwaregesteuert Schicht für Schicht aufgetragen wird, das sich dann verfestigt und verklebt. So wird sukzessive ein dreidimensionales Objekt aufgebaut. Es handelt sich um ein additives Verfahren – im Gegensatz zu subtraktiven Verfahren, bei denen Material entfernt wird. Die Form des Gegenstands wird mit Hilfe einer CAD-Software entworfen, das virtuelle Modell wird dann mit einer sog. *Slicer-Software* in ein reales Objekt übergeführt (vgl. etwa Dilling & Witzke, 2019 oder QUA-LiS NRW[32]).

Die Herstellung eines realen Objekts mittels 3D-Druck lässt sich in einem fünfschrittigen Prozess beschreiben (vgl. Pielsticker, 2020, S. 54 ff.):

1. Ideenentwicklung und Modellplanung für das anzufertigende Objekt
2. Erzeugen eines virtuellen Modells mit Hilfe eines CAD-Programms
3. Übertragen des CAD-Programms in das Slicer-Programm
4. 3D-Druck des realen Objekts
5. Nutzen des Objekts

Eine orthodoxe Kapelle (nach Bender et al., 2021, S. 16 f.)

1. Schritt: Eine orthodoxe Kapelle (Abb. 5.65) soll als ein reales 3D-Modell erstellt werden. Dabei soll vor allem die markante Dachform hervortreten. Von Fenstern und Turmaufsatz wird zunächst abgesehen.
2. Schritt: Mit GeoGebra 3D wird ein Kantenmodell (Abb. 5.66) und dann ein Flächenmodell (Abb. 5.67) erzeugt.
3. Schritt: Das GeoGebra-Modell wird in ein Slicer-Modell übertragen.
4. Schritt: Das Modell wird ausgedruckt (Abb. 5.68).
5. Schritt: Oberflächeninhalt, Volumen und auftretende Winkel des Modells werden berechnet und auf die reale Kapelle übertragen. Es lassen sich dann Fragen etwa nach der Oberflächen- bzw. Volumenänderung bei Verdoppelung der Kantenlänge oder bei Veränderung der Maße der Dachform stellen. Die Form von Querschnittsflächen der Kapelle bei einem ebenen Schnitt durch den Körper erhält man entweder durch einen ebenen Schnitt durch das reale Modell oder – virtuell – mit Hilfe des GeoGebra-Modells. ◄

---

[32] www.schulentwicklung.nrw.de/cms/facher/faecheruebergreifend/3d-druck-in-der-schule.html. (05.05.2024)

Abb. 5.65 Bild einer orthodoxen Kapelle (mathematik lehren 228, 2021, S. 17)

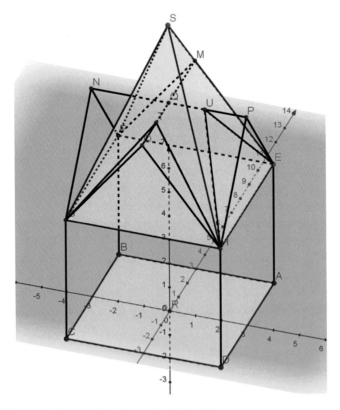

Abb. 5.66 Teilkonstruktion der Kapelle mit GeoGebra 3D

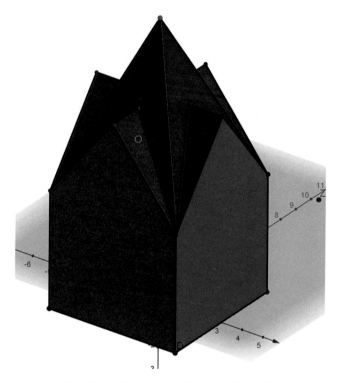

Abb. 5.67 Die orthodoxe Kapelle als Flächenmodell mit GeoGebra3D

Abb. 5.68 3D-Druck der
orthodoxen Kapelle

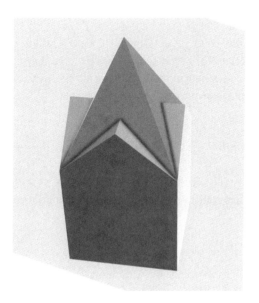

Weitere Beispiele für 3D-Druck-Modelle sind, neben verschiedenen Gebäude- und Architekturformen, das Herstellen eines Pantographen,[33] wie etwa bei Dilling und Vogler (2021), mit Hilfe von Tinkercad[34] oder der in Abschn. 3.2.1 beschriebene Ellipsenzirkel (siehe Dilling & Witzke, 2019). Ein anspruchsvolles Beispiel ist die Konstruktion einer Kickerfigur für ein Tischfußballspiel (siehe QUA-LiS NRW, o. J., S. 47 ff.).

Mit dem Erstellen eines realen Objekts durch 3D-Druck im Rahmen einer Unterrichtseinheit sind verschiedene Anforderungen und Ziele verbunden, die sich gut mit den Teilprozessen eines Modellierungskreislaufs beschreiben lassen.

- Die Modellplanung eines realen gegenständlichen Objekts, wie das der Kapelle in obigem Beispiel, erfordert zunächst Abstraktionsprozesse, um zu einem geometrischen Kanten- oder Flächenmodell zu kommen.
- Beim Erzeugen eines virtuellen Objekts mit einem Konstruktions- oder CAD-Programm sind neben Bediener- und evtl. Programmierkenntnissen zentrale Fähigkeiten der Raumvorstellung notwendig, wie etwa räumliches Orientieren, räumliches Rotieren und räumliche Beziehung herstellen.
- Die Übertragung auf das Slicer-Programm und der 3D-Druck erfordern technische Kenntnisse der verwendeten Soft- und Hardware.
- Das Arbeiten mit dem realen 3D-Modell erfordert mathematische Kenntnisse im Zusammenhang mit entsprechenden Problemstellungen sowie die Fähigkeit der wechselseitigen Interpretation von realem Gegenstand, virtuellem und realem Modell.

Der 3D-Druck kann über den Mathematikunterricht hinaus in vielen anderen Fächern eingesetzt werden, wie etwa in Kunst im Bereich des plastischen Gestaltens, im Sportunterricht durch das Anfertigen von dreidimensionalen Bewegungsmodellen, im Chemieunterricht bei der räumlichen Struktur von Molekülen oder in der Informatik bei der Entwicklung von Robotermodellen. Dadurch ergeben sich Möglichkeiten für einen fächerübergreifenden Unterricht, bei dem neben mathematischen vor allem räumlich-geometrische und informatische Kenntnisse durch die verwendeten Programmiersprachen eine wichtige Rolle spielen.

5.4.5   Virtuelle Realität – Virtual Reality

Virtuelle Realität oder Virtual Reality (VR) ist eine Mensch-Computer-Schnittstelle, die eine realistische, im Allgemeinen dreidimensionale Umgebung simuliert und den Be-

---

[33] Ein Pantograph ist ein Instrument zum Erzeugen von verkleinerten und vergrößerten ähnlichen Figuren (etwa Van Randenborgh, 2015). (05.05.2024)

[34] https://www.tinkercad.com/. (05.05.2024)

Abb. 5.69 VR-Brille

trachter optisch und evtl. auch akustisch und taktil in diese Umgebung versetzt. Dem Benutzer wird die Illusion vermittelt, sich in einer virtuellen Umgebung bewegen zu können,
also Teil dieser virtuellen Welt zu sein, mit dieser Welt zu interagieren, also Objekte dieser
Welt verändern bzw. neue hinzufügen oder vorhandene entfernen zu können. Es wird ihm
eine „immersive Erfahrung" oder ein „Eintauchen" in die virtuelle Welt vermittelt oder ermöglicht. Dies geschieht in der Regel durch die Verwendung einer VR-Brille mit einem
entsprechenden Headset. Die virtuelle Umgebung kann dabei ein Ausschnitt bzw. eine
Nachbildung der realen Welt, eine fiktive Welt oder auch eine mathematische Lehr-Lern-
Umgebung sein (Abb. 5.69).

VR wird heute bereits vielfach, etwa in der Medizin und Architektur, zu Ausbildungs-
und Weiterentwicklungszwecken eingesetzt oder in Museen als erweiterte Informations-
und Darstellungsmöglichkeiten oder bei Computerspielen als neue Erfahrungswelt
benutzt. Bezüglich der Verwendung und Konstruktion von mathematischen VR-
Lernumgebungen stehen wir allerdings noch am Anfang der Entwicklung. Hier gibt es vor
allem Lernumgebungen für die Ausbildung zur Raumvorstellung, die gegenüber 3D-
Darstellungen auf dem Bildschirm, wie etwa mit GeoGebra 3D, den Mehrwert des unmittelbaren Agierens in dieser 3D-Welt haben.

CubelingVR (Florian & Etzold, 2021)

Mit Hilfe einer VR-Brille begeben sich Lernende in eine immersive Umgebung, in der
sie mit Würfeln operieren. Sie können neue Würfel generieren und vorhandene Würfel
entfernen oder verschieben. Parallelprojektionen zeigen Schattenbilder der Würfel-

bauten, die sich bei Veränderung der Würfelbauten ebenfalls verändern. Insbesondere lassen sich zu vorgegebenen Schattenbildern neben realen Würfelbauten auch virtuelle Würfelgebäude in der VR-Umgebung erstellen (Abb. 5.70).[35] ◄

Ein anderes Beispiel des Arbeitens mit VR ist es, Eigenschaften von Polyedern und zusammengesetzten Körpern durch die Interaktion mit den Modellen in ähnlicher Weise zu studieren, wie das mit realen Modellen möglich ist. Dabei kommt aber in der virtuellen Umgebung zusätzlich die Möglichkeit hinzu, die virtuellen Körper in einfacher Weise zu verändern oder neu zusammenzusetzen (Rodriguez et al., 2021; Codina et al., 2022). Weiterhin lassen sich Symmetrieebenen insbesondere bei (regulären) Polyedern in der VR-Umgebung experimentell finden und dann argumentativ begründen (Moral-Sánchez & Siller, 2022) (Abb. 5.71).[36]

Im Rahmen des MINT-Bereichs sind virtuelle Labore eine Möglichkeit zur Durchführung von Experimenten, für die ein bestimmter Standort nicht ausgestattet ist oder die aufgrund ihrer Dauer oder Gefährlichkeit nicht real durchgeführt werden können, wie etwa Verkehrssituationen, radioaktive Versuche oder Simulationen von Klimaänderungen.[37] Gegenüber Bildschirmsimulationen derartiger Experimente vermittelt ein VR-Experiment den Eindruck einer realen Experimentierumgebung und erlaubt es, realitätsnah interaktiv zu experimentieren (Meier et al., 2023).

Abb. 5.70 Die App CubelingVR

---

[35] https://dlgs.uni-potsdam.de/apps/cubelingvr. (05.05.2024)

[36] https://sidequestvr.com/app/2626/cubelingvr. (05.05.2024)

[37] Siehe etwa https://www.mpib-berlin.mpg.de/institut/labore/vr-labor oder https://www.itwm.fraunhofer.de/de/abteilungen/mf/technikum/virtual-reality-labor.html. (05.05.2024)

Abb. 5.71 Polyeder aus einer
NeoTrie-VR-Umgebung

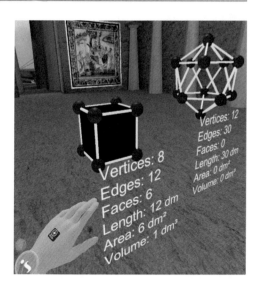

5.4.6 Virtuell ergänzte Realität – Augmented Reality

Augmented Reality (AR) erweitert die reale Umgebung um virtuelle, digitale Elemente,
die der realen Umgebung hinzugefügt werden. Während bei VR die gesamte Umgebung
virtuell erzeugt wird, ist bei AR die reale Umgebung weiterhin vorhanden und zusätzlich werden mathematische Objekte in die Umgebung eingeblendet. AR kann über spezielle Headsets, Smartphones oder Tablets realisiert werden. Für den Mathematikunterricht ist AR besonders interessant und relevant, da etwa geometrische Objekte, insbesondere Körper, zu realen Bauwerken hinzugefügt, Messskalen eingeblendet und real
durchgeführte Experimente mit tabellarischen oder graphischen Darstellungen ergänzt
werden können. Im Rahmen von Mathematisierungsprozessen können so mathematische Modelle unmittelbar in die reale Situation integriert, interpretiert und variiert werden.

Geometrische Körper in der Umgebung platzieren

Mit dem Programm *GeoGebra 3D Rechner* lassen sich auf Tablet oder Smartphone[38]
Körper in einer 3D-Darstellung erzeugen, etwa ein Würfel durch die Vorgabe der
Kantenlänge und -lage durch 2 Punkte (Abb. 5.72). Die Koordinaten der Punkte können
auch im Menüpunkt *Algebra* abgelesen bzw. dort eingegeben werden. Durch Drücken

---

[38] Das Programm kann vom App Store oder vom Google Play Store heruntergeladen werden.

Abb. 5.72 Würfel in
Geogebra 3D

des *AR-Buttons* lässt sich der Würfel in die Umgebung platzieren (Abb. 5.73), anschließend dort vergrößern, verkleinern oder drehen. Die geometrischen Objekte lassen sich auch unmittelbar in der AR-Umgebung erstellen oder dort verändern. So kann etwa auf Knopfdruck das Netz des Würfels erzeugt werden (Abb. 5.73). ◀

Virtuell erzeugte Körper können etwa dazu verwendet werden, Körpermodelle von realen Gebäuden anzufertigen, beispielsweise von Häusern, Kirchen oder Burgen. So werden im Rahmen des MathCity-Projekts[39] (Gurjanow et al., 2019; Gurjanow, 2021) virtuelle Kantenmodelle als Realmodelle von Gebäuden bei Modellierungsaufgaben erzeugt (siehe auch Wolfinger et al., 2020, 2021). Bei Modellierungsaufgaben und im Rahmen des Modellierungskreislaufs kann dies dazu führen, dass eine weitere – zusätzliche – Repräsentationsebene hinzukommt.

---

[39] www.mathcitymap.eu. (05.05.2024)

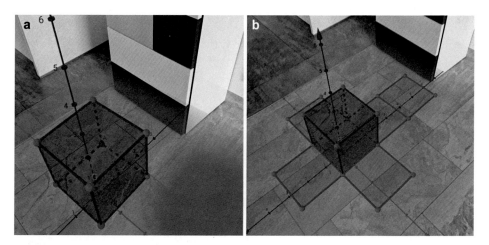

Abb. 5.73 a) Platzieren des (virtuellen) Würfels in eine reale Umgebung. **b)** Netz des Würfels in der realen Umgebung

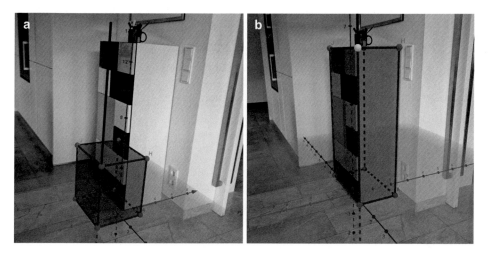

Abb. 5.74 a) Platzieren des virtuellen Objekts in die Nähe eines realen Objekts. **b)** Annähern des virtuellen an das reale Objekt

Modell eines realen Objekts

Ein virtuelles Objekt – hier ein Quader – wird den Umrissen entsprechend einem realen Objekt angepasst (Abb. 5.74 und 5.75). ◄

Abb. 5.75 Modellieren eines
realen Objekts

Die Seilkamera (vgl. Klöckner et al., 2016; Günster et al., 2021)

Bei Fußballspielen in großen Stadien wird heute vielfach eine Seilkamera verwendet. Diese bewegt sich über dem Fußballfeld und liefert so Bilder aus einer Vogelperspektive. Die Modellierung einer derartigen Seilkamera, genauer: die Modellierung der Bewegung einer Seilkamera, kann auf zwei unterschiedliche Arten erfolgen:

a) Durch die Verwendung digitaler Werkzeuge wie z. B. eines Arduino-Controllers (Klöckner et al., 2016) bzw. eines Raspberry Pi (siehe Günster et al., 2021) kann ein Realmodell erzeugt werden.

b) Die Erstellung eines Realmodells ist aufwendig. Eine Aufbereitung der Seilkamerasituation ist auch im Rahmen einer AR-Lernumgebung möglich, wie im Würzburger Mathematiklabor[40] erfolgt (Abb. 5.76). ◄

Eine andere Möglichkeit des Einsatzes von AR besteht darin, Daten realer Experimente aufzunehmen und virtuell darzustellen. So blenden Levy et al. (2020) beim realen Experiment zum Hookeschen Gesetz[41] den Zusammenhang zwischen der Masse m und der Verlängerung Δx einer Feder in Form eines m-Δx-Graphen virtuell ein. In ähnlicher Weise fügen Jaber et al. (2022) beim (realen) Gleiten eines Körpers über eine schiefe Ebene die Zeit-Orts-Koordinaten des Körpers sowohl in tabellarischer als auch in graphischer Form

---

[40] https://www.didaktik.mathematik.uni-wuerzburg.de/mathe-labor/hp2/?page=stations&station=Seilkamera. (05.05.2024)

[41] Das Hookesche Gesetz beschreibt bei einer elastischen Feder den Zusammenhang zwischen der an die Feder gehängten Masse und der Verlängerung der Feder.

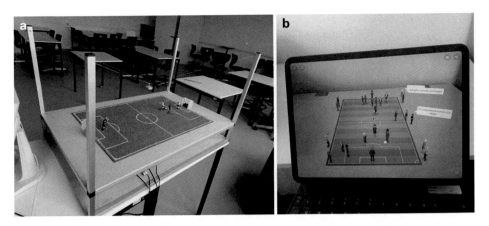

Abb. 5.76 **a**) Realmodell eines Fußballplatzes mit einer Seilkamera. **b**) AR-Umgebung der Seilkamerasituation

virtuell hinzu. Indem Darstellungen funktionaler Zusammenhänge unmittelbar beim Experiment und zeitgleich mit dem Experiment erscheinen, werden das Herstellen der wechselseitigen Beziehung zwischen Experiment und Mathematisierung sowie die Interpretation der Ergebnisse unmittelbar und authentisch möglich.

Gegenwärtig gibt es noch zu wenige empirische Untersuchungen, um die Bedeutung von VR und AR im Mathematikunterricht der Zukunft einschätzen oder vorhersagen zu können. Das Arbeiten mit AR wird aber sicherlich aufgrund des Vorhandenseins von Smartphones bei (weitgehend) allen Schülerinnen und Schülern stärker sowohl in den Unterricht als auch bei außerschulischen Aktivitäten einbezogen werden. Dies betrifft zum einen die Möglichkeit, Mathematisierungen, vor allem von Objekten der Umgebung durch geometrische Kantenkörper, unmittelbar an Objekten der Realität vornehmen zu können. Zum anderen kann die Umgebung oder Realität durch virtuelle Elemente wie Tabellen, Graphen oder Messinstrumente angereichert werden.

5.5 Aufgaben

1. **Regelmäßige Vielecke**
   a) Konstruieren Sie zu einer vorgegebenen Strecke [AB] ein regelmäßiges Achteck, dessen Seitenlänge |AB| ist.
   b) Zeichnen Sie zu einer vorgegebenen Strecke [AB] ein regelmäßiges Siebeneck, dessen Seitenlänge |AB| ist.
   c) Speichern Sie die Konstruktion und die Zeichnung von a) bzw. b) jeweils als ein eigenes Modul ab, sodass mit einem „Ein-Klick-Befehl" zu einer vorgegebenen Strecke ein Acht- bzw. ein Siebeneck konstruiert bzw. gezeichnet wird.

d) Mit Hilfe eines Schiebereglers für n = 3, 4, … 10 soll zu einer vorgegebenen Stre-
   cke [AB] ein regelmäßiges n-Eck gezeichnet werden, dessen Seitenlänge |AB| ist.

2. **Die Euler-Gerade.** Konstruieren Sie für ein Dreieck $\triangle ABC$ den Umkreismittelpunkt
   U, den Schwerpunkt S und den Höhenschnittpunkt H. Verändern Sie die Eckpunkte
   des Dreiecks. Was fällt Ihnen bzgl. der gegenseitigen Lage der drei Punkte U, S und
   H auf? Begründen Sie Ihre Entdeckung bzw. Vermutung.

3. **Ortslinien.**
   a) Bei einem Dreieck $\triangle ABC$ bewegt sich der Eckpunkt C auf einem Kreis. Auf wel-
      cher Ortslinie bewegt sich der Höhenschnittpunkt?
   b) Ortslinien können als Spurpunkte oder als eigene Objekte gezeichnet werden. Er-
      läutern Sie den Unterschied anhand von Aufgabe a).
   c) Welche Ziele können mit dieser Aufgabe angestrebt werden, wenn sie im Unter-
      richt behandelt wird?

4. Über den Seiten eines Parallelogramms werden „nach außen" Quadrate gezeichnet.
   Die vier Mittelpunkte dieser Quadrate bilden ein Viereck.
   a) Was fällt auf? Begründung!
   b) Entwickeln Sie eine Unterrichtseinheit, in deren Mittelpunkt diese Aufgabe steht.

5. Lassen Sie „ChatGPT" einen Beweis zum Satz des Thales schreiben. Nehmen Sie zu
   dem Ergebnis kritisch Stellung.

6. **Der Satz des Napoleon.** Über den Seiten eines Dreiecks $\triangle ABC$ werden jeweils „nach
   außen" gleichseitige Dreiecke gezeichnet. Die Umkreismittelpunkte dieser Dreiecke
   werden zu einem neuen Dreieck verbunden. Was fällt Ihnen auf? Begründen Sie Ihre
   Vermutung.

7. **Parkettierung der Ebene.** Die (euklidische) Ebene lässt sich mit regelmäßigen Dreiecken, Vierecken (also Quadraten) und Sechsecken parkettieren, d. h. lückenlos über-
   decken. Sie lässt sich aber auch mit beliebigen Vierecken parkettieren. Geben Sie eine
   GeoGebra-Konstruktion an, die dies in einem überschaubaren Bereich der Bildschirmoberfläche veranschaulicht.

8. **Eigenschaften eines Drachens.**
   a) Jeder konvexe symmetrische Drachen hat einen Inkreis! Zeigen Sie dies, indem
      Sie diesen Inkreis konstruieren.
   b) Welche Drachen haben auch einen Umkreis?
   c) Geben Sie Ziele an, die mit der Behandlung der Aufgaben a) und b) im Unterricht
      verbunden werden können.

9. Der **Flächeninhalt eines symmetrischen Drachens** kann mit Hilfe der Längen der
   beiden Diagonalen e und f berechnet werden.
   a) Stellen Sie den Flächenhalt in Abhängigkeit von einer Diagonalen in Form eines
      Funktionsgraphen dar.
   b) Stellen Sie den Flächeninhalt in Abhängigkeit von einer Diagonalen mit Fall von
      |e| = |f| in einem Funktionsgraphen dar.

10. **Billardkugeln** werden an den Banden des Tisches nach dem Gesetz „Einfalls-
    winkel = Ausfallswinkel" reflektiert. Eine Kugel P soll so gestoßen werden (siehe
    Abb. 5.77), dass sie

Abb. 5.77 Billardkugeln

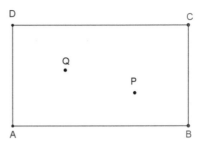

Abb. 5.78 Winkelhalbierende

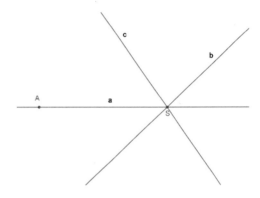

a) nach der Reflexion an der Bande AB die Kugel Q trifft,

b) nach Reflexionen an den Banden AB und AD die Kugel Q trifft.

Konstruieren Sie jeweils den Weg der Billardkugel P, wobei P und Q variabel sein sollen.

c) Diskutieren Sie diese Aufgabe unter didaktischen Gesichtspunkten.

11. **Winkelhalbierende.**[42] Drei Geraden a, b und c schneiden sich in einem Punkt S, wobei die Winkel zwischen a und b bzw. b und c kleiner als 90° sind. Auf a liegt der Punkt A ≠ S (Abb. 5.78). Gesucht ist ein Dreieck ABC, für das a, b und c die Winkelhalbierenden sind. Konstruieren Sie dieses Dreieck mit einem DGS.

Hinweis: Konstruieren Sie ein Dreieck, bei dem ein Punkt – etwa B ∈ b – noch variabel ist und eine Bedingung – etwa C ∈ c – *nicht* gilt.

12. **Satz des Pythagoras.** In Abb. 5.79 ist ein Beweis des Satzes des Pythagoras skizziert.

a) Visualisieren Sie diese Beweisidee dynamisch mit einem DGS.

b) Welche Bedeutung messen Sie dynamischen Veranschaulichungen im Rahmen von Beweisen im Mathematikunterricht bei?

---

[42] Dies ist eine Aufgabe aus einem Schulbuch der 8. Klasse (Gymnasium).

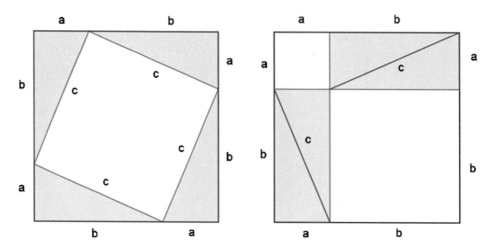

Abb. 5.79 Satz des Pythagoras

13. **Verkettungen von Abbildungen.** a sei eine Gerade und Z ein Punkt mit $Z \in a$. Seien außerdem $D_{z,\alpha}$ die Drehung um das Drehzentrum Z mit dem Drehwinkel α ($0° < \alpha < 360°$) und S_a die Achsenspiegelung an der Spiegelachse a. Zeigen Sie, dass die Verkettung $D_{z,\alpha} \circ S_a$ eine Achsenspiegelung ist!

14. **Würfelschnitte.** Ein Würfel wird von einer Ebene geschnitten. Konstruieren Sie die möglichen Schnittflächen des Würfels mit der Ebene. Können Sie die Schnittflächen auch dynamisch zeichnen, sodass sich beim „Durchschieben" der Ebene durch den Würfel – etwa längs einer Diagonalen – die verschiedenen Schnittflächen sukzessive ergeben? Welche Ziele verbinden Sie mit dieser Aufgabe im Unterricht?

15. **Eigenschaften eines Tetraeders.** Konstruieren Sie mit GeoGebra3D
    a) die Umkugel eines regulären Tetraeders sowie
    b) ein nicht reguläres Tetraeder und dessen Umkugel.
    c) Lösen Sie die Aufgaben a) und b) entsprechend für die Inkugel eines Tetraeders.
    d) Bewerten Sie diese Aufgabe unter didaktischen Gesichtspunkten.

16. **Castel del Monte.** In Apulien in der Nähe von Bari steht die Stauferburg Castel del Monte. Erbaut wurde sie von Friedrich II. in der ersten Hälfte des 13. Jahrhunderts. Die Grundrisse der Burg und der Türme sind Achtecke!

    Fertigen Sie ein virtuelles 3D-Modell dieser Burg mit GeoGebra3D an. Informieren Sie sich ggf. im Internet über diese Burg! (Abb. 5.80)

17. **Augmented Reality.** Laden Sie die App „GeoGebra 3D Rechner" auf Ihr Smartphone. Stellen Sie einen Körper auf dem Bildschirm dar. Durch Drücken von „AR" lässt sich der Körper in die Umgebung einblenden.[43] Suchen Sie nun einen Gegenstand in Ihrer Umgebung, den sie mit einem im 3D-Modus erzeugten geometrischen Körper möglichst gut annähern können.

---

[43] Für weitere Hinweise zur AR-Benutzung siehe etwa die Kurzanleitung auf www.geogebra. org. (05.05.2024)

Abb. 5.80 Castel del Monte

Literatur

Agricola, I., & Friedrich, T. (2014). *Elementargeometrie: Fachwissen für Studium und Mathematikunterricht* (4. Aufl.). Springer Spektrum. https://doi.org/10.1007/978-3-658-06731-1

Ahrer, J. M., Wolfinger, J., Hofstätter, A., & Hohenwarter, M. (2020). *Beiträge zum Mathematikunterricht*. In S. Siller, W. Weigel, & J. F. Wörler (Hrsg.), *Digitale Dokumentation von Schüler/-innenarbeit mit GeoGebra Notizen* (S. 61–64).

Arzarello, F., Olivero, F., Domingo, P., & Robutti, O. (2002). A cognitive analysis of dragging practises in Cabri environments. *Zentralblatt für Didaktik der Mathematik, 34*(3), 66–72. https://doi.org/10.1007/BF02655708

Baccaglini-Frank, A., & Mariotti, M. A. (2010). Generating conjectures in dynamic geometry: The maintaining dragging model. *International Journal of Computers for Mathematical Learning, 15*(3), 225–253. https://doi.org/10.1007/s10758-010-9169-3

Bach, C. C., & Bikner-Ahsbahs, A. (2020). Students' experiences with dynamic geometry software and its mediation on mathematical communication competency. In: A. Donevska-Todorova, E. Faggiano, J. Trgalova, Z. Lavicza, R. Weinhandl, A. Clark-Wilson, & H.-G. Weigand, *Mathematics Education in the Digital Age (MEDA) PROCEEDINGS* (S. 427–434). hal-02932218.

Beckmann, A. (1989). *Zur didaktischen Bedeutung der abbildungsgeometrischen Beweismethode für 12- bis 15-jährige Schüler*. Bad Salzdetfurth. https://doi.org/10.1007/BF03338744.

Bender, R., Hattermann, M., & Sträßer, R. (2021). Konstruieren im Raum – plötzlich alles anders!? *mathematik lehren, 228*, 14–18.

Bender, P. (1982). Abbildungsgeometrie in der didaktischen Diskussion. *Zentralblatt für Didaktik der Mathematik, 14*(1), 9–24.

Bickerton, R., & Sangwin, C. (2022). Practical online assessment of mathematical proof. *International Journal of Mathematical Education in Science and Technology, 53*(10), 2637–2660. https://doi.org/10.48550/arXiv.2006.01581

Biehler, R., & Weigand, H.-G. (2021). 3D-Geometrie – real und virtuell. *mathematik lehren, 228*, 2–5.

Bönig, D., Thöne, B. (2018). Die Klötzchen-App im Mathematikunterricht der Grundschule – Potenziale und Einsatzmöglichkeiten. In S. Ladel, U. Kortenkamp, & H. Etzold (Hrsg.), *Mathematik mit digitalen Medien – Konkret. Ein Handbuch für Lehrpersonen der Primarstufe* (S. 7–28). https://doi.org/10.37626/GA9783959870788.0.02

Brunheira, L., & da Ponte, J. P. (2017). Constructing draggable figures using GeoGebra: The contribution of the DGE for geometric structuring. In T. Dooley & G. Gueudet (Hrsg.), *Proceedings of the 10th CERME* (S. 572–579). Institute of Education.

Clark-Wilson, A., & Hoyles, C. (2017). *Dynamic digital technologies for dynamic mathematics: Implications for teachers' knowledge and practice.* UCL IOE Press.

Codina, A., Mar García del, M., & Rodríguez, J. L. (2022). Polyhedra conceptual knowledge with neotrie virtual reality geometry software. In: C. Fernandez, S. Llinearis, Á. Gutiérrez, *Proceedings of the 45th conference of PME. Universidad de Alicante* (Bd. 4, S. 4–343).

Dilling, F., & Vogler, A. (2021). Fostering spatial ability through computer-aided design: A case study. *Digital Experiences in Mathematics Education, 7*, 323–336. https://doi.org/10.1007/s40751-021-00084-w

Dilling, F., & Witzke, I. (2019). Zur Funktionsweise der 3D-Druck-Technologie. *mathematik lehren, 217*, 10–12. https://doi.org/10.1007/978-3-658-24986-1

Dilling, F., Pielsticker, F., Schneider, R., & Vogler, A. (2022). 3D-Druck im empirisch-gegenständlichen Mathematikunterricht. *MNU Journal, 75*, 37–45.

Elschenbroich, H.-J. (2007). Formeln geometrisch erkunden. *mathematik lehren, 144*, 18–19.

Elschenbroich, H.-J. (2010, August). Ein dynamischer Zugang zu Geometrie und Funktionen – mit dynamischen Arbeitsblättern lehren und lernen. *Praxis der Mathematik in der Schule*, Heft 34.

Fahlgren, M., & Brunström, M. A. (2014). A model for task design with focus on exploration, explanation, and generalization in a dynamic geometry environment. *Technology, Knowledge and Learning, 19*(3), 1–29. https://doi.org/10.1007/s10758-014-9213-9

Florian, L., & Etzold, H. (2021). Würfel stapeln – real und virtuell. *mathematik lehren, 228*, 11–13.

Franke, M., & Reinhold, S. (2016). *Didaktik der Geometrie.* Springer Spektrum.

Glaser, H., & Weigand, H.-G. (2006). Schnitte durch schöne Körper. *Der Mathematikunterricht, 52*(3), 3–14.

Guncaga, J., & Fuchs, K. J. (2020). DGS und CAS – Hilfsmittel bei der Nutzung Historischer Materialien im Mathematikunterricht. In H.-S. Siller, W. Weigel, & J. F. Worler (Hrsg.), *Beiträge zum Mathematikunterricht 2020* (S. 353–356). WTM-Verlag. https://doi.org/10.37626/9783959871402.0

Günster, S. M., Pöhner, N., Wörler, J. F., & Siller, HS. (2021). Mathematisches und informatisches Modellieren verbinden am Beispiel „Seilkamerasystem" – im Rahmen der Würzburger Schülerprojekttage. In M. Bracke, M. Ludwig, & K. Vorhölter (Hrsg.), *Neue Materialien für einen realitätsbezogenen Mathematikunterricht 8. Realitätsbezüge im Mathematikunterricht. Springer Spektrum.* https://doi.org/10.1007/978-3-658-33012-5_5

Gurjanow, I. (2021). *MathCityMap – eine Bildungs-App für mathematische Wanderpfade: theoretische Grundlagen, Entwicklung und Evaluation.* Universitätsbibliothek Johann Christian Senckenberg. https://doi.org/10.21248/gups.60910.

Gurjanow, I., Jablonski, S., Ludwig M., & Zender, J. (2019). Modellieren mit MathCityMap. In I. Grafenhofer & J. Maaß (Hrsg.), *Neue Materialien für einen realitätsbezogenen Mathematik-*

unterricht 6. Realitätsbezüge im Mathematikunterricht (S. 95–105). Springer Spektrum. https://link.springer.com/chapter/10.1007/978-3-658-24297-8_9

Halbeisen, L., Hungerbühler, N., & Läuchli, J. (2021). *Mit harmonischen Verhältnissen zu Kegelschnitten* (2. Aufl.). Springer. https://doi.org/10.1007/978-3-662-63330-4

Hattermann, M. (2011). *Der Zugmodus in 3D-dynamischen Geometriesystemen (DGS). Analyse von Nutzerverhalten und Typenbildung.* Vieweg+Teubner. https://doi.org/10.1007/978-3-8348-8207-3

Heintz, G., Elschenbroich, H.-J., Laakmann, H., Langlotz, H., Rüsing, M., Schacht, F., Schmidt, R., & Tietz, C. (2017). *Werkzeugkompetenzen – Kompetent mit digitalen Werkzeugen Mathematik betreiben.* medienstatt.

Henrici, J., & Treutlein, P. (1891). *Lehrbuch der Elementar-Geometrie. Erster Teil.* Teubner.

Hollebrands, K., McCulloch, A. W., & Okumus, S. (2021). High school students' use of technology to make sense of functions within the context of geometric transformations. *Digital Experiences in Mathematics Education, 7,* 247–275. https://doi.org/10.1007/s40751-021-00085-9

Holz, C., & Pusch, A. (2022). 3D-Druck im Mathematikunterricht. Konstruktion maßstäblicher geometrischer Körper. *MNU journal, 75*(1), 32–37.

Hölzl, R., & Schneider, W. (1997). Die Inversion am Kreis. *mathematik lehren, 82,* 53–56.

Hummel, A., Reinhold, S., & Wöller, S. (2021). Die Inversion am Kreis. Platonische Körper verNETZen. *Mathematik lehren, 228,* 6–10.

Jaber, O., Bagossi, S., & Swidan, O. (2022). Augmented reality for conceptualizing covariation through connecting virtual and real worlds. In: H.-G. Weigand, A. Donevska-Todorova, E. Faggiano, P. Iannone, J. Medová, M. Tabach, & M. Turgut, *MEDA3 – Proceedings of the 13th ERME Topic Conference in Nitra* (S. 182–187).

Jahnke, H. N., Sommerhoff, D., & Ufer, S. (2023). Argumentieren, Begründen und Beweisen. In R. Bruder, A. Büchter, H. Gasteiger, B. Schmidt-Thieme, & H.-G. Weigand (Hrsg.), *Handbuch der Mathematikdidaktik.* Springer.

Kirsche, P. (2012). *Einführung in die Abbildungsgeometrie: Kongruenzabbildungen, Ähnlichkeiten und Affinitäten* (2. Aufl.). Teubner.

Klöckner, V., Siller, H.-S., & Adler, S. (2016). Wie bewegt sich eine Spidercam? Eine technische Errungenschaft, die nicht nur Fußballfans begeistert. *Praxis der Mathematik 69*(58), 26–30

KMK. (Hrsg.). (2022). Bildungsstandards für das Fach Mathematik. Erster Schulabschluss (ESA) und Mittlerer Schulabschluss (MSA) (Beschluss der Kultusministerkonferenz vom 15.10.2004 und vom 04.12.2003, i.d.F. vom 23.06.2022). *Sekretariat der Ständigen Konferenz der Kultusminister der Länder in der Bundesrepublik Deutschland.* https://www.kmk.org/fileadmin/Dateien/veroeffentlichungen_beschluesse/2022/2022_06_23-Bista-ESA-MSA-Mathe.pdf

Körner, H., Lergenmüller, A., Schmidt, G., & Zacharias, M. (Hrsg.). (2018). *Mathematik – Neue Wege 9. Arbeitsbuch für Gymnasien Rheinland-Pfalz.* Bildungshaus Schulbuchverlage.

Kortenkamp, U. (2020). 3D wie die Profis. *mathematik lehren, 223,* 41.

Kortenkamp, U., Dohrmann, C. (2016). Vorwärts-Rückwärts zum Begriff. Konstruktion und Re-Konstruktion von Zugfiguren. *mathematik lehren, 33* (196), 18–21.

Levy, Y., Jaber, O., Swidan, O., & Schacht, F. (2020). Learning the function concept in an augmented reality-rich environment. In: A. Donevska-Todorova, J. Faggiano, Trgalova, Z. Lavicza, R. Weinhandl, A. Clark-Wilson, & H.-G. E. Weigand. *Mathematics Education in the Digital Age (MEDA).* Proceedings (S. 239–246).

Meier, M., Greefrath, G., Hamman, M., Wodzinski, R., & Ziepprecht, K. (Hrsg.). (2023). *Lehr-Lern-Labore und Digitalisierung.* Springer. https://doi.org/10.1007/978-3-658-40109-2

Moral-Sánchez, S.-N., & Siller, S. (2022). Learning geometry by using virtual reality. *Proceedings of the Singapore National Academy of Science, 16*(01), 61–70. https://doi.org/10.1142/S2591722622400051

Oldenburg, R. (2017). Wie gut unterstützt GeoGebra das Problemlösen? In U. Kortenkamp & A. Kuzle (Hrsg.), *Beiträge zum Mathematikunterricht 2017* (S. 729–732). WTM-Verlag.

Penssel, C., & Penssel, H.-H. (1993). *Kegelschnitte*. Bayerischer Schulbuchverlag.

Pielsticker, F. (2020). *Mathematische Wissensentwicklungsprozesse von Schülerinnen und Schülern. Fallstudien zu empirisch-orientiertem Mathematikunterricht am Beispiel der 3D-Druck-Technologie.* Springer Spektrum. https://doi.org/10.1007/978-3-658-29949-1.

Profke, L. (1993). Kegelschnitte – Ein Lehrgang, Teil 1 u. 2, *Mathematik in der Schule,* 31, H. 1 u. 2,. 18–28 u. 112–117.

QUA-Lis NRW. (Hrsg.). (o.J.). 3-D-Druck in der Schule. www.schulentwicklung.nrw.de/cms/facher/faecheruebergreifend/3d-druck-in-der-schule.html. Zugegriffen am 05.05.2024.

Riemer, W. (2013). Die Gauß'sche Schuhbandformel: Wie GPS-Geräte Flächen messen. *Praxis der Mathematik, 53,* 20–24.

Riemer, W., & Greefrath, G. (2013). Mit Positionen rechnen – GPS im Mathematikunterricht nutzen. *Praxis der Mathematik, 53,* 2–5.

Rodríguez, J. L., Romero, I., & Codina, A. (2021). The influence of neotrie VR's immersive virtual reality on the teaching and learning of geometry. *Mathematics, 9*(19), 2411. https://doi.org/10.3390/math9192411

Roth, J., Süss-Stepancik, E., & Wiesner, H. (2015). *Medienvielfalt im Mathematikunterricht – Lernpfade als Weg zum Ziel.* Springer. https://doi.org/10.1007/978-3-658-06449-5

Ruppert, M. (2015). Reise durch die Dimensionen – Mit Geogebra3D von der Ebene in den Raum. *Mathematik lehren, 190,* 22–25.

Ruppert, M., Wörler, J. (2013) *Technologien im Mathematikunterricht – Eine Sammlung von Trends und Ideen.* Springer-Verlag, Berlin. https://doi.org/10.1007/978-3-658-03008-7

Schacht, F. (2017). Digitale Diskurse im Geometrieunterricht. In U. Kortenkamp & A. Kuzle (Hrsg.), *Beiträge zum Mathematikunterricht 2017* (S. 817–820). WTM-Verlag.

Schumann, H. (2007). *Elementare Tetraedergeometrie.* Franzbecker.

Schupp, H. (2000). *Kegelschnitte.* Franzbecker.

Simsek, A., Bretscher, N., Clark-Wilson, A., & Hoyles, C. (2022). Teachers' classroom use of dynamic mathematical technology to address misconceptions about geometric similarity. In J. Hodgen, E. Geraniou, G. Bolondi & F. Ferretti (Hrsg.) *Proceedings of the 12th CERME* (S. 2626–2633).

Sinclair, N., Bartolini Bussi, M. G., Villiers, M., Jones, K., Kortenkamp, U., Leung, A., & Owens, K. (2016). *Recent research on geometry education: An ICME-13 survey team report* (Bd. 48, S. 691–719). Springer Spektrum. https://doi.org/10.1007/s11858-016-0796-6

Van Randenborgh, C. (2015). *Instrumente der Wissensvermittlung im Mathematikunterricht: Der Prozess der instrumentellen Genese von historischen Zeichengeräten.* Springer Spektrum. https://doi.org/10.1007/978-3-658-07291-9

Vargyas, E. (2020). Erkundungen um ein elementargeometrisches Problem. In H.-S. Siller, W. Weigel, & J. F. Worler (Hrsg.), *Beiträge zum Mathematikunterricht* (S. 961–964). WTM-Verlag. https://doi.org/10.37626/9783959871402.0

Vollrath, H.-J. (1984). *Methodik des Begriffslehrens im Mathematikunterricht.* Klett.

Vollrath, H.-J. (2013). *Verborgene Ideen: Historische mathematische Instrumente.* Springer Spektrum. https://doi.org/10.1007/978-3-658-01430-8

Weigand, H.-G. (2011). Kreis und Kugel – Verbindung zwischen Form und Raum. *mathematik lehren, 165,* 2–7.

Weigand, H.-G. (Hrsg.). (2018). *Didaktik der Geometrie für die Sekundarstufe I* (3. Aufl.). Springer Spektrum. https://doi.org/10.1007/978-3-662-56217-8

Weigand, H.-G., Schüler-Meyer, A., & Pinkernell, G. (2021). *Didaktik der Algebra.* Springer Spektrum. https://doi.org/10.1007/978-3-662-64660-1

Weigand, H.-G., & Weth, Th. (2002). *Computer im Mathematikunterricht – Neue Wege zu alten Zielen.* Springer Spektrum.

Weth, T. (1994). Konstruktionen und Konstruktionsbeschreibungen mit GEOLOG. *Der Mathematikunterricht, 39*(1), 49–62.

Weth, T. (1999). *Kreativität im Mathematikunterricht – Begriffsbildung als kreatives Tun.* Franzbecker.

Weth, Th. (2000). Mathematische Erfindungen im Umfeld des Satzes von Pythagoras. *Praxis der Mathematik, 42(2),* 70–75.

Weth, T. (1993). *Zum Verständnis des Kurvenbegriffs im Mathematikunterricht.* Franzbecker. https://doi.org/10.1007/BF03338805

Witzke, I., & Heitzer, J. (2019). 3D-Druck: Chance für den Mathematikunterricht? *mathematik lehren, 217,* 2–9.

Wolfinger, J., Ahrer, J. M., Hofstätter, A., & Hohenwarter, M. (2020). Möglichkeiten von Augmented Reality in der Geogebra 3D Rechner App. In H.-S. Siller, W. Weigel, & J. Wörler (Hrsg.), *Beiträge zum Mathematikunterricht* (S. 1049–1052). WTM-Verlag.

Wolfinger, J., Weinhandl, R., Thrainer, S., Thaller, A., Baldinger, S., & Schörgenhuber, A. (2021). 3D-Geometrie real und virtuell. In *mathematik lehren 228.* MatheWelt.

Die Leitidee *Daten und Zufall* ist der fünfte zentrale Inhaltsbereich im Mathematikunterricht der Sekundarstufe I und beinhaltet zwei wesentliche inhaltsbezogene Ausprägungen: die deskriptive (= beschreibende) Statistik und die Wahrscheinlichkeitsrechnung zufallsabhängiger Vorgänge. Das Bindeglied dieser beiden Ausprägungen liegt in der Interpretation von Wahrscheinlichkeiten als „Prognosen von relativen Häufigkeiten bei zufallsabhängigen Vorgängen" (KMK, 2022, S. 21). Damit wird insbesondere dem prognostischen Wahrscheinlichkeitsbegriff Rechnung getragen, indem die Wahrscheinlichkeit als bestmögliche Prognose für die relativen Häufigkeiten interpretiert wird. So kann sowohl auf Erfahrungen aus dem Alltag zurückgegriffen als auch der hypothetische Charakter, der diesem Begriff innewohnt, betont werden. Prognosen, die sich nicht bewähren, können verworfen und ggf. durch geeignetere Prognosen ersetzt werden. Auf eine formale Einführung des Wahrscheinlichkeitsbegriffs kann damit zunächst verzichtet werden. Es lassen sich jetzt vielmehr Begriffe an konkreten – vor allem auch digital unterstützten – Materialien entwickeln.

Beide inhaltsbezogenen Ausprägungen können, unterstützt durch digitale Medien und Werkzeuge, vertiefte Einblicke in die Stochastik ermöglichen. Insbesondere gilt es, die in den KMK-Standards (KMK, 2022, S. 22) formulierten Kompetenzbeschreibungen, die den Einsatz digitaler Medien und Werkzeuge hervorheben, zu beachten, um deren Bedeutung in der Leitidee *Daten und Zufall* hervorzuheben.

6.1 Deskriptive Statistik

Der verständige Umgang mit Daten gilt als eine grundlegende Kompetenz im 21. Jahrhundert, sodass auch im Mathematikunterricht möglichst frühzeitig auf deren Entwicklung hingewirkt werden muss/soll. Dies wird im Mathematikunterricht durch Kreisläufe, wie beispielsweise dem PPDAC-Zyklus, der in Biehler et al. (2023, S. 247) als eine mögliche statistische Grundlage fachdidaktischer Entwicklung erwähnt wird, unterstützt. Der Vorteil solcher Modelle kann u. a. darin erkannt werden, dass ausgehend von einem Problem (P) ein Vorgehensmodell – d. h. ein Plan (P) – entwickelt werden soll, der Daten (D) der Analyse (A) zuführt und schließlich zu einer Schlussfolgerung (C) reicht. Da Daten in Zeiten zunehmender Digitalisierung (immer) einfacher gewonnen werden können bzw. (immer) einfacher darauf zugegriffen werden kann, ist es umso wichtiger, solche Daten zielgerichtet aufzubereiten und/oder übersichtlich darzustellen.

> „Bürger müssen in der Lage sein, statistische Informationen in Form von Tabellen, Graphiken und Statistiken zu zentralen gesellschaftlichen Phänomenen kritisch zu lesen und zu verstehen, um fundierte Entscheidungen im privaten wie öffentlichen Leben treffen zu können." (Engel et al., 2019, S. 215)

Diese Beschreibung fokussiert einerseits die Aufbereitung und Darstellung und andererseits die Analyse und Interpretation von Daten. Neben einem verständigen Umgang ist es somit auch notwendig, eine zielgerichtete Auswertung von (sehr großen) Daten(mengen) zu adressieren. Dies gelingt, indem Daten – z. B. aufgrund von Beobachtungen, Befragungen oder Experimenten – gewonnen, graphisch oder tabellarisch visualisiert bzw. aufbereitet sowie aufgrund eingehender Analysen zur Generierung von Hypothesen bzw. zur Interpretation von Ergebnissen sowie zur Ableitung von Handlungsempfehlungen eingesetzt werden.

Insbesondere bei der Datenerhebung sowie der Datenaufbereitung bietet sich der Einsatz digitaler Werkzeuge im Mathematikunterricht an. So gelingt es, einen verständigen Umgang mit Daten in vielfältigen interdisziplinären – beispielsweise wirtschaftlichen, naturwissenschaftlichen oder sportlichen – Kontexten aufzuzeigen und umzusetzen.

Anhand zweier Beispiele, *Lotto 6aus49* und *Familienstand*, werden in diesem Abschnitt ein möglicher Zugang zum Sammeln und Erheben von Daten sowie eine mögliche Datenaufbereitung aufgezeigt. Bei der Datenanalyse, die zum Generieren von Hypothesen mit Rückgriff auf digitale Werkzeuge dargestellt wird, können (1) Daten vorliegen oder (2) für den (Untersuchungs-)Zweck generiert werden.

1. Daten liegen vor: Meist werden damit Realsituationen untersucht und die erhobenen Daten durch Verwendung digitaler Werkzeuge dargestellt und interpretiert. Beispiele hierfür sind: Wie verändert sich die Temperatur in Deutschland innerhalb eines Jahres, innerhalb mehrerer Jahre? In welchem Alter wachsen Kinder prozentual besonders stark? Welcher Tag in der Woche eignet sich besonders gut zum günstigen Tanken (vgl. Götz & Siller, 2015)?
2. Daten generieren: Wenn Daten nicht vorliegen, können sie durch
   a. Messung, z. B. mittels einer Umfrage, oder
   b. Experimentieren, z. B. mit Simulationen,
   gewonnen werden. Der wesentliche Unterschied zwischen diesen Datengenerierungsprozessen liegt darin, dass bei Simulationen der datengenerierende Prozess

vollständig in den eigenen Händen liegt, während man bei a) eher in der passiven Rolle des Beobachters ist. Ziele, die durch ein solches Vorgehen verfolgt werden, könn(t)en sein: Muster und Zusammenhänge anhand der Daten zu erkennen (direkter Kontextbezug) oder anhand der Daten die Funktionsweise der Simulation und damit den Sachkontext inhaltlich zu erschließen (indirekter Kontextbezug über die Funktionsweise des Programms). Ein Beispiel dafür ist das Modellieren von Sportwetten bei Großereignissen wie z. B. Welt- oder Europameisterschaften (vgl. Siller et al., 2015).

Die Vorteile der Verwendung eines digitalen Werkzeugs zum Generieren von Hypothesen sind vielfältig: Die Verarbeitung großer Datenmengen, dynamische Visualisierungen oder rechnerische Vergleiche sind unkompliziert und rasch möglich (wie in den nachfolgenden Abschnitten, insbesondere in Abschn. 6.2, ersichtlich werden wird). In der Schule ist die Generierung von Hypothesen ein wichtiges Ziel. In diesem Zusammenhang ist es sinnvoll,

- interessante, aber inhaltlich überschaubare (und nicht zu vor- und hintergrundwissensintensive) Realkontexte zu betrachten,
- Sachverhalte zu untersuchen, die das selbstständige Auffinden von Mustern mittels der Untersuchung von Kennzahlen und graphischen Darstellungen ermöglichen,
- die Daten schon vorliegen zu haben (wobei es dann keine hypothesengenerierende Datenerhebung mehr ist, die Daten werden ja nicht mehr erhoben) oder eine Datei schon vorliegen zu haben, mit der die Daten generiert und auf Regelmäßigkeiten untersucht werden,
- auf die Eignung der Daten zu achten, d. h. sich die Frage zu stellen, ob die vorliegenden Daten geeignet sind, mithilfe des digitalen Werkzeugs in angemessenem Aufwand aufbereitet und ausgewertet zu werden.

Dem stehen statistische Erhebungen gegenüber, bei denen Daten analog erhoben werden und somit in der Anzahl/Menge der Daten sehr überschaubar sind, wie dies auch in vielen Schulbüchern zu finden ist. Um hier Ergebnisse zu erzielen, ist die Unterstützung durch digitale Medien oder digitale Werkzeuge nicht unbedingt notwendig. Sie kann aber dazu dienen, die Anwendung elementarer Grundfunktionen dieser technischen Hilfsmittel kennenzulernen.

Beispiel

In Krüger et al. (2015, S. 41 ff.) wird über die Frage diskutiert, wie sich die Geburtenzahlen der einzelnen Monate in Hamburg voneinander unterscheiden. Unter anderem wird anhand eines Datensatzes des Statistischen Bundesamtes die mit Daten gestützte Hypothese aufgestellt, dass in den Monaten mit 31 Tagen (also den Monaten mit den meisten Tagen) auch die meisten Kinder geboren werden. Digitale Werkzeuge können hierbei helfen, auch weitere Datensätze hinzuzugewinnen und somit die Datengrundlage der generierten Hypothese zu vergrößern. ◄

Beispiel

Krüger et al. (2015, S. 170 ff.) untersuchen auch die Frage, ob es ungewöhnlich ist, dass unter zehn Geburten an einem konkreten Tag drei oder weniger Mädchen sind. Hierzu kann anhand einer Simulation die Hypothese generiert werden, dass dies eher gewöhnlich oder eher ungewöhnlich ist. ◄

Eine Simulation, am Beispiel Wahrscheinlichkeit für ein Mädchen von 0,4, zeigt Abb. 6.1.

6.1.1 Daten sammeln und erheben

Die Fähigkeit, Daten digital zu lesen und daraus auch digital Informationen zu gewinnen, zu interpretieren und entsprechend zu handeln, gilt heute als eine Schlüsselfähigkeit für junge Menschen und Erwachsene und ist somit eine der „neuen Grundvoraussetzungen" für den mündigen Bürger (Joynes et al., 2019). Damit geht insbesondere auch das systematische Sammeln von Daten im Rahmen von Erhebungen einher. Lernende sollen so Erfahrungen mit eigenständiger Datengenerierung gewinnen und auch darüber reflektieren. Die Frage, welche Datensätze im Mathematikunterricht eingesetzt werden können/dürfen, tritt dabei immer wieder auf. Durch den Einsatz digitaler Medien öffnen sich für den Mathematikunterricht viele neue Möglichkeiten. Bis zu den 2000er-Jahren war das Sammeln von Daten – im Mathematikunterricht – oftmals auf Eigenschaften „beschränkt", die Lernende im Klassenraum bzw. deren (unmittelbarem) Umfeld erheben konnten, z. B. Schuh- und Körpergröße oder das Zählen von Autos unter Berücksichtigung einer be-

	Geburten: Wie wahrscheinlich sind (maximal) drei Mädchen?			
Wahrscheinlichkeit für …		Anzahl der Geburten (max. 100)		Variieren Sie die Wahrscheinlichkeit für ein Mädchen und die Anzahl der Geburten und lesen Sie die zugehörigen Wahrscheinlichkeiten ab.
… ein Mädchen	0,4	10		
… einen Jungen	0,6			

Anzahl der Mädchen	Anzahl der Jungen	Wahrscheinlichkeit für x Mädchen	Wahrscheinlichkeit für maximal x Mädchen
0	10	0,006046618	0,006046618
1	9	0,040310784	0,046357402
2	8	0,120932352	0,167289754
3	7	0,214990848	0,382280602
4	6	0,250822656	0,633103258
5	5	0,200658125	0,833761382
6	4	0,111476736	0,945238118
7	3	0,042467328	0,987705446
8	2	0,010616832	0,998322278
9	1	0,001572864	0,999895142
10	0	0,000104858	1

Abb. 6.1 Simulation, dass unter zehn Geburten an einem Tag drei oder weniger Mädchen sind

stimmten Eigenschaft. Diese Beispiele verlieren durch die zunehmende Digitalisierung keinesfalls an Bedeutung, aber der Zugriff auf digitale Ressourcen ermöglicht den Einsatz und die Verwendung vielfältiger und öffentlich zugänglicher Datenpools, die zum Sammeln und Erheben von Daten aus wissenschaftlicher und unterrichtlicher Tätigkeit genutzt werden können.

Beispiel

Neben individuellen Datenerhebungen von Lehrkräften oder Lernenden aus ihrem Alltag (durch Fitness-Tracker, persönliche Aufzeichnungen o. Ä.) besteht durch das Internet auch die Möglichkeit, mit offenen Datenquellen, sog. Open-Data-Quellen, zu arbeiten. Ein Beispiel dafür ist die Webseite der Open Knowledge Foundation Deutschland e.V. (https://datenmachenschule.de), auf der viele Links zu offenen Datenquellen gefunden werden können. Es ist aber auch möglich, im unmittelbaren lokalen Umfeld nach offenen Daten zu suchen. Meistens bieten Kommunen unterschiedliche Daten an (z. B. zu Hochwasser oder Niederschlagsmengen). Eine andere Möglichkeit ist es, auf das Bundesamt für Statistik (https://www.destatis.de/DE/Home/_inhalt.html) oder auf Daten zurückzugreifen, die durch die Europäische Union in Eurostat (https://ec.europa.eu/eurostat/de/) zur Verfügung gestellt werden, und hier Datensätze, z. B. den Anteil der Lernenden mit Deutsch als Fremdsprache, zu erhalten. Auch kommerzielle Anbieter ermöglichen den Zugriff auf Statistiken, wie beispielsweise der deutsche Lotto- und Totoblock der 16 selbstständigen Lotteriegesellschaften – https://www.lotto.de. Hier wird ein vergleichsweise einfacher Zugriff auf größere Datenmengen ermöglicht, die auch zum Arbeiten im schulischen Kontext und/oder in interdisziplinären Unterrichtsprojekten, wie z. B. im Projekt ProDaBi (https://www.prodabi.de), genutzt werden können. Zudem erleben Lernende, wie Erhebungen geplant werden, um daraus auch einen vertieften und vielfältigen Umgang mit Daten in Sachzusammenhängen zu erleben. ◀

Manchmal ist es notwendig, Daten, auch händisch, so aufzubereiten, dass sie zweckdienlich genutzt werden können. Dies möchten wir nun am Beispiel „Lotto 6aus49" zeigen – und an geeigneter Stelle wieder aufgreifen. Die uns interessierende Fragestellung ist dabei zunächst: Wie häufig wurden die Gewinnzahlen in einem bestimmten Zeitraum gezogen? Berücksichtigt wurden die Ziehungsergebnisse für die Ziehung am Samstag (seit dem 9. Oktober 1955) und am Mittwoch (seit dem 2. Dezember 2000: Abschaffung der B-Ziehung am Mittwoch) – ohne Berücksichtigung der Zusatzzahl. Auf der Webseite Lotto.de (genauer unter https://www.lotto.de/lotto-6aus49/statistik/ziehungshaeufigkeit) kann die (absolute) Häufigkeit der Gewinnzahlen in Erfahrung gebracht werden. Um diese weiterzuverarbeiten, ist es notwendig, die Zahlen in eine Tabellenkalkulation zu übertragen.

Wie in Tab. 6.1 dargestellt, haben wir die Häufigkeit der Gewinnzahlen im angeführten Zeitraum in der Tabelle ergänzt. Die Sammlung bzw. Erhebung der Daten ist damit abgeschlossen. Um eine Übersicht ähnlich wie auf der angegebenen Webseite zu erhalten, könnte sie auch in Form eines Balkendiagramms aufbereitet werden (Abb. 6.2).

Tab. 6.1 Häufigkeit der einzelnen Zahlen als Gewinnzahl bei Lotto 6aus49

Lottozahlen	1	2	3	4	5	6	…	44	45	46	47	48	49
Häufigkeit	583	571	586	570	573	631	…	551	516	550	566	573	612

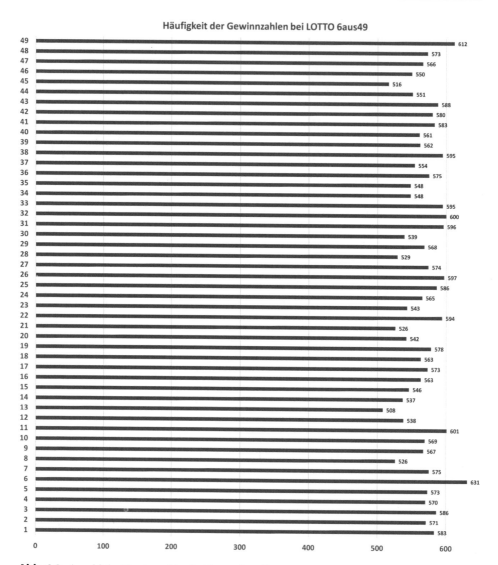

Abb. 6.2 Anzahl der Gewinnzahlen bei Lotto 6aus49

Eine händische Übertragung der Daten ist in der Regel fehleranfällig. Daher möchten wir die Möglichkeit eines automatisierten Datenabrufs über eine webbasierte Daten- bank – wie eingangs bereits erwähnt – in Erinnerung rufen. Auf der Webseite https:// www-genesis.destatis.de/genesis/online gibt es die Möglichkeit, in unterschiedlichen

Dateiformaten umfassende Datensätze für verschiedenste Einsatzbereiche abzurufen. Wir greifen auf einen Datensatz zurück, der die Möglichkeit eröffnet, Daten zur deutschen Bevölkerung, basierend auf Altersjahren und Familienstand zu untersuchen. Der Stichtag ist dabei frei wählbar und wurde bei uns so gewählt, dass der gesamte Datensatz abgerufen wird. Ebenso greifen wir auf alle verfügbaren Daten des Parameters „Altersjahre" zurück (vgl. Abb. 6.3). Die Einstellungsmöglichkeiten auf der angeführten Webseite sind von Datensatz zu Datensatz unterschiedlich und bedingen, dass das Ziel a priori festgelegt ist. Ansonsten besteht die Gefahr, beliebige Daten zu sammeln und wenig zielgerichtet aufzubereiten.

Der Werteabruf von der Webseite generiert eine Zahlenkolonne entsprechend den verwendeten Parametern, wie in Abb. 6.3 ersichtlich wird. Es handelt sich dabei meist um eine Liste von Daten, die durch das Medium bereits nach unterschiedlichen – auswählbaren – Kriterien vorsortiert wurde (Abb. 6.4).

Nun gilt es, die Daten aufzubereiten, sodass damit auch im Mathematikunterricht sinnstiftend gearbeitet werden kann.

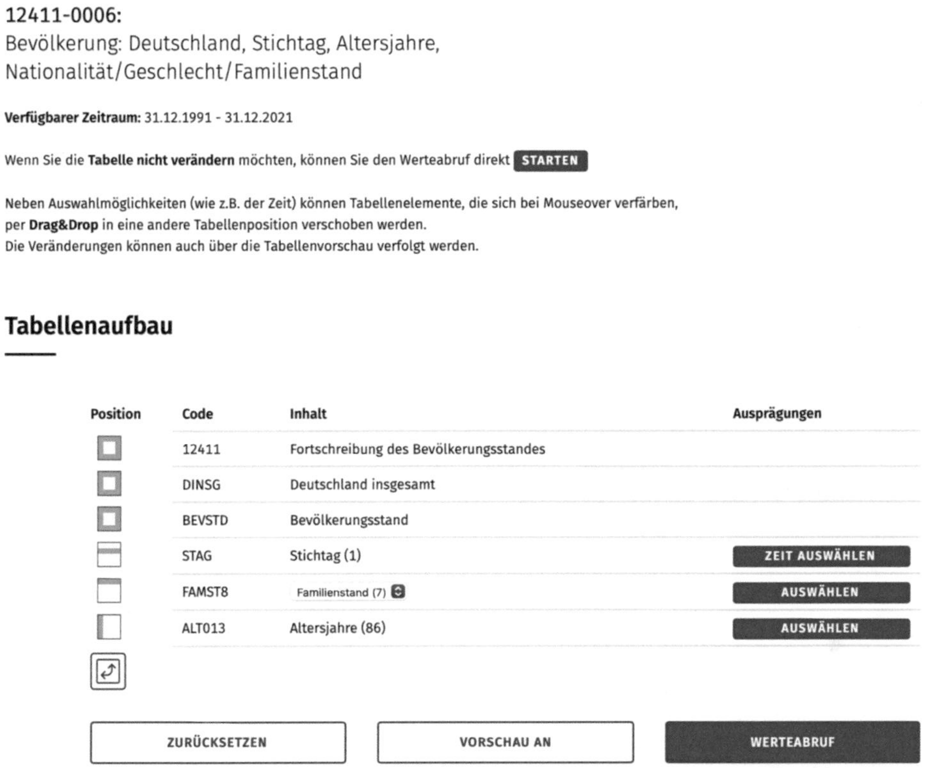

Abb. 6.3 (Automatisierter) webbasierter Datenabruf von Destatis.de. (Datenquelle: Statistisches Bundesamt (Destatis), Genesis-Online, Abrufdatum 05.05.2024; Datenlizenz by-2-0)

Tabelle

DIAGRAMM

Downloads: XLSX CSV FLAT XML   Optionen: Q ⧉ ⬆

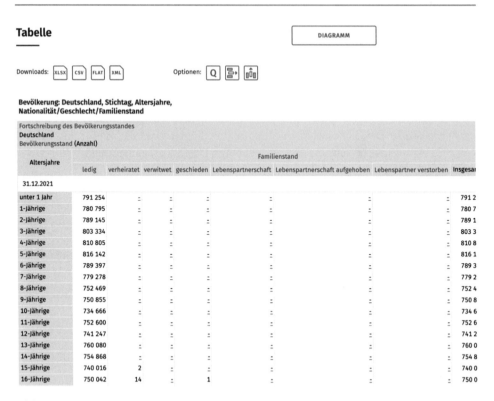

Bevölkerung: Deutschland, Stichtag, Altersjahre,
Nationalität/Geschlecht/Familienstand

Fortschreibung des Bevölkerungsstandes
Deutschland
Bevölkerungsstand (Anzahl)

| Altersjahre | Familienstand | | | | | | | |
	ledig	verheiratet	verwitwet	geschieden	Lebenspartnerschaft	Lebenspartnerschaft aufgehoben	Lebenspartner verstorben	Insgesa
31.12.2021								
unter 1 Jahr	791 254	:	:	:	:	:	:	791 2
1-Jährige	780 795	:	:	:	:	:	:	780 7
2-Jährige	789 145	:	:	:	:	:	:	789 1
3-Jährige	803 334	:	:	:	:	:	:	803 3
4-Jährige	810 805	:	:	:	:	:	:	810 8
5-Jährige	816 142	:	:	:	:	:	:	816 1
6-Jährige	789 397	:	:	:	:	:	:	789 3
7-Jährige	779 278	:	:	:	:	:	:	779 2
8-Jährige	752 469	:	:	:	:	:	:	752 4
9-Jährige	750 855	:	:	:	:	:	:	750 8
10-Jährige	734 666	:	:	:	:	:	:	734 6
11-Jährige	752 600	:	:	:	:	:	:	752 6
12-Jährige	741 247	:	:	:	:	:	:	741 2
13-Jährige	760 080	:	:	:	:	:	:	760 0
14-Jährige	754 868	:	:	:	:	:	:	754 8
15-Jährige	740 016	2	:	:	:	:	:	740 0
16-Jährige	750 042	14	:	1	:	:	:	750 0

Abb. 6.4 Datenabruf Fortschreibung des Bevölkerungsstands nach Altersjahren und Familienstand. (Datenquelle: Statistisches Bundesamt (Destatis), Genesis-Online, Abrufdatum; Datenlizenz by-2-0)

6.1.2 Daten aufbereiten und darstellen

Wie wichtig es ist, digital zur Verfügung gestellte Daten und Informationen lesen und interpretieren zu können, wurde in der COVID-19-Pandemie deutlich. Hier wurden Darstellungen mathematischer Informationen digital aufbereitet, z. B. die Zahl der Todesfälle,
wöchentlich gleitende Durchschnittswerte der Infektionen und Diagramme mit internationalen Vergleichen der nationalen Infektionszahlen, und in Medienberichten eingesetzt.
Damit die dahinterliegenden Botschaften wirksam werden, müssen diese (digitalen) Darstellungen von Daten und Informationen im Zusammenhang gelesen und interpretiert werden. Die Fähigkeit, digitale Daten und Informationen zu lesen und zu interpretieren, ist
auch eine wesentliche Voraussetzung, um gesellschaftliche Verantwortung zu übernehmen.

Obwohl die Bedeutung dieser Fähigkeit auf der Hand liegt, ist das Lesen, Interpretieren
und Handeln als Reaktion auf digitale Darstellungen häufig ein komplexer Vorgang, insbesondere wenn die Ausgaben dynamisch sind, d. h. sich in Echtzeit ändern oder vom Benutzer manipuliert werden können, um verschiedene Ansichten derselben Informationen
und/oder Daten zu präsentieren (vgl. Siller et al., 2023).

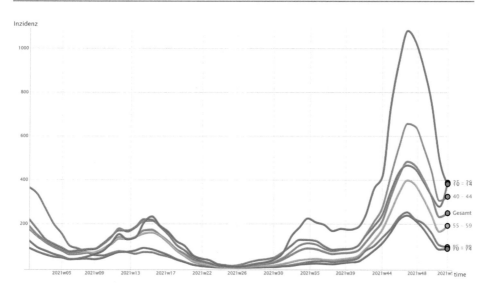

Abb. 6.5 COVID-19-Inzidenzen im Jahr 2021 wochenweise kumuliert

Dies ist eine noch größere Herausforderung, wenn Darstellungen einen Aspekt der natürlichen oder sozialen Welt repräsentieren, um ein Ergebnis im Zusammenhang mit einem realen Phänomen zu beurteilen – wie beispielsweise im Fall der COVID-19-Pandemie. Eine Alternative, Lernenden die Möglichkeit zu bieten, selbst in derartigen dynamischen Umgebungen zu arbeiten, bietet die Software Gapminder (www.gapminder.org). Mit diesem Tool können unterschiedliche Diagrammtypen erzeugt und so Darstellungen, wie sie häufig auch in Medien oder Pressekonferenzen zu finden sind, erzeugt werden (vgl. Abb. 6.5). Wir betrachten dies an den wöchentlichen Inzidenzen in der COVID-19-Pandemie im Jahr 2021 insgesamt sowie in verschiedenen Altersstufen. Ausgewählt sind der Übersichtlichkeit wegen nur einige wenige Altersstufen (vgl. Abb. 6.5).

Der Vorteil von Gapminder liegt in der einfachen Selektion von Merkmalsausprägungen, bspw. der Inzidenz unter den 40-bis-44-Jährigen. Eine Forecast-Funktion ermöglicht eine Prognose für den weiteren Verlauf der Daten. Grundsätzlich ist es nicht möglich, in der Gegenwart Prognosen (also Aussagen über den Verlauf in der Zukunft) zu analysieren und zu evaluieren, insbesondere kann nicht sicher überprüft werden, ob die Prognose zutreffen wird oder nicht – und warum. Hierzu müssen zwingend Validierungsmöglichkeiten vorliegen. Dies können beispielsweise reale Daten sein, die dann mit der Prognose verglichen werden. Damit Lernende Prognosen trotzdem kompetent einschätzen können, sollen entsprechende Unterrichtssituationen geschaffen werden. Ein Vorschlag ist, mit Lernenden Prognosen „aus der Vergangenheit" anhand aktueller, zeitgemäßer Daten zu evaluieren, wie in der nachfolgenden Aufgabe.

Beispiel

Erstelle mit einer geeigneten Software – z. B. Gapminder – eine Prognose für die Bevölkerungszahl in Deutschland/auf der Welt im Jahre 2020.

a) Recherchiere und nutze dafür Daten aus den Jahren 1900 bis 1970.
b) Analysiere, welche Umstände und Annahmen die Prognose beeinflusst haben könnten.
c) Gleiche die Prognose mit der tatsächlichen Bevölkerungszahl im Jahr 2020 ab. Überlege, welche Umstände mögliche Gemeinsamkeiten oder Unterschiede zwischen der Prognose und der tatsächlichen Bevölkerungszahl begründen könnten. ◄

Gapminder bietet außerdem die Möglichkeit, den Verlauf zeitdynamisch darzustellen, was zur Übersichtlichkeit beitragen und die Entwicklung ggf. besser aufzeigen kann. Das Lesen und Interpretieren von Daten ermöglicht ein breites Spektrum alltäglicher Situationen, beispielsweise die Interpretation von Daten, die mit Hilfe einer Fitnessuhr gewonnen werden, bis hin zur datengestützten Auseinandersetzung mit wirtschaftlichen Gegebenheiten, z. B. dem prozentualen Rückgang der Flüge in einem abgefragten Zeitraum (vgl. Abb. 6.6).

Es ist naheliegend, dass statistische Kenntnisse für die Interpretation aufbereiteter Daten oder Informationen notwendig bzw. unerlässlich sind. Die gültige Interpretation digitaler Darstellungen von alltäglichen Phänomenen ist auch aus diesem Grund eine nicht-triviale Aktivität, die für viele Jugendliche und Erwachsene eine Herausforderung darstellt (Schüller & Busch, 2019 oder GI, 2019).

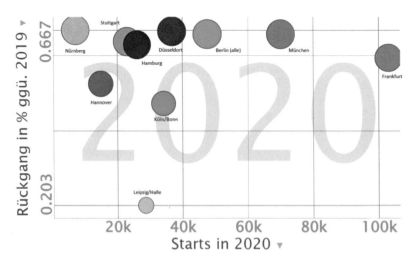

Abb. 6.6 Flüge im Jahre 2020 je Flughafen (Top 10 in Deutschland) sowie der Rückgang in Prozent im Vergleich zum Vorjahr

Alltägliche Phänomene können genutzt werden, um Diagramme aus eigenständig erhobenen, durch weitere Personen oder das Internet erhaltenen oder mithilfe eines Programms erzeugten Daten selbstständig zu erstellen. Damit kann nicht nur die „Entstehung" von Daten, sondern es können auch Probleme im Umgang damit unmittelbar erkannt werden. Wir greifen für die Datenaufbereitung und Darstellung wieder unsere beiden eingangs verwendeten Datensätze zu Lotto 6aus49 und zur Bevölkerungsstatistik auf.

Wie in Tab. 6.1 ersichtlich wurde, haben wir die Daten der Webseite übertragen und gesammelt. So kann das auf der Webseite ersichtliche Balkendiagramm in Abb. 6.2 übernommen werden. Das ist also bereits eine erste Möglichkeit der Darstellung, die wir hier frühzeitig eingesetzt haben. Graphische Repräsentationen in Form unterschiedlicher Diagrammtypen lassen sich mit herkömmlichen Tabellenkalkulationsprogrammen einfach umsetzen. Wichtig ist es dabei, sich bewusst zu machen, welchen Diagrammtyp man wählen möchte und welcher Diagrammtyp zur Beschreibung des Datensatzes geeignet bzw. sinnvoll ist – Säulen- oder Balkendiagramm, Histogramm, Punkt(XY)-, Pareto- oder Kreisdiagramm. Jede Darstellung hat Vor- und Nachteile, die vom Einsatzzweck abhängen. Hervorzuheben ist sicherlich der Punkt(XY)-Diagrammtyp – hierbei handelt es sich um ein klassisches Zuordnungsdiagramm (im eigentlichen mathematischen Sinn). Die Erstellung der Diagramme erfolgt in der Regel über einen Menüpunkt (in Excel z. B. Einfügen – Diagramme), um dann das gewünschte Diagramm im Tabellenblatt zu erstellen. Natürlich ist es notwendig, die Daten, die dargestellt werden sollten, vorab zur Verwendung zu markieren. Neben diesen technischen Überlegungen ist es aber auch hilfreich, sich zu überlegen, was dargestellt werden soll und ob ggf. auf Basis der Daten entsprechende Vermutungen geäußert werden sollten. Eine erste Möglichkeit, die Daten „anders" als in der Urliste darzustellen, ist es, sie entsprechend der Anzahl ihres Auftretens zu ordnen. So kann beispielsweise im Datensatz zu Lotto 6aus49 eine erste naheliegende Überlegung sein: Welche Lottozahl ist am häufigsten als Gewinnzahl aufgetreten, welche am seltensten? Eine solche Sortierung erfolgt in den einschlägigen Tabellenkalkulationsprogrammen über einen implementierten Sortieralgorithmus, der über die Menüleiste (vgl. Abb. 6.7) aufgerufen werden kann.

Sortieren wir also nun unsere Liste aus Tab. 6.1 aufsteigend von der Zahl, die über den Zeitraum am seltensten gewonnen hat, bis zu jener Zahl, die bei Ziehungen am häufigsten als Gewinnzahl gezogen wurde, so erhalten wir eine (für unsere Zwecke) sortierte Liste.

Abb. 6.7 Makro Sortieren
und Filtern von Daten

Wir erkennen nun, dass die Zahl 13 am wenigsten, die Zahl 6 am häufigsten über alle Ziehungen hinweg als Gewinnzahl gezogen wurde (Tab. 6.2).

Ergebnisdarstellungen wie beispielsweise als Balkendiagramm (vgl. Abb. 6.8) sollten im Mathematikunterricht ausführlich diskutiert werden, weil anhand eines solchen Diagrammtyps Trends oder Prognosen nur schwer abzuschätzen sind.

▶ Oftmals sollen die Daten „nur" offline bearbeitbar sein, sodass im Unterricht auf eigenen Geräten unabhängig von einer Internetanbindung gearbeitet werden kann. So wird eine nachhaltige Verwendung der Daten gewährleistet und der Stand der Daten ist zudem gesichert. Eine Darstellung der Daten kann im Anschluss durch die gewünschte Software so erfolgen, dass die Ergebnisse weiter interpretiert werden können. Dies ist in Abb. 6.8 und 6.9 zu erkennen.

Tab. 6.2　Geordnete Urliste bei Lotto 6aus49

Lottozahlen	13	45	8	21	28	14	…	31	26	32	11	49	6
Häufigkeit	508	516	526	526	529	537	…	596	597	600	601	612	631

geordnete Urliste bei Lotto 6aus49

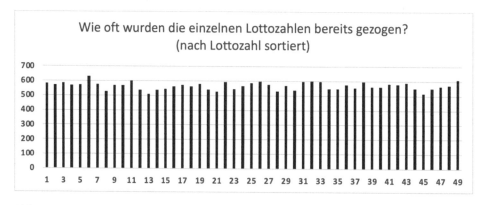

Abb. 6.8　Häufigkeit der gezogenen Lottozahlen (09.10.1955 bis 16.09.2022) – ungeordnet

Abb. 6.9　Häufigkeit der gezogenen Lottozahlen (09.10.1955 bis 16.09.2022) – geordnet

Bevölkerung: Deutschland, Stichtag, Altersjahre,
Nationalität/Geschlecht/Familienstand

Fortschreibung des Bevölkerungsstandes
Deutschland
Bevölkerungsstand (Anzahl)

Altersjahre	Familienstand							
	ledig	verheiratet	verwitwet	geschieden	Lebenspartnerschaft	Lebenspartnerschaft aufgehoben	Lebenspartner verstorben	Insgesamt
31.12.2021								
unter 1 Jahr	791254	-	-	-	-	-	-	791254
1-Jährige	780795	-	-	-	-	-	-	780795
2-Jährige	789145	-	-	-	-	-	-	789145
3-Jährige	803334	-	-	-	-	-	-	803334
4-Jährige	810805	-	-	-	-	-	-	810805
5-Jährige	816142	-	-	-	-	-	-	816142
6-Jährige	789397	-	-	-	-	-	-	789397
7-Jährige	779278	-	-	-	-	-	-	779278
8-Jährige	752469	-	-	-	-	-	-	752469
9-Jährige	750855	-	-	-	-	-	-	750855
10-Jährige	734666	-	-	-	-	-	-	734666
11-Jährige	752600	-	-	-	-	-	-	752600
12-Jährige	741247	-	-	-	-	-	-	741247
13-Jährige	760080	-	-	-	-	-	-	760080
14-Jährige	754868	-	-	-	-	-	-	754868
15-Jährige	740016	2	-	-	-	-	-	740018
16-Jährige	750042	14	-	1	-	-	-	750057
17-Jährige	766194	54	1	-	-	-	-	766249
18-Jährige	772186	755	6	3	-	-	-	772950
19-Jährige	795005	2683	2	16	-	-	-	797706
20-Jährige	824783	6561	10	81	-	-	-	831435
21-Jährige	871004	12995	11	277	-	-	-	884287
22-Jährige	880421	21932	27	611	-	-	-	902991
23-Jährige	893453	35464	54	1161	-	-	-	930132

Abb. 6.10 Datenmaterial zur Fortschreibung des Bevölkerungsstandes nach Altersjahren und Familienstand – Originaldownload. (Datenquelle: Statistisches Bundesamt (Destatis), Genesis-Online, Abrufdatum 05.05.2024; Datenlizenz by-2-0)

Abb. 6.8 stellt die Liste der Lotto-Daten dar, Abb. 6.9 zeigt diese Liste aufsteigend geordnet nach der Häufigkeit der gezogenen Zahlen. Auf Basis dieser Darstellung können erste Überlegungen mittels Kennzahlen, wie in Abschn. 6.1.4 angeführt, vollzogen werden.

▶ Die Aufbereitung von heruntergeladenen Daten bedarf auch immer wieder einer Nacharbeit. Grundsätzlich sind in den Dateien alle wesentlichen Informationen enthalten. Um allerdings in graphischen Darstellungen entsprechende Schwerpunkte zu setzen, hilft es häufig, neue Variablen zu berechnen oder existierende zu transformieren, wie im nachfolgenden Beispiel zur Fortschreibung des Bevölkerungsstandes nach Altersjahren und Familienstand (vgl. Abb. 6.10 und Abb. 6.11) ersichtlich wird.

Mit Hilfe dieser Daten kann nun ein Diagramm erstellt werden, das den Familienstand in Deutschland auf Basis der Urdaten zum Stichtag 31.12.2021 darstellt (vgl. Abb. 6.12).

Prognosen und Entwicklungen sind aus einem solchen Diagramm nicht so leicht abzulesen, sodass eine kumulierte Perspektive auf diesen Sachverhalt für einige Fragen als die geeignetere Darstellung erscheint. Dies wird in Abb. 6.13 ersichtlich.

Bevölkerung: Deutschland, Stichtag, Altersjahre, Familienstand Quelle: Statistisches Bundesamt (Destatis), 2023
Fortschreibung des Bevölkerungsstandes
Deutschland
Bevölkerungsstand (Anzahl)

Altersjahre	ledig				verheiratet				verwitwet				geschieden				Insgesamt	
31.12.2021	einzeln	Anteil in der Altersgruppe	kumuliert	Anteil kumuliert	einzeln	Anteil in der Altersgruppe	kumuliert	Anteil kumuliert	einzeln	Anteil in der Altersgruppe	kumuliert	Anteil kumuliert	einzeln	Anteil in der Altersgruppe	kumuliert	Anteil kumuliert	Summe einzeln	Summe kumuliert
unter 1 Jahr	791254	100,00%	791254	100,00%	0	0,00%	0	0,00%	0	0,00%	0	0,00%	0	0,00%	0	0,00%	791254	791254
1-Jährige	780795	100,00%	1572049	100,00%	0	0,00%	0	0,00%	0	0,00%	0	0,00%	0	0,00%	0	0,00%	780795	1572049
2-Jährige	789145	100,00%	2361194	100,00%	0	0,00%	0	0,00%	0	0,00%	0	0,00%	0	0,00%	0	0,00%	789145	2361194
3-Jährige	803334	100,00%	3164528	100,00%	0	0,00%	0	0,00%	0	0,00%	0	0,00%	0	0,00%	0	0,00%	803334	3164528
4-Jährige	810805	100,00%	3975333	100,00%	0	0,00%	0	0,00%	0	0,00%	0	0,00%	0	0,00%	0	0,00%	810805	3975333
5-Jährige	816142	100,00%	4791475	100,00%	0	0,00%	0	0,00%	0	0,00%	0	0,00%	0	0,00%	0	0,00%	816142	4791475
6-Jährige	789397	100,00%	5580872	100,00%	0	0,00%	0	0,00%	0	0,00%	0	0,00%	0	0,00%	0	0,00%	789397	5580872
7-Jährige	779278	100,00%	6360150	100,00%	0	0,00%	0	0,00%	0	0,00%	0	0,00%	0	0,00%	0	0,00%	779278	6360150
8-Jährige	752469	100,00%	7112619	100,00%	0	0,00%	0	0,00%	0	0,00%	0	0,00%	0	0,00%	0	0,00%	752469	7112619
9-Jährige	750855	100,00%	7863474	100,00%	0	0,00%	0	0,00%	0	0,00%	0	0,00%	0	0,00%	0	0,00%	750855	7863474
10-Jährige	734666	100,00%	8598140	100,00%	0	0,00%	0	0,00%	0	0,00%	0	0,00%	0	0,00%	0	0,00%	734666	8598140
11-Jährige	752600	100,00%	9350740	100,00%	0	0,00%	0	0,00%	0	0,00%	0	0,00%	0	0,00%	0	0,00%	752600	9350740
12-Jährige	741247	100,00%	10091987	100,00%	0	0,00%	0	0,00%	0	0,00%	0	0,00%	0	0,00%	0	0,00%	741247	10091987
13-Jährige	760080	100,00%	10852067	100,00%	0	0,00%	0	0,00%	0	0,00%	0	0,00%	0	0,00%	0	0,00%	760080	10852067
14-Jährige	754868	100,00%	11606935	100,00%	0	0,00%	0	0,00%	0	0,00%	0	0,00%	0	0,00%	0	0,00%	754868	11606935
15-Jährige	740016	100,00%	12346951	100,00%	2	0,00%	2	0,00%	0	0,00%	0	0,00%	0	0,00%	0	0,00%	740018	12346953
16-Jährige	750042	100,00%	13096993	100,00%	14	0,00%	16	0,00%	0	0,00%	0	0,00%	1	0,00%	1	0,00%	750057	13097010
17-Jährige	766194	99,99%	13863187	100,00%	54	0,01%	70	0,00%	1	0,00%	1	0,00%	0	0,00%	1	0,00%	766249	13863259
18-Jährige	772186	99,90%	14635373	99,99%	755	0,10%	825	0,01%	6	0,00%	7	0,00%	3	0,00%	4	0,00%	772950	14636209
19-Jährige	795005	99,66%	15430378	99,98%	2683	0,34%	3508	0,02%	2	0,00%	9	0,00%	16	0,00%	20	0,00%	797706	15433915
20-Jährige	824783	99,20%	16255161	99,94%	6561	0,79%	10069	0,06%	10	0,00%	19	0,00%	81	0,01%	101	0,00%	831435	16265350
21-Jährige	871004	98,50%	17126165	99,86%	12995	1,47%	23064	0,13%	11	0,00%	30	0,00%	277	0,03%	378	0,00%	884287	17149637
22-Jährige	880421	97,50%	18006586	99,74%	21932	2,43%	44996	0,25%	27	0,00%	57	0,00%	611	0,07%	989	0,01%	902991	18052628
23-Jährige	893453	96,06%	18900039	99,56%	35464	3,81%	80480	0,42%	54	0,01%	111	0,00%	1181	0,12%	2150	0,01%	930132	18982760
24-Jährige	915902	94,07%	19815941	99,30%	55530	5,70%	135990	0,68%	74	0,01%	185	0,00%	2176	0,22%	4326	0,02%	973682	19956442
25-Jährige	884882	91,36%	20700823	98,93%	80147	8,27%	216137	1,03%	113	0,01%	298	0,00%	3453	0,36%	7779	0,04%	968596	20925037
26-Jährige	840085	88,08%	21540908	98,46%	108324	11,36%	324461	1,48%	182	0,02%	480	0,00%	5186	0,54%	12945	0,06%	953757	21878794

Abb. 6.11 Datenmaterial zur Fortschreibung des Bevölkerungsstandes nach Altersjahren und Familienstand – für die weitere Bearbeitung aufbereitet. (Datenquelle: Statistisches Bundesamt (Destatis), Genesis-Online, Abrufdatum 05.05.2024; Datenlizenz by-2-0)

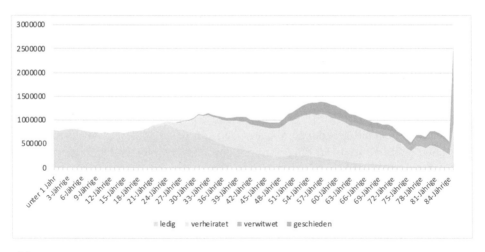

Abb. 6.12 Familienstand in Deutschland zum Stichtag 31.12.2021

Vergleiche auf Basis absoluter Häufigkeiten sind in manchen Fällen schwierig zu interpretieren. Daher wird oft die Möglichkeit genutzt, diese Daten, wie in Abb. 6.14 bereits vorbereitet, als relative Häufigkeiten zu berechnen bzw. den Anteil in einem Diagramm darzustellen. Abb. 6.14 zeigt den Anteil des jeweiligen Familienstandes, Abb. 6.15 repräsentiert den kumulierten Anteil des jeweiligen Familienstandes.

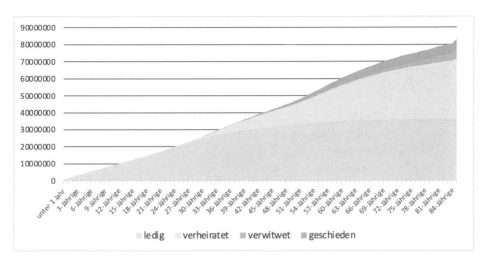

Abb. 6.13 Familienstand in Deutschland zum Stichtag 31.12.2021

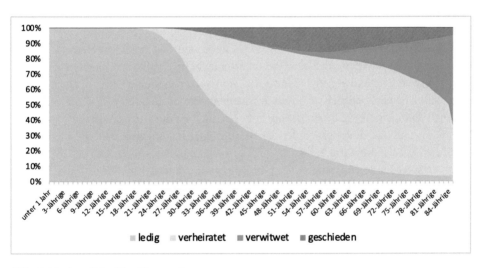

Abb. 6.14 Anteil des Familienstandes

6.1.3 Manipulation von Daten

Die Manipulation von Daten geht nicht unbedingt mit einer Veränderung der Daten an sich einher. Bereits eine „günstige" graphische Darstellung reicht aus, um Betrachterinnen und Betrachter gezielt in die Irre zu führen. Dies werden wir in diesem Kapitel anhand eines Beispiels zeigen.

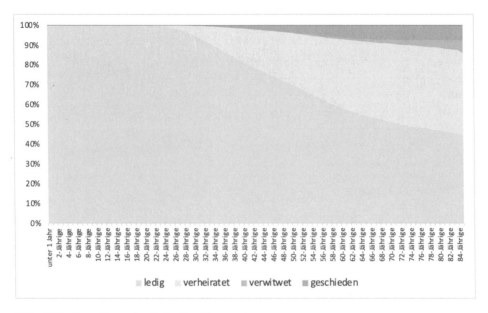

Abb. 6.15 Kumulierter Anteil des Familienstandes

Digitale Werkzeuge ermöglichen es, zu bestehenden Daten Diagramme mit unterschiedlichen Akzenten zu erzeugen, die unterschiedliche Hypothesen unterstützen, und
diese dann vergleichend gegenüberzustellen. Sie bieten daher eine Chance, aktuelle und
zeitgemäße Themen, beispielsweise aus der medialen Berichterstattung, in den Stochastikunterricht zu integrieren. So erfolgt eine Fokussierung auf die (Aus-)Wahl des jeweiligen
Diagramms und das Hinterfragen der daraus abgeleiteten Aussagen. Eine Beschäftigung
mit Fragen bei der Konstruktion/Erstellung von Diagrammen soll es Lernenden ermöglichen, entsprechende Diagramme in ihrem Alltag – etwa in der medialen Darstellung –
angemessen zu analysieren und zu hinterfragen. Eine Situation der Analyse besonders einseitig präsentierter Daten wird im Folgenden dargestellt. In der deskriptiven Statistik wird,
wie wir in den vorangegangenen Abschnitten gesehen haben, dem Erheben, Darstellen
oder Interpretieren von Daten große Aufmerksamkeit geschenkt.

Nicht zuletzt wird auch auf Grundlage der Bildungsstandards ein verständiger Umgang
mit Daten eingefordert, um Darstellungen und Interpretationen statistischer Verfahren zu
erkennen und bewerten zu können. Gerade durch den Zugriff auf die verschiedensten
Datenquellen im Alltag erscheint dies immer wichtiger, um nicht statistischen Manipulationen oder Fehlinterpretationen zu folgen. Solche Manipulationen erfolgen nicht zuletzt
wegen des Einsatzes bzw. durch den Einsatz digitaler Werkzeuge – aus unterschiedlichen
Gründen, unabsichtlich, aber auch absichtlich.

Bei der Datenerhebung können Manipulationen durch eine Stichprobenverzerrung
(Wahl des Erhebungszeitpunkts, Einschränkungen der Befragungskohorte, …), die Durch-
führung der Befragung (Vermeidung von Anonymität, Suggestivfragen, …) oder das
Antwortformat (Wahl der Items) erfolgen.

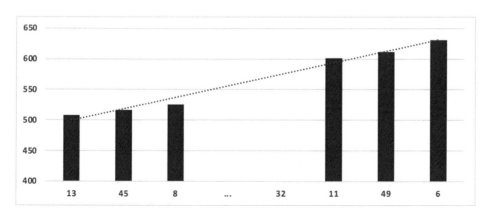

Abb. 6.16 Gezogene Lottozahlen, geordnet nach absoluter Häufigkeit des Auftretens

Das Darstellen von Daten erfolgt mittels Tabellen und Diagrammen. Dabei ist es ratsam, auf sog. Misstrauensregeln (vgl. Halbach, 2001, S. 48) – z. B. Verstöße der Proportionalität, Passung der Daten, ... – bei der Erstellung von Diagrammen zu achten. Gerade durch den Einsatz digitaler Werkzeuge kann Lernenden eindrucksvoll vor Augen geführt werden, welche Form von Manipulation deutlich oder weniger deutlich durchgeführt wurde. Betrachten wir Abb. 6.16, so ist schnell ersichtlich, dass viele der gezogenen Lottozahlen nicht abgebildet sind. Klar ist, dass hier die Häufigkeit der gezogenen Lottozahlen von der kleinsten bis zur größten dargestellt ist. Das Bild suggeriert – letztlich aufgrund der fehlenden Daten – einen linearen Zusammenhang, der aber so nicht vorliegt.

Im Unterricht kann dies eindrucksvoll nachvollzogen werden, wenn Lernende bei der Nutzung digitaler Werkzeuge „günstige" Darstellungen von Daten selbst erstellen, um andere damit – etwa in einer Plenumsdiskussion – hinsichtlich einer bestimmten These zu überzeugen.

Weitere Manipulationsmöglichkeiten liegen auch in einer besonderen Hervorhebung bzw. Verallgemeinerung von datengestützten Informationen bis hin zur Fehlinterpretation. Für den Fall, dass verschiedene Interessengruppe im Verdacht stehen, sich in der Interpretation einer Studie auf den für sie günstigen Inhalt zu fokussieren, sind Lernende im Mathematikunterricht auch darauf vorzubereiten, den Kontext von Datensätzen, die sie etwa in Medien aufgreifen, erfassen, die genaue Fragestellung untersuchen und Schlussfolgerungen selbstständig überprüfen zu können.

Beispiel

Im Bericht „Tod im Krankenhaus: Das sind die häufigsten Ursachen" (https://www. abendblatt.de/hamburg/article216326597/Fast-jeder-zweite-Todesfall-im-Krankenhaus.html), findet sich in Bezug auf Hamburger Kliniken die Aussage „2017 starben 8254 Hamburger in Kliniken, das sind 46,8 % aller Todesfälle unter den Einwohnern der Hansestadt." Natürlich – und das suggeriert auch der Bericht nicht – ist ein Krankenhausaufenthalt in Hamburg nicht gefährlicher als anderswo. Trotzdem könnte eine bewusste Fehlinterpretation dieses Satzes lauten, dass Menschen eher nicht in Hamburg in ein Krankenhaus gehen sollten, weil fast die Hälfte der Hamburger Todesfälle an einem Ort passiert, an dem Menschen eigentlich geheilt werden sollten. Hier ist ein bewusster Umgang mit Daten nötig. ◄

6.1.4 Statistische Kennwerte – Daten auswerten und interpretieren

Neben der graphischen Auswertung von Daten können diese auch mittels statistischer Kennwerte zusammengefasst werden. Diese Kennwerte sind das zusammengeführte Resultat vieler einzelner Datenpunkte und können so eine Aussage über Daten bzw. deren Verteilung geben. Dies zeigt sich schon aufgrund ihrer Definitionen, die den einzelnen Wert häufig in Relation zu allen Daten im Datensatz setzen. Beispiele sind das Maximum und das Minimum als größter bzw. kleinster Wert *aller Daten*.

Die Maßzahlen der zentralen Tendenz, die sog. Lagemaße, geben Auskunft über eine zugrunde liegende Verteilung, jeweils in Einheiten der zugrunde liegenden Skala. Beispiele sind das Maximum und Minimum sowie Mittelwerte wie der Modalwert, der Median oder das arithmetische Mittel. Lagemaße reduzieren Informationen über den Datensatz auf einzelne Werte und informieren somit nicht unmittelbar über ganze Verteilungen. Dies zeigt sich auch in der Eigenschaft der Robustheit gegenüber Ausreißern:

Einzelne Lagemaße (wie der Median) sind bzgl. ihrer charakteristischen Ausprägung robust gegenüber Veränderungen und teilweise sogar Ausreißern im Datensatz. Das heißt beispielsweise: Selbst, wenn das Maximum deutlich nach oben verändert wird, bleiben der Median, das Minimum und – im Allgemeinen (wenn er nicht gerade das Maximum beschreibt) – der Modalwert unverändert.

Im Gegensatz dazu können andere Mittelwerte durch das Hinzufügen bzw. Wegnehmen von jedem einzelnen Datenwert unmittelbar verändert werden. Das arithmetische oder geometrische Mittel sind beispielsweise bekannte Kennwerte, die Aussagen über einen Datensatz geben. Im Falle eines Datensatzes mit (vielen) Ausreißern – etwa einigen Werten, die deutlich über dem oberen Quartil liegen, wie im Beispiel in Abb. 6.17 – sind diese aber entsprechend zu interpretieren. Ist der Datensatz nicht bekannt, ist das arithmetische Mittel allein häufig nicht aussagekräftig genug. Dagegen kann ein Vergleich von arithmetischem Mittel, Modus und Median im Sinne eines Beforschens der Daten (durchaus) wesentlich mehr Informationen liefern.

Am folgenden Datensatz (Abb. 6.17) wird mithilfe digitaler Werkzeuge die Eigenschaft der Robustheit verdeutlicht. Dies lässt sich leicht auf andere Beispiele übertragen. In Blau ist der jeweilige Wert des arithmetischen Mittels dargestellt. In Datensatz 2, der durch den unteren Boxplot dargestellt wird, verschiebt sich durch die bedeutsame Veränderung zweier Werte auch das arithmetische Mittel deutlich nach rechts (Abb. 6.17).

Betrachten wir als Beispiel folgende Situation: In einem Unternehmen setzt sich die Belegschaft größtenteils aus Minijobber und Minijobberinnen (538 €-Teilzeitkräfte) und wenigen anderen Personen zusammen, die über die Minijob-Grenze hinaus beschäftigt sind.

Abb. 6.17 Robustheit statistischer Kenngrößen

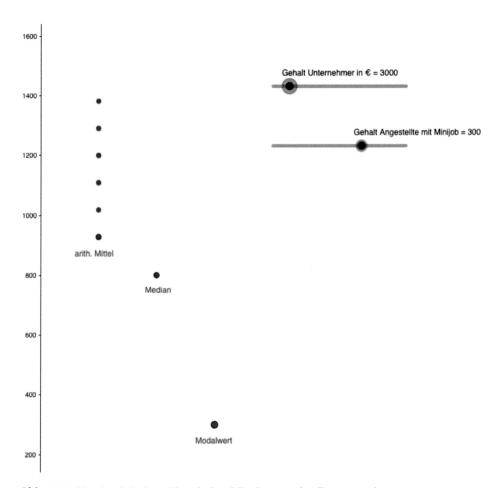

Abb. 6.18 Unrobustheit des arithmetischen Mittels gegenüber Datenveränderung

Das monatliche Einkommen des Unternehmers schwankt – umsatzabhängig – zwischen 2000 € und 10000 €. Diese Situation kann über einen Schieberegler variiert werden und es können die Auswirkungen auf Modalwert, Median und arithmetisches Mittel untersucht werden. Man erkennt, dass dies nur Einfluss auf das arithmetische Mittel hat (vgl. Abb. 6.18).

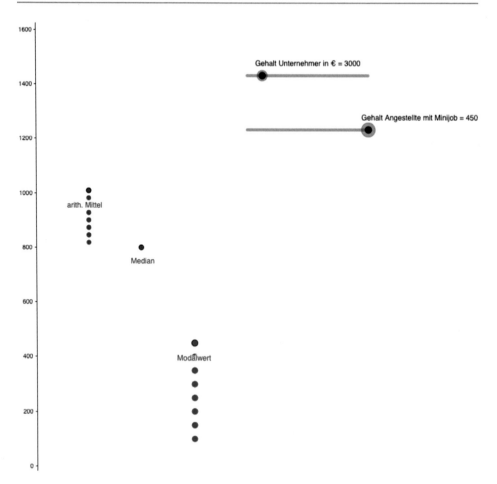

Abb. 6.19 Unrobustheit des Modalwerts und des arithmetischen Mittels gegenüber Daten-veränderung

Betrachten wir die Situation weiter: Die Minijobber arbeiten alle in etwa gleich viel, abhängig von der Saison sind das mal mehr oder weniger Stunden, weshalb der Wert der Gehälter zwischen 0 und 538 € variiert werden kann. Man erkennt, dass sowohl der Modal-wert als auch das arithmetische Mittel nicht robust gegenüber diesen Veränderungen sind (vgl. Abb. 6.19).

Der Einsatz digitaler Werkzeuge ermöglicht es auch, mathematische Zusammenhänge der Lagemaße zu veranschaulichen, um so ggf. einen tiefergehenden Einblick zu erhalten. Dies kann exemplarisch wie eben gezeigt erfolgen, aber durchaus auch allgemeiner an-hand von Daten betrachtet werden, insbesondere, wenn man bei geeigneter Skalierung der Daten die unterschiedlichen Mittelwerte, also arithmetisches, geometrisches und harmoni-sches Mittel, miteinander vergleicht. Der Vergleich dieser drei „Mittelwerte" führt auf die sog. Mittelwertungleichung

$$x_{harmonisches\ Mittel} \leq x_{geometrisches\ Mittel} \leq x_{arithmetisches\ Mittel}$$

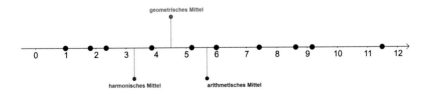

Abb. 6.20 Mittelwertungleichung allgemeiner aufbereitet

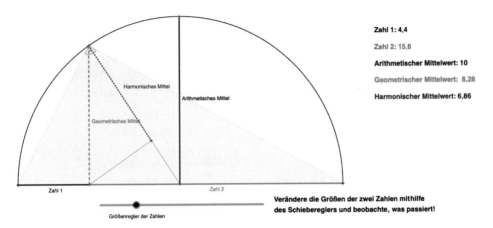

Abb. 6.21 Mittelwertungleichung geometrisch aufbereitet

Diese Gleichung kann anhand von Daten visualisiert werden (vgl. Abb. 6.20), indem der Zusammenhang mit Datenpunkten entsprechend dynamisch gestaltet wird.

Möchte man diesen Zusammenhang mit elementaren Mitteln beweisen, lohnt sich ein Exkurs in die Geometrie. So kann beispielsweise die Mittelwertungleichung, exemplarisch aufbereitet mit zwei Datenwerten, zunächst geometrisch veranschaulicht und anschließend mathematisch bewiesen werden (vgl. Abb. 6.21).

Unter Zuhilfenahme des Höhensatzes im rechtwinkligen Dreieck lässt sich das geometrische Mittel und mit Hilfe des Kathetensatzes das harmonische Mittel darstellen. Das arithmetische Mittel folgt unmittelbar aus dem Radius des Thaleskreises, d. h. des Halbkreises über der Hypotenuse, der für das rechtwinkelige Dreieck (Satz des Thales) verwendet wird. Dieser Exkurs in die Geometrie, um statistische Zusammenhänge zu erläutern, kann als Simulation, mittels Schieberegler, Lernenden eindrucksvoll aufzeigen, wie sich mathematische Zusammenhänge gebietsübergreifend erklären lassen.

Digitale Werkzeuge könnten dazu eingesetzt werden, um die Mittelwertungleichung allgemeiner mittels eines beliebig großen Datensatzes darzustellen. Hierfür kann eine (beliebig lange) Datenliste angelegt werden, in der jeder Datenpunkt „im Sinne eines Schiebereglers" (d. h., der Punkt selbst ist verschiebbar) verändert werden kann. So kann anschaulich der Ordnungsaspekt, der dieser Ungleichung zugrunde liegt, allgemeiner – aber nicht weniger anschaulich – dargestellt werden.

Neben der Betrachtung der Lagemaße ist die ganze Verteilung im Blick zu behalten, um eine Einschätzung der Verteilung zu ermöglichen. Hierzu sind Streuungsmaße hilfreich. Diese erlauben es, die Verteilung hinsichtlich der Variabilität der Daten(punkte) einzuschätzen. Übliche Streuungsmaße sind Spannweite, Varianz, Standardabweichung bzw. Interquartilsabstand.

Digitale Werkzeuge bieten Möglichkeiten, die Standardabweichung inhaltlich zu erarbeiten und sich nicht auf die zum Teil durchaus anspruchsvolle Berechnung zu beschränken. So können auch Streuparameter und ihre Bedeutung eingehender thematisiert werden.

Eine Möglichkeit, sowohl Lagemaße als auch Streuungsmaße gemeinsam zu visualisieren, stellen Boxplots dar (vgl. Abb. 6.22). Wie in Abb. 6.22 ersichtlich, können der Median, der Quartilsabstand und die Spannweite einfach dargestellt werden. Auch die Darstellung des arithmetischen Mittels ist möglich. Die Erstellung eines solchen Boxplots ist nicht eindeutig. So ist die Darstellung selbst nicht eindeutig definiert, in Tabellenkalkula-

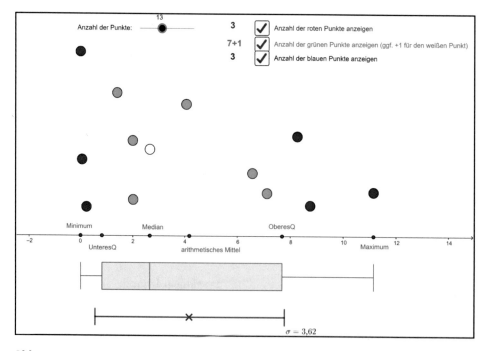

Abb. 6.22 Punktemenge (oben), Boxplot mit Median (Mitte) und arithmetisches Mittel mit Standardabweichung (unten) (Angelehnt an Johann Weisers „Boxplot: Datenaufteilung in Farbe"; https://www.geogebra.org/m/anf8QFXN)

tionsprogrammen existieren außerdem unterschiedliche Quartilsdefinitionen bzw. -befehle (Quartile(), Quartile.Inkl(), Quartile.Exkl()), die zum Teil nicht mit den Definitionen in der Schule übereinstimmen. Die Quartilsberechnung kann somit gar nicht von Werkzeugen übernommen werden, während die Bestimmung von Maximum und Minimum eindeutig ist und problemlos von der Software ausgeführt wird. Für die Schulpraxis hat sich demnach folgendes Vorgehen bewährt: Die Box wird durch ein Rechteck festgelegt, dessen Länge durch den Abstand von 1. Quartil und 3. Quartil festgelegt ist. Innerhalb dieser Box befinden sich also 50 % aller Werte der Stichprobe, der Quartilsabstand ist das Maß der Streuung. Anhand der Lage des Medians in der Box kann geschlossen werden, ob es sich um eine symmetrische oder schiefe Verteilung handelt, die betrachtet wird. Die an die Box angelegten Antennen („Whisker") erstrecken sich bis zum kleinsten bzw. bis zum größten Wert der Stichprobe; somit beschreibt der Abstand zwischen den beiden Enden der Antennen die Spannweite der Stichprobe. Ein Vorteil liegt in der Darstellung der Rohdaten (vgl. Abb. 6.22). So erhält man im Boxplot einen optischen Eindruck von den Lage- und Streuungsmaßen. Diese Darstellung wird insbesondere dann verwendet, wenn mehrere Datensätze miteinander verglichen werden sollen.

Der Boxplot wird – wie im oben angeführten Beispiel (Abb. 6.22) – oftmals, für schulische Zwecke, mit (zu) wenigen Daten eingesetzt, sodass die Aussagekraft bzw. die Interpretationsvalidität darunter leidet. Es spricht aber nichts dagegen, mit geeigneten Fragestellungen Boxplots zur ersten Ideenfindung einzusetzen. So können beispielsweise die Daten für die Ziehung der Lottozahlen nach ihrer Häufigkeit in den jeweiligen Jahren abgerufen werden. Auf Basis dieser Daten ist es auch möglich, einen Vergleich z. B. des Auftretens der Ziehung der Zahl 6 mit der Ziehung der Zahl 13 durchzuführen, indem der entsprechende Boxplot für Lernende vorbereitet wird (vgl. Abb. 6.23). Auf Basis dieser Darstellung kann dann begründet werden, dass die Ziehung der Gewinnzahl 13 deutlich weniger oft aufgetreten ist als die Zahl 6.

Wie ersichtlich wird, ist es entscheidend, sich bewusst zu machen, in welcher Form der Umgang mit Daten erfolgen soll – also das Treffen einer Entscheidung bzgl. einer hypothesenprüfenden oder hypothesengenerierenden Erhebung. Diese Entscheidung hat unmittelbaren Einfluss auf das Vorgehen: Während eine hypothesenüberprüfende Datenerhebung mögliche Ergebnisse vorwegnimmt, gelingt es im Rahmen einer hypo-

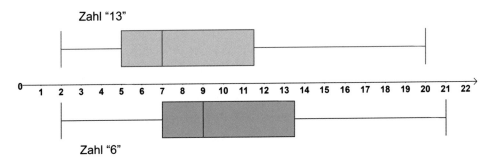

Abb. 6.23 Boxplot zur Ziehung der Gewinnzahlen 13 und 6 im Zeitraum 1955 bis 2022

thesengenerierenden Datenerhebung, neue Einsichten in vorhandene Kontexte zu gewinnen, d. h., es gibt insbesondere keine Vorüberlegungen zu möglichen Ergebnissen.

In den hier vorgestellten Ansätzen wurden Boxplots – in Abb. 6.22 – mit digitalen
Werkzeugen verändert und es wird das dynamische Verhalten beobachtet. Danach wurden
aus einem Datensatz ein Boxplot erstellt und Schlussfolgerungen über diesen Datensatz
abgeleitet. Natürlich besteht auch noch die Möglichkeit, Boxplots (digital) vorzufertigen
und diese visuellen Repräsentation zu „lesen", um Informationen über den Datensatz abzu-
leiten. Dies zeigt das nachfolgende Beispiel.

Beispiel

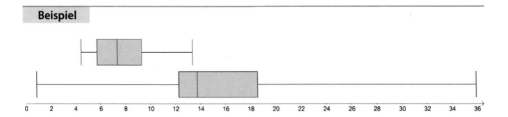

Dargestellt werden für die Jahre 2020 und 2021 die jeweiligen – monatsweisen –
Anzahlen in Millionen der weltweiten Downloads der App „ZOOM Cloud Meetings"
über den Apple App Store. Beide Boxplots wurden also aus jeweils zwölf Daten erstellt
(Januar bis Dezember).

a) Entscheiden Sie, welcher Boxplot die Daten welchen Jahres – 2020 oder 2021 –
    darstellt, und begründen Sie Ihre Zuordnung anhand geeigneter (näherungsweise)
    abgelesener Daten.
b) Das arithmetische Mittel der Monatswerte für den oberen Boxplot liegt bei 7,99
    [Millionen Downloads pro Monat], das arithmetische Mittel der Monatswerte für
    den unteren Boxplot liegt bei 15,73 [Millionen Downloads pro Monat]. Tragen Sie
    das arithmetische Mittel geeignet in den jeweiligen Boxplot ein und beschreiben
    Sie davon ausgehend prinzipielle Unterschiede zwischen Median und arithmeti-
    schem Mittel. ◄

6.1.5 Bivariate Daten – Zusammenhang und Regression

Werden gleichzeitig zwei Merkmale in einer Stichprobe betrachtet und untersucht, wird
der Begriff *bivariate Datenanalyse* verwendet. Wir greifen auf den Datensatz der Bevölkerung (vgl. 6.1.1) zurück, um beispielsweise die Rate der Verheirateten in Abhängigkeit des Alters zu betrachten und verschiedene Regressionsmodelle zu erstellen. Die
Datenpunkte werden in einem Streudiagramm visualisiert und mit Hilfe unterschiedlicher – linearer, logistischer, polynomialer, exponentieller, ... – Regressionsmodelle analysiert. Hierbei stellt sich bei der Auswahl des jeweiligen Modells immer die Frage nach
der Sinnhaftigkeit der gewählten Modellierung. So geben Computerprogramme in der
Regel problemlos ein lineares oder anderes bestimmtes Modell zur Beschreibung der
Daten an. Anhand einer Visualisierung lässt sich mindestens deskriptiv die Passung zum

Modell diskutieren. Dies kann anhand unterschiedlicher Kriterien erfolgen, indem beispielsweise geprüft wird, wie viele Datenpunkte vom Modell erfasst werden, ob die Steigung des Modells dem eines gedachten Polygonzugs der Datenpunkte entspricht oder ob eine inhaltliche Interpretation der Daten anhand des Modells sinnhaft ist (bspw. erscheinen negative Werte für Alter im Allgemeinen wenig sinnvoll) (Abb. 6.24).

In diesem Zusammenhang kann auch die „Methode der kleinsten Quadrate" thematisiert werden. Durch die Zuhilfenahme eines digitalen Werkzeugs können die zwei unabhängigen Punkte, die eine mögliche lineare Regressionsgerade definieren, so verschoben werden, dass die Summe der Quadrate möglichst klein wird. Die so gefundenen Funktionen könnten dann mit dem Ergebnis der linearen Regression verglichen werden. Ein Problem, das man dafür lösen muss, ist die Transformation der Daten, sodass mit diesen geeignet gearbeitet werden kann bzw. die Quadrate als solche auch visualisiert werden. Für die nachfolgende Graphik wurden 9 Kohorten entsprechend dem Alter (0, 10, 20, 30, 40, 50, 60, 70, 80-Jährige) gewählt und jeweils der Anteil der Verheirateten in der jeweiligen Kohorte bestimmt. So waren beispielsweise ca. 68 % der 70-Jährigen im Jahr 2021 verheiratet. Damit die Skalierung der Achsen 1 : 1 erfolgt, ist das Alter der Kohorte durch 100 angegeben, d. h., der Wert von 0,7 auf der x-Koordinate beschreibt die 70-Jährigen (Abb. 6.25).

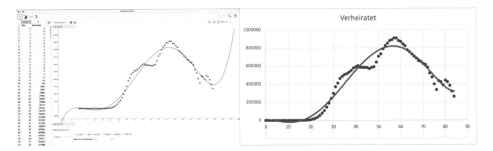

Abb. 6.24 Exemplarische Abbildung Regressionsmodell in GeoGebra (links) und Excel (rechts)

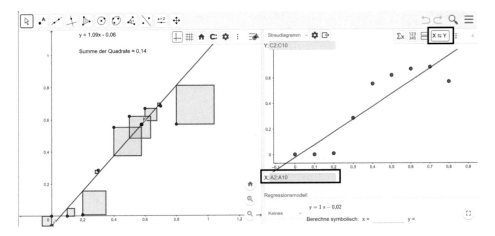

Abb. 6.25 Methode der kleinsten Quadrate

6.2   Wahrscheinlichkeitsrechnung

Die Wahrscheinlichkeitsrechnung entwickelte sich aus der Auseinandersetzung mit zu-
fälligen Ereignissen, die historisch betrachtet dem Glücksspiel zuzurechnen sind. Neben
Vorarbeiten berühmter Persönlichkeiten, wie Blaise Pascal oder Pierre de Fermat im
17. Jahrhundert, waren Arbeiten der Familie Bernoulli, insbesondere von Jakob Bernoulli,
im 18. Jahrhundert wegweisend. In den Mathematikunterricht und die Lehrkräftebildung
wurde das Themengebiet erst gegen Ende des 20. Jahrhunderts integriert und um die Statistik ergänzt. Die Leitidee „Daten und Zufall" der KMK-Bildungsstandards (KMK, 2004
und KMK, 2022) trägt dem bereits in der Formulierung Rechnung. Wir können und wollen
hier nicht weiter auf die fachlichen Details eingehen und eine Diskussion über den baye-
sianischen oder frequentistischen Zugang zum Wahrscheinlichkeitsbegriff führen
(z. B. Krüger et al., 2015; Riemer & Siller, 2020, o. a.). Stattdessen sollen die nachfolgenden Abschnitte Einblicke ermöglichen, wie die Leitidee „Daten und Zufall" mit
Hilfe digitaler Medien aufgegriffen werden kann. Hierbei liegt der Fokus auf den klassischen Einsatzgebieten der Visualisierung, aber auch auf der Verallgemeinerung, sodass ein
phänomenologischer Zugang zu Wahrscheinlichkeiten über die relative Häufigkeit als
Schätzwert für Wahrscheinlichkeiten erfolgt. Dabei fokussieren wir auf den Einsatz klas-
sischer digitaler Werkzeuge wie Tabellenkalkulation oder Dynamische Geometriesoftware. Der Einsatz von Computeralgebrasystemen ist möglich, insbesondere dann, wenn
eine eher analytisch-verallgemeinernde Perspektive einem phänomenologischen Vorgehen
vorgezogen wird. Denkbar ist aber auch der Einsatz von digitalen Werkzeugen wie beispielsweise Scratch (vgl. Abb. 6.26).
      Programmierumgebungen, wie beispielsweise Scratch (vgl. Abb. 6.26), eignen sich auch
dazu, stochastische Fragestellungen zu untersuchen. Das ist aber nur dann sinnvoll, wenn
die Lernenden mit solchen Umgebungen bereits umgehen können. Unter einer solchen

Abb. 6.26   Möglichkeiten von Scratch bei der Animation stochastischer Vorgänge

Voraussetzung kann durch Beobachtung eines *random walk* der Begriff des Zufalls erarbeitet werden. In der Tendenz (zum Beispiel bei mehreren Durchläufen) zeigt das Programm, dass die hier beobachtete Katze bis auf zufällige Schwankungen an Ort und Stelle
bleibt. Der Erwartungswert einer Bewegung ist also null. Wenn der Zufallsbereich jedoch
modifiziert wird, d. h., wenn eine Änderung der Zufallszahl erfolgt, sodass der Erwartungswert nicht mehr null ist, kann erkannt werden, dass sich die Position der Katze ändert.

6.2.1   Den Begriff Zufallsexperiment erarbeiten

Verschiedene Objekte wie Reißnägel, Würfel, Glücksräder o. Ä. eignen sich, um relative
Häufigkeiten experimentell zu bestimmen und daraus – als Schätzwerte – Wahrscheinlichkeiten zu erarbeiten. Dies erfolgt in der Regel durch vielfaches Durchführen eines Experiments (Werfen von Würfeln, Reißnägeln, …). Daher wird dem Experimentieren im
Stochastikunterricht eine große Bedeutung zugeschrieben.

Für solche Experimente kann ein digitales Werkzeug herangezogen werden, um die
Durchführung unter möglichst denselben Bedingungen umzusetzen. Der Begriff der stochastischen Simulation wird für das mehrmalige Wiederholen desselben Zufallsversuchs
gerne verwendet. Anhand des einfachen oder zweifachen Würfelwurfs lassen sich solche Simulationen auch vergleichsweise einfach und unkompliziert umsetzen. Wie in Tab. 6.3 dargestellt, gibt es hierfür unterschiedliche Herangehensweisen über vorhandene Befehlssätze.

In Spalte B der Tab. 6.3 ist dargestellt, wie mit Hilfe des Befehls *Zufallszahl()* gleich
verteilte Zahlen im Intervall [0, 1] erzeugt werden. Durch Multiplizieren einer solchen
Zahl mit dem Faktor 6 erhält man eine rationale Zahl im Intervall [0, 6], die durch Abschneiden
der Nachkommastellen mit Hilfe des Befehls *Ganzzahl()* auf eine natürliche Zahl in [0, 5]
reduziert wird. Durch Addition der 1 kann die gewünschte Augenziffer zwischen 1 und 6
erzeugt werden. Die Leserin oder der Leser wundert sich an dieser Stelle ggf. über die beiden Darstellungen – das Erzeugen einer Zufallszahl aus {11, …, 6} ist im Sinne des White-
Box-Prinzips in den Spalten B und C dargelegt. Der Befehl *Zufallsbereich* ist bereits eine
Vereinfachung im Sinne einer affin-linearen Simulation zum Erzeugen von Zufallszahlen
im gewählten Bereich (vgl. Tab. 6.3). Im Kern geben beide Darstellungen in Tab. 6.4 den-

Tab. 6.3 Unterschiedliche Herangehensweisen über vorhandene Befehlssätze in einer Tabellenkalkulation

	A	B	C	D	E
1	1	=ZUFALLSZAHL()	=GANZZAHL(B1*6+1)		=ZUFALLSBEREICH(1;6)
2	2	=ZUFALLSZAHL()	=GANZZAHL(B2*6+1)		=ZUFALLSBEREICH(1;6)
3	3	=ZUFALLSZAHL()	=GANZZAHL(B3*6+1)		=ZUFALLSBEREICH(1;6)
4	4	=ZUFALLSZAHL()	=GANZZAHL(B4*6+1)		=ZUFALLSBEREICH(1;6)
5	5	=ZUFALLSZAHL()	=GANZZAHL(B5*6+1)		=ZUFALLSBEREICH(1;6)
6	6	=ZUFALLSZAHL()	=GANZZAHL(B6*6+1)		=ZUFALLSBEREICH(1;6)
7	7	=ZUFALLSZAHL()	=GANZZAHL(B7*6+1)		=ZUFALLSBEREICH(1;6)

Tab. 6.4 Einfacher Laplace-Würfelwurf, basierend auf dem Prinzip der Pseudozufallszahl

Zufallszahl $\in [0, 1]$	Augenzahl $\in [1, 6] \cap \mathbb{N}$	Augenzahl $\in [1, 6]$
0,112628149	1	6
0,050836789	1	4
0,481773933	3	2
0,910750521	6	5

selben Sachverhalt wieder – einen einfachen Laplace-Würfelwurf, der auf dem Prinzip der Pseudozufallszahl basiert und somit beliebig oft unter gleichen Bedingungen (digital) „geworfen" werden kann, da die Ausführung gänzlich der Software überlassen wird und somit keine äußeren Einflüsse vorhanden sind.

Auch Strategiespiele – wie z. B. Schere-Stein-Papier (z. B. Beck & Oleksik, 2018) – stellen überschaubare Anwendungsbeispiele zur Erarbeitung des Begriffs Zufallsexperiment dar. Eine Eigenschaft solcher Spiele ist, dass man Optionen, beispielsweise Würfelergebnisse (intransitive Würfel), Spielausgänge (Schere-Stein-Papier), finden kann, die gegen eine andere Option klar gewinnen.

Ein typisches Beispiel, das im Mathematikunterricht hierfür genutzt werden kann, sind die sog. Würfel von Efron. Hierbei handelt es sich um vier Würfel, die nach ihrem Erfinder, dem Statistiker Bradley Efron, benannt wurden und durch ihre Augenzahlen gekennzeichnet sind. Dabei können die Bezeichnungen der Würfel mit ihren charakteristischen Augenzahlen in der Bezeichnung durchaus variieren. Wir bezeichnen die Würfel wie folgt: $A = \{2, 2, 2, 2, 6, 6\}$, $B = \{1, 1, 1, 5, 5, 5\}$, $C = \{0, 0, 4, 4, 4, 4\}$, $D = \{3, 3, 3, 3, 3, 3\}$. Im Spiel treten immer zwei Würfel (repräsentiert durch Spieler) gegeneinander an. Eine Spielrunde gestaltet sich dann wie folgt: Der erste Spieler wählt einen Würfel aus und wirft diesen. Anschließend wählt der zweite Spieler einen der verbleibenden Würfel und wirft ihn ebenfalls. Ziel ist es, eine höhere Augenzahl als der vorherige Spieler zu erreichen. Eine kognitive Aktivierung im Sinne der Aufgabe erreicht man durch die vor der Würfelwahl aufgeworfene Frage, ob der zuerst wählende Spieler einen Vorteil hat. Wie man allerdings nach mehreren Runden erkennen wird, ist die verblüffende Erkenntnis: Spieler 1 hat einen Nachteil. Dies kann man anhand des nachfolgenden Beispiels der Situation (Abb. 6.27) erkennen:

Beispiel

Der grüne Würfel C (Würfel 3) gewinnt nur gegen den gelben Würfel A (Würfel 1), wenn er selbst eine 4 zeigt $\left(p_1 = \dfrac{2}{3} \right)$ und gelb nur eine 2 zeigt $\left(p_2 = \dfrac{2}{3} \right)$, also mit der Wahrscheinlichkeit $p_1 \cdot p_2 = \dfrac{2}{3} \cdot \dfrac{2}{3} = \dfrac{4}{9} \approx 0{,}44$. ◄

Mit Hilfe dieser Würfel lassen sich kleinere Anwendungen realisieren, die Lernende dazu anregen, sich mit diesem Zufallsexperiment eingehender auseinanderzusetzen und entsprechende Überlegungen hinsichtlich der Gewinnmöglichkeiten anzustellen (vgl.

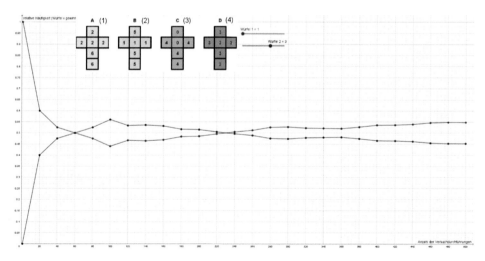

Abb. 6.27 Simulation Efron-Würfel

Abb. 6.27). Der Einsatz digitaler Werkzeuge ermöglicht somit einen zunehmenden Fokus auf Bereiche des Begriffsverständnisses und der Interpretation von Ergebnissen eines Zufallsexperiments, losgelöst von umfangreichen analogen Versuchsdurchführungen. In unserer Simulation der Efron-Würfel kann über Schieberegler der gewünschte Würfel gewählt werden. In der Simulation werden dann 500 zufallsgenerierte Würfe für jeden dieser Würfel realisiert. In der graphischen Aufbereitung wird für die Anzahl der Versuchsdurchführungen die relative Häufigkeit des Gewinns der Würfel gegeneinander aufgetragen. Durch dieses Vorgehen gelingt es also, theoretische Überlegungen auf der Basis von Wahrscheinlichkeiten und Erwartungen durch eine Simulation zu ersetzen.

Somit kann auch dem Begriffsverständnis mehr Raum gewidmet werden, sodass die Erarbeitung des Wahrscheinlichkeitsbegriffs aus relativen Häufigkeiten ohne explizite Verwendung des Grenzwertbegriffs thematisiert und das empirische Gesetz der großen Zahlen vorbereitet werden kann.

6.2.2   Mit relativen Häufigkeiten arbeiten – das empirische Gesetz der großen Zahlen

Wie bereits in der Einleitung und Abschn. 6.1 dargelegt, werden Wahrscheinlichkeiten als Schätzwerte relativer Häufigkeiten interpretiert. Als fachlicher Hintergrund dient hier, dass sich die Häufigkeit des Eintretens eines Zufallsereignisses mit zunehmender Anzahl an Durchführungen eines Zufallsexperiments stabilisiert. Diese Gesetzmäßigkeit wird als „empirisches Gesetz der großen Zahlen" bezeichnet. Die Verwendung digitaler Technologien ermöglicht es, dieses Gesetz anschaulich und visuell aufzuarbeiten. Für Lernende ergibt sich so die Möglichkeit, auch historische Aspekte der Mathematik zu erfahren.

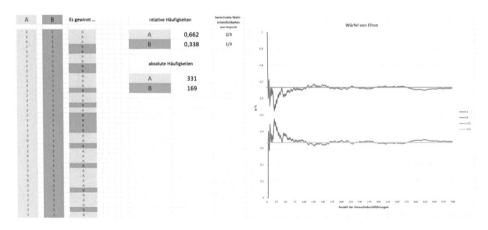

Abb. 6.28 Simulation Efron-Würfel

Während Jakob Bernoulli im 17. Jahrhundert diese Gesetzmäßigkeit durch Naturbe-
obachtungen entdeckt hat, können Lernende durch das Simulieren eines Zufallsexperiments selbstständig zu wesentlichen Einsichten der Stochastik im Mathematikunterricht
gelangen.

Wählen wir das oben bereits erläuterte Beispiel der Würfel von Efron: In der graphischen Veranschaulichung in Abb. 6.27 lässt sich erkennen, dass sich die relativen Häufigkeiten des Eintretens einer Augenzahl einem Wert anzunähern scheinen: Die relativen
Häufigkeiten der Würfel scheinen um einen bestimmten Wert zu schwanken.

Möchte man diesen Vorgang deutlicher visualisieren, eignet sich der Einsatz einer
Tabellenkalkulation, da die Simulation über (fast) beliebig viele Zeilen, also (fast) beliebig
oft, durchgeführt werden kann. Die in Abb. 6.28 dargestellte Simulation von Würfel A und
Würfel B wurde 500-mal durchgeführt. Bereits nach ca. 100 Durchführungen ist das Sta-
bilisieren der relativen Häufigkeiten erkennbar. Ein Abgleich mit den theoretisch generierten (etwa berechneten) Wahrscheinlichkeiten bestätigt diesen Eindruck.

6.2.3   Visualisierung von Wahrscheinlichkeiten – Vierfeldertafel, Baumdiagramm und Häufigkeitsnetz

Der bewusste und korrekte Umgang mit mehrstufigen Zufallsexperimenten und insbesondere mit bedingten Wahrscheinlichkeiten stellt eine wesentliche Herausforderung
für Lernende dar. Digitale Visualisierungen (vgl. KMK, 2022) können diesen Umgang
verständnisorientiert und dynamisch unterstützen, indem sie Lernende kognitiv aktivieren.
Gute, geeignete Visualisierungen stellen dann einen wertvollen Bestandteil der Auseinandersetzung mit dem mathematischen Konzept der Wahrscheinlichkeit dar. Zugleich
können wichtige Vorstellungen zur Kovariation verschiedener Wahrscheinlichkeiten durch
interaktive Beschäftigung mit den dynamischen Visualisierungen aufgebaut und weiter-
verarbeitet werden (vgl. Dreher & Holzäpfel, 2021): Wie verändern sich beispielsweise

Schnitt- oder bedingte Wahrscheinlichkeiten, wenn die Wahrscheinlichkeit für das Eintreten eines konkreten Ereignisses (im folgenden Beispiel etwa für das Ereignis A) verändert wird?

Abb. 6.29 stellt eine solche dynamische Veranschaulichung für ein zweistufiges Zufallsexperiment dar, bei dem die Ereignisse A und B sowie jeweils deren Gegenereignisse (in der Abbildung: ′A und ′B) betrachtet werden. Die gewählten Visualisierungen sind der *Doppelbaum*, der als obere oder untere Hälfte auch als einfacher Baum untersucht werden kann, die *Vierfeldertafel* sowie das *Häufigkeitsnetz* zur vollständigen Aufbereitung der Wahrscheinlichkeitsangaben in unserem (kontextuell unbestimmten) Zufallsversuch (nach Binder et al., 2020a). Durch die Festlegung und die dynamische Variation der Wahrscheinlichkeit P(A) (oder P(B)) sowie die beiden in der Graphik enthaltenen bedingten Wahrscheinlichkeiten über Schieberegler können weitere Wahrscheinlichkeitsangaben berechnet werden, insbesondere Schnitt- und bedingte Wahrscheinlichkeiten. Entsprechende Begründungen können über die Pfadregeln oder über die Formel von Bayes erfolgen. Gleichzeitig kann so auch die stochastische Unabhängigkeit erarbeitet werden. Das Häufigkeitsnetz trägt – neben der Tatsache, dass eine Visualisierung vorliegt – auch zum Verständnis bedingter Wahrscheinlichkeiten bei: Sachverhalte werden zunächst mit absoluten Zahlen betrachtet und davon ausgehend bedingte Wahrscheinlichkeiten erarbeitet (Binder et al., 2020b).

Henze und Vehling (2021) kritisieren die Darstellung des Häufigkeitsnetzes, da sie absolute Häufigkeiten, bedingte Wahrscheinlichkeiten und Schnittwahrscheinlichkeiten in einer Visualisierung verbinden, was in der Fülle aber für die meisten Aufgaben und Problemstellungen nicht nötig sei. In der Folge werden für die Vervollständigung des Häufigkeitsnetzes viele Werte (möglicherweise aufwendig) berechnet, die in der Beantwortung einer Aufgabenstellung keine Rolle spielen. In unserer Darstellung konzentrieren wir uns auf die Variation von Wahrscheinlichkeiten und deren qualitative und quantitative Beobachtung: Wie verändern sich Wahrscheinlichkeiten, wenn beispielsweise P(A) vergrößert oder verkleinert wird? Hierbei kann auch der Fokus auf nur zwei Visualisierungen oder auf nur eine Wahrscheinlichkeit gelegt werden. Die der Abb. 6.29 zugrunde liegende Datei ermöglicht in jedem Fall eine umfassende Untersuchung der Kovariation von Wahrscheinlichkeiten. Gleichzeitig sollte der Kritik von Henze und Vehling (2021) bei der konkreten Unterrichtspraxis Beachtung geschenkt und ihr durch bewusste Schwerpunktsetzungen in der Beobachtung begegnet werden.

Anhand der Visualisierungen können einzelne Werte abgelesen und im Sachkontext interpretiert werden. Das dynamische Zusammenspiel dieser drei Visualisierungen über die angezeigten Schieberegler ermöglicht aber auch Überlegungen zur Kovariation verschiedener Wahrscheinlichkeiten: Wenn eine Wahrscheinlichkeit verändert wird, wie verändert (verändern) sich dann eine (oder mehrere) andere Wahrscheinlichkeit(en)? Es entfällt hierfür zunächst die sehr umfangreiche und zeitaufwendige Berechnung einzelner Werte sowie – in einem vorgegebenen Applet – die Herausforderung, Visualisierungen analog zu zeichnen. Der Fokus kann auf der selbstständigen und selbstentdeckenden Hypothesenbildung, Auswertung und Interpretation der Ergebnisse liegen. Algebraische Untersuchungen an den Formeln ergänzen anschließend, wenn nötig, die in der Interaktion mit dem digitalen Werkzeug

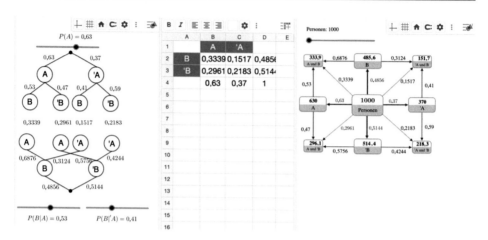

Abb. 6.29 (Dynamische) Visualisierungsmöglichkeiten in der Wahrscheinlichkeitsrechnung – Doppelbaum, Vierfeldertafel und Häufigkeitsnetz

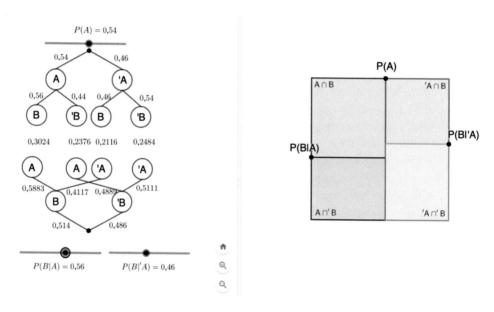

Abb. 6.30 (Dynamische) Gegenüberstellung Doppelbaum und Einheitsquadrat ('A ist erneut das Gegenereignis zu A, 'B ist das Gegenereignis zu B)

aufgestellten Hypothesen zur Kovariation. In ähnlicher Weise können Rechenregeln, wie die Pfadregeln, durch experimentartiges Variieren im digitalen Werkzeug und eine hypothesengeleitete Untersuchung von Zusammenhängen erarbeitet werden.

Eine weitere Visualisierungsmöglichkeit stellt das Einheitsquadrat dar. (Bedingte) Wahrscheinlichkeiten werden hierbei als Teilflächen in einem Quadrat dargestellt; die Verhältnisse der Flächen drücken die Verhältnisse zwischen den Wahrscheinlichkeiten aus. Das Einheitsquadrat ist ein geometrischer Zugang zum Vergleich oder zur Einordnung von Wahrscheinlichkeiten (z. B. Abb. 6.30). Zum Ablesen von absoluten Häufigkeiten ist das Einheitsquadrat aber nicht geeignet, da diese auch in einem Rechteck mit entsprechenden Maßstabsüberlegungen dargestellt werden könnten. Trotzdem ist in der Verwendung dieser Darstellung mindestens ein Vorteil erkennbar: Das Einheitsquadrat kann für verschiedene Aufgaben eingesetzt werden, da nur Werte variiert werden, nicht jedoch der grundsätzliche Aufbau.

Auch formal stellen digitale Werkzeuge bei der Verwendung des Einheitsquadrats eine Entlastung dar. Die Darstellung von Wahrscheinlichkeiten als Flächen ist in der Sekundarstufe I ungewohnt, wird aber in der Sekundarstufe II beim Integral über die Dichte der Normalverteilung relevant. Digitale Werkzeuge ermöglichen so eine Diskussion auf inhaltlicher Ebene.

6.2.4 Verteilungen realisieren – die Binomialverteilung

Der Umgang mit (stochastischen) Verteilungen ist eigentlich Thema der Sekundarstufe II. In Abschn. 6.2.1 haben wir die Efron-Würfel ausführlich thematisiert, weswegen die Gelegenheit an dieser Stelle nicht versäumt werden soll, aufzuzeigen, dass damit auch in das Thema „(Binomial-)Verteilung" eingeführt werden kann. Dazu müssen nur die Spielregeln leicht modifiziert werden. Die beiden Spieler wählen je einen Würfel und spielen mehrere Runden hintereinander. In unserem Beispiel werden fünf Runden gespielt und in jeder Runde wird der Sieger (Würfel C oder Würfel D) festgestellt und notiert. Gewonnen hat der Würfel, der die meisten Runden gewonnen hat. Die Frage nach der Wahrscheinlichkeit, wer mit dem „besseren" bzw. mit dem „schlechteren" Würfel gewinnt, führt unweigerlich zum Entdecken der Formel der Binomialverteilung, wie in der nachfolgenden Simulation dargestellt. Hier bietet sich auch die Möglichkeit des CAS-Einsatzes zur Berechnung der Wahrscheinlichkeiten an (Abb. 6.31).

In der Datei, die hier als Abbildung dargestellt ist, werden die verschiedenen Pfade nach der Anzahl der Spiele, in denen C bzw. D gewinnt, kategorisiert. In den mit einem

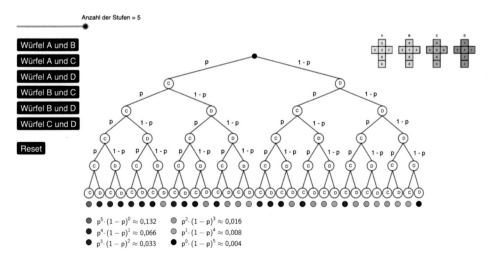

Abb. 6.31 Einführen in die Binomialverteilung mit den Efron-Würfeln

blauen Punkt gekennzeichneten Pfaden gewinnt dreimal der Würfel C und zweimal der Würfel D in unterschiedlichen Reihenfolgen. Mithilfe des Binomialkoeffizienten könnten diese Pfade zusammengefasst werden: So könnte die Gesamtwahrscheinlichkeit für drei Spielrunden, in denen Würfel C siegreich ist, und zwei Spielrunden, in denen Würfel D siegt, (unabhängig von der Reihenfolge) berechnet werden. Hierzu eignet sich beispielsweise auch der Einsatz von Tabellenkalkulation oder eines Computeralgebrasystems.

6.2.5   Wahrscheinlichkeitsrechnung im Alltag

In vielen schulnahen Ausarbeitungen zur Wahrscheinlichkeitsrechnung wird der Alltagsbezug betont. Hierbei werden – wie beispielsweise in Riemer (2023) – vielfältige Möglichkeiten zur Nutzung von digitalen Werkzeugen aufgezeigt. Vor allem die Auseinandersetzung mit den Begriffen „Chance" und/oder „Risiko" (vgl. Riemer & Siller, 2020) ermöglicht eine vertiefte Diskussion der Wahrscheinlichkeitsrechnung mit Bezügen zum Alltag. Um entscheiden zu können, ob es sich bei einer Wahrscheinlichkeit um eine Chance oder um ein Risiko handelt, braucht es eine Bewertung. Ist das Ereignis positiv besetzt („Gewinn"), spricht man von Chance, ist es negativ besetzt („Verlust"), von Risiko. Wenn man Gewinn und Verlust „numerisch beziffern" kann, dann kann man mit Erwartungswerten von Zufallsvariablen ein Risikomanagement betreiben und versuchen, die Wahrscheinlichkeiten dort zu vergrößern, wo Gewinne winken, und dort klein zu halten, wo Verluste oder Gefahren drohen oder nur kleine Gewinne zu erwarten sind. Ein kompetenter Umgang mit Risiken beinhaltet die Betrachtung von Wahrscheinlichkeiten, etwa durch eine Berechnung oder – im Alltag häufiger – durch eine Einschätzung von Wahrscheinlichkeiten für das Eintreten eines Ereignisses, das nicht erwünscht, aber im negativen Fall möglich ist. In der Regel geschieht dies unter Einbezug von Fachwissen aus unterschiedlichen Disziplinen. Diese Risikobewertung kann in der Sekundarstufe I gewinnbringend eingeführt und umgesetzt werden. Dazu betrachten wir als Beispiel das Spiel „Die Böse 6" (vgl. Henze, 2011).

Die Böse 6

Beim Würfelspiel „Die Böse 6" wirfst du gleichzeitig so viele (n) Würfel, wie du möchtest. Wenn keine 6 dabei ist, dann wird dir die Summe X der gewürfelten Augenzahlen als Punkte gutgeschrieben. Aber wehe, wenn (mindestens eine) 6 dabei ist! Dann sind alle Punkte verloren, und du erhältst nichts: X = 0, also 0 Punkte!

Überlege, welche Spielstrategien möglich sind! Welche Faktoren können für die Entscheidung für oder gegen eine Spielstrategie eine Rolle spielen? Welche Spielstrategie würdest du wählen? Probiere die Spielstrategie anschließend praktisch aus. ◄

Mit wenigen Würfeln stehen die *Chancen* hoch, dass keine 6 dabei ist und dass man also eine (folglich eher kleine) Punktsumme X mitnehmen kann. Werden mehr Würfel eingesetzt, steigt das *Risiko* des Ereignisses, 0 Punkte zu erhalten, also dafür, dass man nichts gewinnt. Wenn allerdings trotz der vielen Würfel keine 6 dabei ist, kann man sich eine große Punktsumme X gutschreiben.

Wir konkretisieren das Beispiel der „Bösen 6", um anschließend Spielstrategien zu bewerten:

Mögliche Strategien für das Spiel „Die Böse 6":

(1) n = 1 ... Es wird immer genau ein Würfel geworfen.
(2) n = 4 ... Es werden immer genau vier Würfel gleichzeitig geworfen.
(3) n = 15 ... Es werden immer genau 15 Würfel gleichzeitig geworfen.

Entscheiden Sie sich begründet für eine Strategie! Notieren Sie Gründe für die Entscheidung und erproben Sie die Strategie! Vergleichen Sie diese mit dem Gewinn aus den anderen (genannten) Strategien! ◄

Die Erarbeitung der hier gefragten Strategien kann unkompliziert erfolgen, die Interpretation des Risikotyps ergibt sich aus den Ergebnissen.

Strategie	Risikotyp
(1) n = 1 Gewinnchance ist hoch: $p = \dfrac{5}{6} = 83{,}3\ \%$, im Mittel: Gewinn von nur 3 Punkten, d. h. $E_1(X) = 3 \cdot \dfrac{5}{6} \approx 2{,}5$ Punkte	risikovermeidend
(2) n = 4 Gewinnchance bei jedem 2. Wurf: $p = \left(\dfrac{5}{6}\right)^4 = 48{,}2\ \%$, im Mittel: Gewinn von $4 \cdot 3 = 12$ Punkten, d. h. $E_4(X) = (4 \cdot 3) \cdot \left(\dfrac{5}{6}\right)^4 \approx 5{,}79$ Punkte	risikomindernd
(3) n = 15 Gewinnchance ist klein: $p = \left(\dfrac{5}{6}\right)^{15} = 6{,}5\ \%$; satter Gewinn von durchschnittlich $15 \cdot 3 = 45$ Punkten, d. h. $E_{15}(X) = (15 \cdot 3) \cdot \left(\dfrac{5}{6}\right)^{15} \approx 2{,}92$ Punkte	risikofreudig

Wie viele Würfel sollen nun am besten gewählt werden? Dies kann mit Hilfe des Einsatzes digitaler Implementierungen, konkret: einer Simulation, analysiert werden. Digitale Werkzeuge ermöglichen damit den Übergang von einfachen, spielerischen Überlegungen in der Wahrscheinlichkeitsrechnung zur konkreten datengestützten Untersuchung von stochastischen Zusammenhängen. Riemer (2023) hat sowohl in einer Excel-Umsetzung (vgl. Abb. 6.32) als auch mit GeoGebra (vgl. 6.33) eine interessante digitale Aufbereitung der Spielsituation zur Verfügung gestellt.

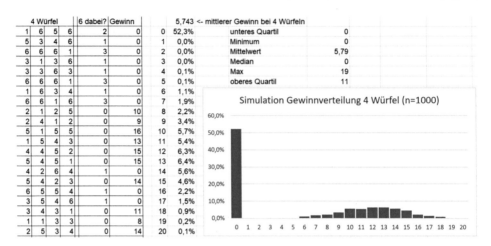

Abb. 6.32 Simulation der Bösen 6

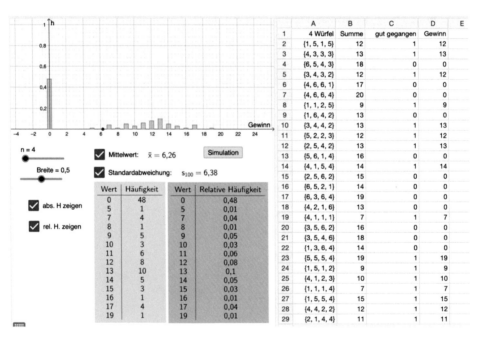

Abb. 6.33 Simulation der Bösen 6

Nach der Bestimmung der Wahrscheinlichkeiten ist somit – abhängig vom persönlichen Risikotyp – die Entscheidung für oder gegen eine konkrete Spielstrategie möglich. Durch solche digitalen Umsetzungen wird auch der Weg in Richtung Hypothesentestung und kritisches Hinterfragen der zugehörigen Hypothesen eröffnet (vgl. Riemer & Siller, 2020 bzw. Riemer, 2023).

6.3 Stochastische Simulation

Simulationen sind – nicht zuletzt aufgrund der fortschreitenden Digitalisierung – aus dem Mathematikunterricht im Allgemeinen und dem Stochastikunterricht im Speziellen nicht mehr wegzudenken. Diese Entwicklung setzt sich seit der Einführung der ersten Computer im Mathematikunterricht (in den 1970er-/1980er-Jahren) fort und kann beispielsweise anhand der Arbeiten von Maxara (2010) oder Wörler (2015) in jüngerer Vergangenheit belegt werden. Die Verwendung von digitalen Werkzeugen, wie dynamischer Geometriesoftware, Computeralgebrasystemen oder Tabellenkalkulation, im Stochastikunterricht bei der Simulation realer Vorgänge, z. B. mittels eines Zufalls(zahlen)generators, ermöglicht einen Blick auf Zufallsexperimente aus unterschiedlichen Perspektiven. Stochastische Simulationen können beispielsweise zur Theorieprüfung, beim heuristischen Arbeiten oder Schätzen von Wahrscheinlichkeiten (Biehler, 2007) verwendet werden.

Es ist wichtig, zwischen Simulation und einer realen Durchführung von Zufallsexperimenten zu unterscheiden (Maxara, 2010, S. 14). Dies wird insbesondere damit begründet, dass der Schritt der mathematischen Modellierung eine zwingende Voraussetzung beim Simulieren ist. Ähnlich formulierte es Kütting bereits 1994:

> „Ein konstitutives Moment der Simulation ist somit die Modellbildung. Das Modell selbst ist eine Abbildung der Realität, nicht die Realität selbst, es idealisiert durch Vereinfachungen und Hinzufügen, besitzt also auch subjektive Merkmale. Das darf man nie vergessen, stets ist man zur Reflexion aufgefordert." (Kütting, 1994, S. 247)

Die von Kütting besonders herausgestellte Reflexion ist aus mehreren Gründen notwendig: So gilt es, den Realitätsbezug zu reflektieren, um sich bei den notwendigen Idealisierungen nicht zu sehr in Einkleidungen zu verlieren. Es gilt aber auch, die Ergebnisse selbst zu reflektieren, da oftmals überraschende Wendungen bzw. Interpretationen nicht ausgeschlossen sind, wie z. B. in Siller et al. (2024) dargelegt.

6.3.1 Stochastische Paradoxien

Paradoxien entsprechen nicht den intuitiven Denkgewohnheiten. Ein Paradoxon beschreibt „das scheinbar Widersinnige" (Hoffmeister, 1955, S. 450) bzw. „eine Aussage, die scheinbar gleichzeitig wahr und falsch ist" (Hoffmeister, 1955, S. 450).

Ein Paradoxon im Allgemeinen stellt Lernende, Studierende, aber auch Wissenschaftlerinnen und Wissenschaftler immer wieder vor kognitive Konflikte, die es aufzulösen und zu hinterfragen gilt. Vielleicht ist das ein Grund, warum sich Mathematikerinnen und Mathematiker oftmals mit solchen Phänomenen auseinandersetzen.

Der Stochastikunterricht ist prädestiniert, um mit Lernenden Paradoxien zu besprechen und einen tiefergehenden Blick in mathematische Strukturen zu geben. Strick (2020) hat stochastischen Paradoxien ein ganzes Buch gewidmet. Wir wollen exemplarisch unter dem Aspekt der Simulation das mehr oder weniger bekannte stochastische Paradoxon des Ziegenproblems und das Geburtstagsparadoxon thematisieren.

Das Ziegenproblem

Das Ziegenproblem ist ein stochastisches Paradoxon, dessen Lösung letztlich – zunächst – kontraintuitiv ist. Dieses Beispiel ist durch die wiedereingeführte TV-Show „Geh auf's Ganze" ggf. bei vielen wieder etwas stärker in den Fokus gerückt. Auch wenn das Beispiel bekannt ist, kann das Aufgreifen dieser Thematik im Mathematikunterricht nicht nur die Chance bieten, eine Simulation mit digitalen Werkzeugen sinngebend umzusetzen, sondern es lässt sich auch eine inhaltliche Begründung anführen. Mithilfe einer verständigen Simulation kann dem Problem konstruktiv begegnet werden; zudem können unterschiedliche Wahrscheinlichkeitsbegriffe (analog zu Eichler & Vogel, 2013) diskutiert werden – immer unter der Prämisse, dass sinnvolle Vereinfachungen zugrunde gelegt wurden, wie beispielsweise die zufällige Wahl der Türe oder keine Beeinflussung durch einen Moderator.

Im Wesentlichen geht es beim vorliegenden Problem darum, dass sich Kandidatinnen bzw. Kandidaten einer Quizshow zwischen drei Türen entscheiden können. Hinter einer dieser Türen wartet ein Hauptgewinn, hinter den beiden anderen ist eine Niete, häufig durch eine Ziege repräsentiert (daher der Name), zu finden. Hat sich die Kandidatin bzw. der Kandidat für eine Tür entschieden, bietet der Showmoderatorin bzw. Showmoderator zwei Möglichkeiten an. Zuerst wird in jedem Fall eine der beiden nicht gewählten Türen geöffnet, sodass eine Ziege zum Vorschein kommt. Dann wird die Frage gestellt, ob die Kandidatin bzw. der Kandidat nicht doch lieber die Tür wechseln möchte. Eine schöne Aufbereitung findet sich beispielsweise auf der Webseite von ZUM-Unterrichten unter nachstehendem Link: https://unterrichten.zum.de/wiki/Laplace-Wahrscheinlichkeit_ wiederholen_und_vertiefen/Ziegen. Hier kann überprüft werden, ob die (naheliegende) Hypothese „Die Kandidatin bzw. der Kandidat sollte die ursprüngliche Wahl der Tür fallen lassen und die andere noch verschlossene Tür wählen, um die Gewinnwahrscheinlichkeit zu erhöhen" zutrifft.

Wir erzeugen mit Hilfe des für Excel programmspezifischen Befehls „= ZUFALLS-BEREICH(1;3)" sowohl die Türe des Autos als auch die Türe, die es zu wählen gilt. Durch einen Vergleich der beiden Zellen im jeweiligen Versuch wird festgestellt, ob ein Gewinn erzielt wird (beide Werte sind gleich). Dies kann über eine einfache Bedingung mit „= WENN(Zellenwert Tor des Autos = Zellenwert gewähltes Tor;„Ja";„Nein")" abgefragt werden – vgl. Tab. 6.5.

Tab. 6.5 Simulation eines Gewinns beim Ziegenproblem

Versuchsanzahl	Tor des Autos	Gewähltes Tor	Gewinn beim Bleiben
1	3	1	Nein
2	3	3	Ja
3	3	2	Nein
4	2	1	Nein
5	3	1	Nein
6	2	1	Nein
7	1	3	Nein
8	2	3	Nein
9	1	3	Nein
10	3	2	Nein

Tab 6.6 Quantifizieren des Gewinns aus Tab. 6.5

Versuchsanzahl	Tor des Autos	Gewähltes Tor	Gewinn bei Bleiben?	h Gewinn bei Bleiben	h Gewinn bei Wechsel
1	1	3	Nein	0,00	1,00
2	3	1	Nein	0,00	1,00
3	1	1	Ja	0,33	0,67
4	3	3	Ja	0,50	0,50
5	1	3	Nein	0,40	0,60
6	2	3	Nein	0,33	0,67
7	1	3	Nein	0,29	0,71
8	3	2	Nein	0,25	0,75
9	3	2	Nein	0,22	0,78
10	2	3	Nein	0,20	0,80
11	2	2	Ja	0,27	0,73
12	1	2	Nein	0,25	0,75
13	2	1	Nein	0,23	0,77
14	2	2	Ja	0,29	0,71
15	1	2	Nein	0,27	0,73
16	1	1	Ja	0,31	0,69
17	3	3	Ja	0,35	0,65
18	3	1	Nein	0,33	0,67
19	2	3	Nein	0,32	0,68
20	1	3	Nein	0,30	0,70
21	2	3	Nein	0,29	0,71
22	2	3	Nein	0,27	0,73
23	1	1	Ja	0,30	0,70
24	2	1	Nein	0,29	0,71
25	2	2	Ja	0,32	0,68
26	3	1	Nein	0,31	0,69

Nun kann diese Tabelle noch um zwei Spalten ergänzt werden, sodass die relative Häufigkeit des Gewinns beim Bleiben bzw. beim Wechseln quantifiziert wird – siehe Tab. 6.6, Abb. 6.34.

Den Wert der relativen Häufigkeit des Gewinns beim Bleiben bzw. Wechseln erhält man durch eine = ZÄHLENWENN()-Abfrage (Spalte *h Gewinn bei Bleiben*). Die kumulierten Gewinne aus der Spalte „Gewinn bei Bleiben?" werden bis zum jeweiligen Versuch gezählt und entsprechend der Gesetzmäßigkeit zur relativen Häufigkeit durch die Anzahl der Versuche geteilt. Der Quotient, der den Wert für „Gewinn bei Bleiben" beschreibt, lautet „= ZÄHLENWENN(D2:D9;„Ja")/A9" für die 9-te Versuchsdurchführung. Der Wert der relativen Häufigkeit des Gegenereignisses wird durch entsprechende Subtraktion von 1 erzielt. Hier können im schulischen Kontext mit Lernenden die Eigenschaften zu relativen Häufigkeiten auch mit erarbeitet oder selbstständig entdeckt werden.

Diese Umsetzung der Datenerhebung stellt eine einfache Möglichkeit dar, sich sowohl mit Programmen vertraut zu machen als auch sinngebende Simulationen im Stochastik-

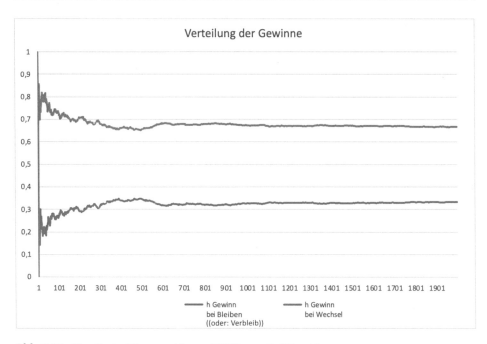

Abb. 6.34 Simuliertes Ziegenproblem mit Hilfe von Zufallszahlen

unterricht mit Lernenden umzusetzen, falls die Lerneinheiten im Rahmen einer (selbstständigen) Datenerhebung hypothesenüberprüfend angelegt sind. Das Vorliegen der erzeugten Rohdaten ermöglicht es auch, durch Befehle wie = *Zählenwenn()* Daten zu-
sammenzufassen und somit für eine Erhebung in geeigneter Weise Daten zu sammeln.
Dies ist ein wesentlicher Bestandteil in deskriptiven Statistiken, da die (gefundenen Roh-)
Daten nach ihrer Erhebung bzw. Erfassung zu einer größeren Menge vereinigt werden, um
sie (geeignet) zu verwerten. Dabei ist es auch denkbar, das Problem auf 4, 5, …, n Türen
zu erweitern. Insbesondere die Verallgemeinerung auf n Türen geht aber deutlich über die
Sekundarstufe I hinaus. Überlegungen zum Verallgemeinern einer Strategie mit einer Simulation im Kontext der Stochastik der Sekundarstufe II können bei Götz und Siller (2015)
gefunden werden.

Der Einsatz digitaler Werkzeuge, insbesondere von Tabellenkalkulationssoftware, im
Mathematikunterricht ermöglicht auch den Umgang mit großen Datensätzen, um (möglichst selbstständig) Trends und (wiederkehrende) Muster zu erschließen bzw. zu entdecken. Lernenden wird so die Möglichkeit geboten, Hypothesen zu generieren.

Das Geburtstagsparadoxon
Eine der wohl am häufigsten im Mathematikunterricht besprochenen Paradoxien ist das
Geburtstagsparadoxon. Dieses ist insofern für den schulischen Einsatz besonders geeignet, weil die dahinterstehende Frage für Lernende unmittelbar einsehbar ist: Wie hoch
ist die Wahrscheinlichkeit, dass bei *n* Personen in einem Raum mindestens *k* von ihnen am

gleichen Tag Geburtstag haben? Hierzu kann eine kleine statistische Erhebung im Klassenverbund durchgeführt und ausgewertet werden. Die Abfrage, ob bzw. wann wer Geburtstag hat, könnte auch auf Basis des Schülerdatensatzes vorbereitet werden. In der Literatur existieren dazu vielzählige mathematische Aufarbeitungen. In Schrage (1992) wird bereits ein (BASIC-)Algorithmus vorgestellt, der zu einer Lösung des Problems führt. Barth und Haller (2013) formulieren fünf Fragestellungen; ausgehend von der o. g. Fragestellung werden weitere naheliegende Fragen aufgeworfen und alle auch theoretisch erarbeitet. Es lässt sich zunächst berechnen, dass bei 23 Personen in einem Raum die Wahrscheinlichkeit, dass zwei oder mehr dieser Personen am gleichen Tag Geburtstag haben, größer als 50 % ist (siehe etwa Barth & Haller, 2013, S. 26). Dies kann auch durch eine einfache Aufbereitung in Excel schnell belegt werden, wie in Abb. 6.35 ersichtlich wird.

Eine Möglichkeit, mit Lernenden das Geburtstagsparadoxon gemeinsam zu erarbeiten, kann empirisch erfolgen. Hierfür kann gestuft und durch die Verwendung von Zufallszahlen abgefragt werden, ob an einem Tag aus der Menge der Tage eines Jahres, abstrakt repräsentiert durch {1,2, 3, …, 365}, ein gemeinsamer Tag als Geburtstag gefunden werden kann. Wie wir bereits wissen, ist die Wahrscheinlichkeit bei einer solchen Überlegung bei bis zu 23 Personen im selben Raum allerdings kleiner als 50 %; dies zeigt auch der simulierte empirische Zugang in Abb. 6.35 (die

n	$P(E')$	$P(E) = 1 - P(E')$
1	1	0
2	0,9973	0,0027
3	0,9918	0,0082
4	0,9836	0,0164
5	0,9729	0,0271
6	0,9595	0,0405
7	0,9438	0,0562
8	0,9257	0,0743
9	0,9054	0,0946
10	0,8831	0,1169
11	0,8589	0,1411
12	0,8330	0,1670
13	0,8056	0,1944
14	0,7769	0,2231
15	0,7471	0,2529
16	0,7164	0,2836
17	0,6850	0,3150
18	0,6531	0,3469
19	0,6209	0,3791
20	0,5886	0,4114
21	0,5563	0,4437
22	0,5243	0,4757
23	0,4927	0,5073
24	0,4617	0,5383
25	0,4313	0,5687
26	0,4018	0,5982
27	0,3731	0,6269
28	0,3455	0,6545

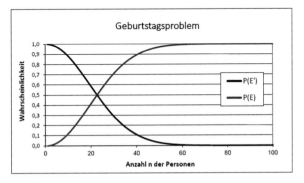

Wie groß ist die Wahrscheinlichkeit, dass von n Personen ($n \le 365$) mindestens zwei Personen am selben Tag im Jahr Geburtstag haben?

Ereignis E: Mehrere Personen haben am selben Tag Geburtstag.

Gegenereignis E': Keine zwei oder mehr Personen haben am selben Tag Geburtstag.

Abb. 6.35 Simulation des Geburtstagsparadoxons auf Basis theoretischer Überlegungen

von Jürgen Roth unter https://juergen-roth.de/excel_material/stochastik/geburtstagsparadoxon. xls zur Verfügung gestellt wurde).

Erst ab 25 Personen lassen sich in diesem Zugang gemeinsame Geburtstage – wie nicht anders zu erwarten – identifizieren (vgl. Abb. 6.36). Ergänzt man diesen empirischen Zugang um eine Zusammenfassung (vgl. Abb. 6.37), können daran weitere Überlegungen geknüpft werden.

Es existieren auch digitale Umsetzungen als Simulation im World-Wide-Web, exemplarisch – wie z. B. jene von *Mathematik alpha* unter https://mathematikalpha.de/geburtstagsproblem oder *mathematik.ch* unter https://www.mathematik.ch/anwendungenmath/ wkeit/geburtstag/. Die Beispiele im Abschn. 6.3.1 fokussieren vor allem den Aspekt der Untersuchung von Paradoxien. Simulationen sind aber auch interessant, um theoriearm Hypothesentests durchzuführen, wie Meyer (2006) zeigt.

n	Geburtstag	am selben Tag?		Anzahl der Personen	10
1	352	0			
2	76	0		Modalwert (in Spalte B)	Maximum (in Spalte C)
3	144	0			
4	14	0		76	1
5	76	1			
6	56	0			
7	141	0			
8	246	0			
9	31	0			
10	68	0			

n	Geburtstag	am selben Tag?		Anzahl der Personen	25
1	323	0			
2	149	0		Modalwert (in Spalte B)	Maximum (in Spalte C)
3	242	0			
4	328	0		38	1
5	38	0			
6	177	0			
7	187	0			
8	101	0			
9	224	0			
10	152	0			
11	350	0			
12	235	0			
13	127	0			
14	34	0			
15	220	0			
16	309	0			
17	29	0			
18	222	0			
19	275	0			
20	38	1			
21	307	0			
22	168	0			
23	57	0			
24	52	0			
25	324	0			

Abb. 6.36 Empirischer Zugang zum Geburtstagsparadoxon

n	mehrere am selben Tag?	n	mehrere am selben Tag?	n	mehrere am selben Tag?
3	nein	30	nein	150	ja
5	nein	40	ja	180	ja
10	nein	50	ja	200	ja
15	nein	75	ja	250	ja
20	nein	100	ja	300	ja
25	ja	120	ja	360	ja

Abb. 6.37 Zusammenfassung des empirischen Zugangs zum Geburtstagsparadoxon

6.3.2 Komplexe realitätsbezogene Problemstellungen

Großereignisse, wie z. B. die Fußball-Weltmeisterschaft, bieten auch für den Mathematik-unterricht immer wieder Möglichkeiten, interessante Fragestellungen zu finden und mit Hilfe elementarmathematischer Methoden zu erkunden. Die Berücksichtigung von Technologie ist dabei unumgänglich, insbesondere um Tabellen und „Quoten-Umrechner" zu automatisieren.

Wir gehen in diesem Abschnitt der Frage nach, wie groß die Wahrscheinlichkeit für das Erreichen des Achtelfinales für die deutsche Nationalmannschaft ist. Als Ausgangspunkt nehmen wir die Situation von 2022 – solange der Modus bei Weltmeisterschaften gleich bleibt, kann dies analog auf spätere Jahre übernommen werden – und fokussieren auf die Wettquoten zu ebendieser Fußball-WM. Analoge Überlegungen sind in Siller et al. (2015) publiziert. Möchte man nur auf die (in der Vorrunde erreichten) Punkte fokussieren, sei auf Habeck und Siller (2017) verwiesen.

Betrachtet werden im Folgenden für jede Partie der Vorrunde der Fußball-Weltmeisterschaft 2022 die Spielausgänge Sieg, Unentschieden, Niederlage aus der Sicht der deutschen Nationalmannschaft. Im Falle eines Sieges bzw. einer Niederlage und auch in der Abschluss-tabelle ist die Tordifferenz irrelevant: Es zählen einzig die erzielten Punkte (drei Punkte für einen Sieg, ein Punkt für ein Unentschieden, null Punkte für eine Niederlage). Die be-trachteten Partien sind (stochastisch) unabhängig voneinander. Wir fokussieren uns also aus-schließlich auf je einen konkreten Spielausgang, losgelöst von anderen Ergebnissen.

Zwei Überlegungen im hier gewählten Modell lassen Rückschlüsse auf die erfolgreiche Beendigung der Gruppenphase zu – dazu muss lediglich ein zweistufiges Zufallsexperi-ment betrachtet werden:

1. „Deutschland erreicht X Punkte" und die Ermittlung der zugehörigen Wahrschein-lichkeiten.
2. „X Punkte reichen zum Weiterkommen".

Als Ausgangspunkt für diese Überlegungen dienen Betrachtungen bzgl. Wettquoten (vgl. Siller & Maaß, 2009) von Sportwettenanbietern, auf Basis derer die notwendigen Gewinn-wahrscheinlichkeiten ermittelt werden. Die Quoten können bei einschlägigen Wettan-bietern abgerufen und in ein Tabellenkalkulationsprogramm übertragen werden – die hier verwendeten Quoten wurden am 3.8.2022 bei Tipico Fußball Wetten die WMGruppen-spiele Quoten zur Weltmeisterschaft 2022 Tipico Fußball Wetten | WM 2022 WM Gruppen-spiele Quoten abgerufen.

Die Verwendung eines digitalen Werkzeugs ist sehr hilfreich, um die Simulation in den Klassenraum zu bringen. Dazu ist es zunächst notwendig, die gewinnbereinigten Wahr-scheinlichkeiten mit Hilfe der vorhandenen Quoten zu berechnen (vgl. Abb. 6.38).

Anhand der bereinigten Wahrscheinlichkeiten kann die Wahrscheinlichkeit ermittelt wer-den, dass Deutschland eine bestimmte Anzahl an Punkten erreicht. Durch die Implementierung der theoretischen Überlegungen lässt sich dies in einer Tabellenkalkulation vorbereiten und Ergebnisse können schnell eingesehen werden – wie in Abb. 6.39 deutlich wird.

GRUPPE E		Quoten			Pseudowahrscheinlichkeiten			1/Summe (Gesamt-quote)	Gewinn Anbieter	Gewinnbereinigte Quoten			Gewinnbereinigte Wahrscheinlichkeiten		
	Spiele	1	0	2	1	0	2			1	0	2	1	0	2
Deutschland	Japan	1,33	5,30	9,00	0,7519	0,1887	0,1111	0,9509	4,91%	1,40	5,57	9,47	0,7149	0,1794	0,1057
Spanien	Costa Rica	1,27	5,50	12,00	0,7874	0,1818	0,0833	0,9501	4,99%	1,34	5,79	12,63	0,7481	0,1727	0,0792
Japan	Costa Rica	2,40	3,10	3,20	0,4167	0,3226	0,3125	0,9508	4,92%	2,52	3,26	3,37	0,3962	0,3067	0,2971
Spanien	Deutschland	2,55	3,40	2,75	0,3922	0,2941	0,3636	0,9525	4,75%	2,68	3,57	2,89	0,3735	0,2801	0,3463
Costa Rica	Deutschland	13,00	6,50	1,22	0,0769	0,1538	0,8197	0,9520	4,80%	13,66	6,83	1,28	0,0732	0,1465	0,7803
Japan	Spanien	10,00	5,50	1,30	0,1000	0,1818	0,7692	0,9514	4,86%	10,51	5,78	1,37	0,0951	0,1730	0,7319

Abb. 6.38 Quoten und gewinnbereinigte Wahrscheinlichkeiten

k	Mögl. für k Pkte b	c	d	P(b|c|d)	P(X=k)	Q(b|c|d)	P(X=k Punkte kommen weiter)
0	0	0	0	0,0029	0,0029	0,0000	0,0000
1	1	0	0	0,0049		0,0000	
	0	1	0	0,0022	0,0129	0,0000	0,0000
	0	0	1	0,0058		0,0000	
2	1	1	0	0,0037		0,0014	
	1	0	1	0,0098	0,0178	0,0560	0,0317
	0	1	1	0,0043		0,0022	
3	3	0	0	0,0196		0,0730	
	0	3	0	0,0027	0,0605	0,0151	0,0815
	0	0	3	0,0308		0,0552	
4	1	1	1	0,0074		0,2373	
	3	1	0	0,0147		0,4869	
	3	0	1	0,0391		0,7084	
	1	3	0	0,0046	0,1392	0,4621	0,6030
	1	0	3	0,0523		0,6654	
	0	3	1	0,0054		0,4411	
	0	1	3	0,0231		0,4232	
5	3	1	1	0,0293		0,9875	
	1	3	1	0,0091	0,0776	0,9992	0,9865
	1	1	3	0,0392		0,9829	
6	3	3	0	0,0181		0,9448	
	3	0	3	0,2084	0,2551	0,9849	0,9756
	0	3	3	0,0286		0,9270	
7	3	3	1	0,0363		1,0000	
	3	1	3	0,1563	0,2411	1,0000	1,0000
	1	3	3	0,0485		1,0000	
9	3	3	3	0,1932	0,1932	1,0000	1,0000

Abb. 6.39 Anzahl der Punkte und berechnete zugehörige Wahrscheinlichkeiten zum Weiterkommen

Im zweiten Schritt unseres Zufallsexperiments stellt sich die Frage: Mit welcher Wahrscheinlichkeit kommt Deutschland mit den erreichten Punkten auch in die Endrundenspiele? Wir formulieren das Ereignis mit „X Punkte kommen weiter" und suchen die zugehörigen Wahrscheinlichkeiten.

In der Gruppenphase gibt es je Gruppe sechs Spiele mit den aus der Sicht einer Mannschaft jeweils drei möglichen Spielverläufen: Sieg, Unentschieden und Niederlage. Daraus resultieren in Summe 729 Variationen der Punkteverteilung innerhalb einer Gruppe. Eine wesentliche Einschränkung im Vergleich zum echten Turnierverlauf ist, dass die erzielten Tore nicht berücksichtigt werden. Bei der Berechnung der möglichen Permutationen ist es hilfreich, bzgl. der Anzahl der verschiedenen Punktzahlen pro Team zu unterscheiden. Dabei treten folgende Fälle auf:

- Vier gleiche Punktzahlen (Fall 1)
- Genau drei gleiche Punktzahlen (Fall 2)
- Zwei Paare gleicher Punktzahlen (Fall 3)
- Genau zwei gleiche Punktzahlen (Fall 4)
- Vier verschiedene Punktzahlen (Fall 5)

Für jeden Fall kann man mittels elementarer Kombinatorik die Anzahl der Verteilungsmöglichkeiten der Mannschaften berechnen. Insgesamt stellt man fest: In Fall 1 gibt es 1 oder 6 Permutationen, in Fall 2 sind es 4 oder 8. Bei Fall 3 kommen 6, 12 oder 24 Permutationen vor, 12, 24 und 36 in Fall 4. Lediglich in Fall 5 sind es stets 24 Permutationen. Im Mathematikunterricht wird man sich jedoch mit einer Auszählung aus den 729 Variationen begnügen. Die Auszählung der 729 Varianten lässt sich mit Hilfe einer Tabellenkalkulation umsetzen. In Abb. 6.40 sind die Ergebnisse der Simulation auf Basis der Wettquoten aufgeführt, Abb. 6.41 zeigt die Berechnung und die Ergebnisse der Berechnung (Abb. 6.40, 6.41).

Für die Sportwetten existiert auch eine digitale Lernumgebung an der Universität Würzburg im sog. OpenWueCampus-Raum unter https://openwuecampus.uni-wuerzburg. de/moodle/enrol/index.php?id=168. Um die Lernumgebung zu betreten, ist die Eingabe eines Gastschlüssels notwendig, dieser lautet: MMS_Sportwetten.

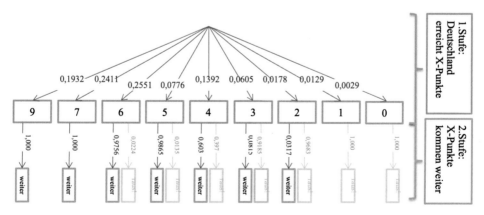

Abb. 6.40 Simulation zur Berechnung der Wahrscheinlichkeit zum Einzug ins Achtelfinale der Weltmeisterschaft 2022

k	Mögl. für k Pkte			P(b|c|d)	P(X=k)	Q(b|c|d)	P(X=k Punkte kommen weiter)	P(mit X=k Pkten weiterkommen)	P(Qualifikation für das Achtelfinale)
	b	c	d						
0	0	0	0	0,0029	0,0029	0,0000	0,0000	0,0000	
1	1	0	0	0,0049		0,0000			
	0	1	0	0,0022	0,0129	0,0000	0,0000	0,0000	
	0	0	1	0,0058		0,0000			
2	1	1	0	0,0037		0,0014			
	1	0	1	0,0098	0,0178	0,0560	0,0317	0,0006	
	0	1	1	0,0043		0,0022			
3	3	0	0	0,0196		0,0730			
	0	3	0	0,0027		0,0151			
	0	0	3	0,0308	0,0605	0,0552	0,0815	0,0049	
	1	1	1	0,0074		0,2373			
4	3	1	0	0,0147		0,4869			
	3	0	1	0,0391		0,7084			
	1	3	0	0,0046		0,4621			0,8492
	1	0	3	0,0523	0,1392	0,6654	0,6030	0,0839	
	0	3	1	0,0054		0,4411			
	0	1	3	0,0231		0,4232			
5	3	1	1	0,0293		0,9875			
	1	3	1	0,0091	0,0776	0,9992	0,9865	0,0766	
	1	1	3	0,0392		0,9829			
6	3	3	0	0,0181		0,9448			
	3	0	3	0,2084	0,2551	0,9849	0,9756	0,2489	
	0	3	3	0,0286		0,9270			
7	3	3	1	0,0363		1,0000			
	3	1	3	0,1563	0,2411	1,0000	1,0000	0,2411	
	1	3	3	0,0485		1,0000			
9	3	3	3	0,1932	0,1932	1,0000	1,0000	0,1932	

Abb. 6.41 Ergebnis der Simulation – Deutschland erreicht das Achtelfinale der Weltmeisterschaft 2022

6.3.3 Vernetzung mit anderen Teilgebieten

Wie wir bereits in Kap. 2 zu Zahlen und Algorithmen erkennen konnten, lässt sich die Berechnung der Kreiszahl π mit digitalen Werkzeugen mühelos umsetzen (vgl. Abschn. 2.2.3). In der Wahrscheinlichkeitsrechnung existiert ebenfalls ein Verfahren, die sog. Monte-Carlo-Methode (vgl. Trauerstein, 1990), die eine Annäherung der Zahl π mit Methoden der Wahrscheinlichkeitsrechnung ermöglicht. Auch hier ist die Verwendung einer dynamischen Geometriesoftware gewinnbringend, da eine Visualisierung der Methode umgesetzt werden kann. Es existieren dazu zahlreiche Implementierungen im Internet. So hat Andreas Lindner beispielsweise zwei schöne Aufbereitungen dieser Visualisierungen online zur Verfügung gestellt (siehe: https://www.geogebra.org/m/EFKEhjXb oder https://www.geogebra.org/m/ar7ndKam). Eine solche Simulation einer stochastischen Methode, die nicht nur eine Vernetzung zum Kap. 1, sondern auch innerhalb der Stochastik – z. B. zum empirischen Gesetz der großen Zahlen – selbst ermöglicht, kann aber auch mit Lernenden selbst erstellt werden (vgl. Abb. 6.42 nach Gerber & Quarder, 2022).

Solche stochastischen Simulationen, wie die hier erwähnte Monte-Carlo-Methode, sind curricular tief verwurzelt und können auch mit Erklärvideos etc. – z. B. https://youtu.be/A_D3-hM-MpI – angereichert werden. In Online-Portalen finden sich sowohl für Lernende als auch Lehrende umfangreiche Materialien (z. B. https://mathegym.de/mathe/aufgabe/275/stochastische-simulationen). Mit Hilfe eines solchen Zugangs wird auch der Übergang in die Sekundarstufe II vorbereitet, insbesondere dann, wenn der graphisch-simulative Zugang in einen analytisch-orientierten Zugang übergeht.

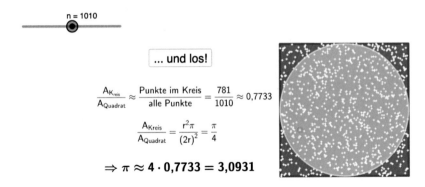

Abb. 6.42 Simulation der Monte-Carlo-Methode

6.4 Aufgaben

1. **Datenmanipulation**

   Der Anteil der Jugendlichen in Deutschland zwischen 12 und 17 Jahren, die mindestens wöchentlich Alkohol konsumiert haben, kann für die Jahre 2004 bis 2019 (unter
   https://de.statista.com/statistik/daten/studie/6257/umfrage/anteil-jugendlicher-mit-
   woechentlichem-alkoholkonsum/) abgerufen werden. Eine mögliche graphische Aufbereitung ist rechts dargestellt.

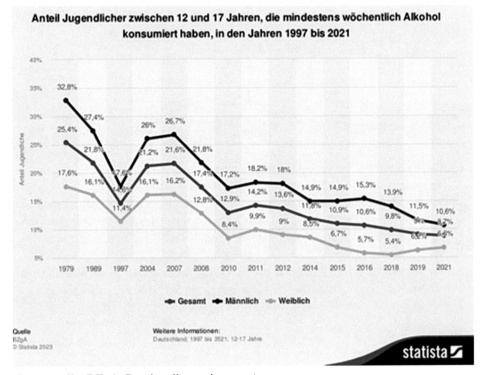

(Datenquelle: BZgA, Dateiquelle: statista.com)

a) Manipulieren Sie die Aussage der Erhebung, indem Sie die Daten oder Teile der Daten (z. B. nur den männlichen oder nur den weiblichen Datensatz) so als **Diagramm** darstellen, dass die Darstellung gegen die **Misstrauensregeln für Diagramme** verstößt.

Erstellen Sie zwei derartige Diagramme und beschreiben Sie jeweils, welche Aussage durch Ihr Diagramm fälschlicherweise vermittelt wird.

b) Beschreiben Sie zwei **unterrichtliche Aktivitäten** zum Thema „Manipulative Darstellung von Daten in Diagrammen". Stellen Sie dabei anhand unterschiedlicher Darstellungsformen explizit heraus, wie der kritische Umgang insbesondere bei/mit der Darstellung von Daten geschult werden kann.

2. **Visualisierung von Häufigkeiten**

Bei einer Kontrolle vor einer Schule stellte die Polizei fest, dass 18,5 % der (männlichen) Radfahrer und 30,2 % der (weiblichen) Radfahrerinnen einen Helm trugen. Insgesamt wurden 325 Schülerinnen und Schüler kontrolliert, von denen 56 % Mädchen waren. Bestimmen Sie die Wahrscheinlichkeit, dass eine zufällig ausgewählte Person (von den 325) einen Helm trug.

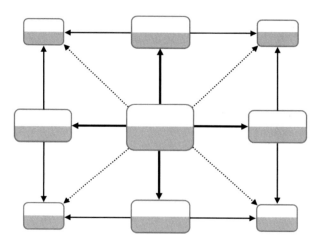

in Anlehnung an: Mathematik Neue Welt Stochastik

Formulieren Sie die Aufgabenstellung mit absoluten Häufigkeiten.

a) Nutzen Sie die Simulation, in der eine Vierfeldertafel und ein Baumdiagramm/ Doppelbaum dargestellt sind, und erörtern Sie, wo eine Lösung zur Schulbuchaufgabe ablesbar sein kann bzw. wie die Visualisierung zur Lösungsfindung beitragen kann.

b) Vergleichen Sie Ihre Erkenntnisse mit dem Häufigkeitsnetz der Simulation und nennen Sie Vor- und Nachteile der Visualisierungen in nachstehender Tabelle.

Vorteile der ↓ Visualisierungen ↓	↑ trifft zu? ↑				

3. **Statistische Tests**

In einer Unterrichtseinheit wollen Sie mit Ihren Schülerinnen und Schülern die Aussagekraft medizinischer Tests untersuchen und dabei die Visualisierung am Einheitsquadrat (https://www.geogebra.org/m/ke9m8utz) mit einer weiteren stochastischen Visualisierung Ihrer Wahl vergleichen.

a) Begründen Sie anhand der Bildungsstandards für den Mittleren Schulabschluss im Fach Mathematik, wieso es nötig ist, sich im Stochastikunterricht mit *Visualisierungen* von (bedingten) Wahrscheinlichkeiten zu beschäftigen.

b) Formulieren Sie zwei operationalisierte Lernziele, die Sie in der Unterrichtseinheit verfolgen.

c) Geben Sie Lernvoraussetzungen für die Unterrichtseinheit an.

d) Formulieren und begründen Sie (mit fachdidaktischen Argumenten!) wesentliche unterrichtliche Schritte Ihrer Unterrichtseinheit.

Hinweis: Als inhaltliche Grundlage könn(t)en Sie das Arbeitsblatt „Der Test auf Antikörper gegen SARS-CoV-2" (Katharina Böcherer-Linder, Alexandra Sturm, mathematik lehren 224 (2021), S. 29) verwenden.

4. **Efron-Würfel**

Gegeben sind die folgenden drei von vier durch ihre Netze beschriebenen Würfel von Bradley Efron (vgl. Abschn. 6.2). Von jedem Würfel gebe es nur einen.

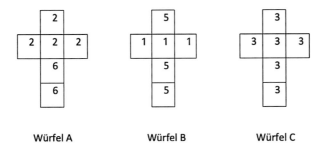

Würfel A   Würfel B   Würfel C

Wir betrachten folgende Spielsituation:

Zwei Würfel werden ausgewählt und dann je einmal geworfen. Der Würfel mit der höchsten geworfenen Zahl gewinnt.

a) Ihr/e Mitspieler/in wählt **Würfel A**. Sie haben nun die Wahl zwischen Würfel B und Würfel C. Nutzen Sie eine Simulation, um zu zeigen, welchen Würfel Sie wählen müssen, um mit möglichst großer Wahrscheinlichkeit zu gewinnen.

b) Entwickeln Sie einen eigenen **Würfel D**, der sich von Würfel A unterscheidet und in der obigen *Spielsituation* mit der Wahrscheinlichkeit $p = 50\,\%$ gegen Würfel A gewinnt (bzw. verliert). Versuchen Sie, möglichst wenige *verschiedene* Ziffern zu verwenden, aber es dürfen mehr als zwei sein. Zeigen Sie mit Hilfe einer Tabellenkalkulation, dass Würfel D und Würfel A ‚gleich gut‘ sind.

5. **Datenerhebung selbst durchführen I**

Erheben Sie in Ihrer Klasse die Merkmale
   - Körpergröße,
   - Distanz zwischen Wohnort und nächstgelegenem Kino und
   - Stunden Sport pro Monat.

a) Stellen Sie die Daten zu den Merkmalen jeweils mit Hilfe eines digitalen Werkzeugs (Tabellenkalkulationsprogramm, GeoGebra o. Ä.) als Boxplot dar. Beschreiben Sie die Datensätze anhand der Boxplots.

b) Unterscheiden Sie die Daten nach Geschlecht und stellen Sie die getrennten Datensätze jeweils als Boxplot dar. Beschreiben Sie Unterschiede und Gemeinsamkeiten.

6. **Datenerhebung selbst durchführen II**

a) Erheben Sie in Ihrer Klasse die Merkmale
   - Körpergröße und
   - Schuhgröße.

b) Stellen Sie die Daten in einem Punktediagramm dar. Diskutieren Sie, ob es einen statistischen Zusammenhang zwischen den beiden Merkmalen gibt. Nutzen Sie dafür ein digitales Werkzeug als Hilfsmittel.

7. **Statistische Kenngrößen**

Betrachten Sie das GeoGebra-Applet aus Abb. 6.20. Die Daten sind dort als Punkte dargestellt.

a) Variieren Sie einzelne Punkte und notieren Sie zwei zentrale Beobachtungen im Vergleich der Veränderungen am Boxplot mit Veränderungen an der graphischen Darstellung aus arithmetischem Mittel und Standardabweichung.

b) Begründen Sie Ihre Beobachtungen anhand von Eigenschaften der jeweiligen Kennwerte.

8. **Sensitivität & Spezifität von Daten**

Recherchieren Sie die Sensitivität und Spezifität eines medizinischen Tests Ihrer Wahl und stellen Sie die Daten in einem Einheitsquadrat dar.

a) Beschreiben Sie, welche Informationen Sie dem Einheitsquadrat entnehmen können.

b) Variieren Sie das Einheitsquadrat. Wie entwickelt sich das Einheitsquadrat bei einer höheren Sensitivität bzw. einer höheren Spezifität? Beschreiben Sie, was das in der Realsituation bedeutet.

9. **Statistik mit Chatbots**

Befragen Sie eine künstliche Intelligenz (bspw. ChatGPT) nach einer möglichen Verteilung für Brillenträgerinnen und -träger unter 30 Jungen und 30 Mädchen.

a) Versuchen Sie zu rekonstruieren, wie die Software bei der Generierung der Daten vorgegangen ist.

b) Lassen Sie den Datensatz auf unterschiedliche Weisen durch die künstliche Intelligenz darstellen.

c) Nehmen Sie eine Analyse des Datensatzes vor.

d) Generieren Sie weitere Verteilungen, stellen Sie diese dar und analysieren Sie diese.

e) Suchen Sie im Internet nach Daten und lassen Sie diese von der künstlichen Intelligenz auswerten.

Literatur

Barth, F., & Haller, R. (2013). Gemeinsame Geburtstage. *Stochastik in der Schule, 33*(1), 25–32.

Beck, J., & Oleksik, N. (2018). Schere-Stein-Papier: mit oder ohne Brunnen? Spielregeln variieren – Aufgaben erhalten. *mathematik lehren, 209*, 38–31.

Biehler, R. (2007). Denken in Verteilungen – Vergleichen von Verteilungen. *Der Mathematikunterricht, 53*(3), 3–11.

Biehler, R., Engel, J., & Frischemeier, D. (2023). Stochastik: Leitidee Daten und Zufall. In R. Bruder, A. Büchter, H. Gasteiger, B. Schmidt-Thieme, H. G. Weigand (Hrsg.). *Handbuch der Mathematikdidaktik* (S. 243–278). Springer Spektrum. https://doi.org/10.1007/978-3-662-66604-3_8

Binder, K., Krauss, S., & Steib, N. (2020a). Bedingte Wahrscheinlichkeiten und Schnittwahrscheinlichkeiten GLEICHZEITIG visualisieren: Das Häufigkeitsnetz. *Stochastik in der Schule, 40*(2), 2–14.

Binder, K., Krauss, S., & Wiesner, P. (2020b). A new visualization for probabilistic situations containing two binary events: The frequency net. *Frontiers in Psychology.* https://doi.org/10.3389/fpsyg.2020.00750

Dreher, A., & Holzäpfel, L. (2021). Mit Visualisierungen verstehen(d) lernen. *mathematik lehren, 224*, 2–8.

Engel, J., Biehler, R., Frischemeier, D., Podworny, S., Schiller, A., & Martignon, L. (2019). Zivilstatistik: Konzept einer neuen Perspektive auf Data Literacy und Statistical Literacy. *AStA Wirtschafts- und Sozialstatistisches Archiv, 13*, 213–244. https://doi.org/10.1007/s11943-019-00260-w

Eichler, A., & Vogel, M. (2013). *Leitidee Daten und Zufall. Von konkreten Beispielen zur Didaktik der Stochastik.* Springer.

Gerber, S., & Quarder, J. (2022). *Erfassung von Aspekten professioneller Kompetenz zum Lehren des Simulierens und mathematischen Modellierens mit digitalen Werkzeugen. Ein Testinstrument.* Universität Würzburg. https://doi.org/10.25972/OPUS-27359

Götz, T., & Siller, H.-S. (2015). Wann soll man tanken – ein angewandtes mathematisches Problem aus der Realität. *Der Mathematikunterricht, 5*, 20–26.

GI (2019). *Data literacy und data science education: Digitale Kompetenzen in der Hochschulausbildung.* https://gi.de/fileadmin/GI/Hauptseite/Aktuelles/Aktionen/Data_Literacy/GI_DataScience_2018-04-20_FINAL.pdf. Zugegriffen am 05.05.2024.

Habeck, D., & Siller, H.-S. (2017). Die 3-Punkte-Regel bei Fußballturnieren mathematisch analysiert – oder: Warum es wahrscheinlicher ist, die Hauptrunde mit 5 Punkten anstatt mit 6 Punkten zu erreichen. *Stochastik in der Schule, 3*, 2–7.

Halbach, A. (2001). Eine Statistik – Viele Interpretationen. *mathematik lehren, 109*, 46–48.

Henze, N. (2011). Zwischen Angst und Gier: Die Sechs verliert. *Stochastik in der Schule, 31*, 2–5.

Henze, N., & Vehling, R. (2021). Im Vordergrund steht das Problem – oder: warum ein Häufigkeits-netz? *Stochastik in der Schule, 41*(1), 27–32.

Hoffmeister, J. (Hrsg.). (1955). *Wörterbuch der philosophischen Begriffe* (2. Aufl.). Felix Meiner.

Joynes, C., Rossignoli, S., & Fenyiwa Amonoo-Kuofi, E. (2019). *21st century skills: Evidence of is-sues in definition, demand and delivery for development contexts (K4D Helpdesk Report)*. Insti-tute of Development Studies.

KMK (Hrsg.). (2004). *Bildungsstandards im Fach Mathematik für den Mittleren Schulabschluss (Beschluss vom 4.12.2003)*. Luchterhand.

KMK (Hrsg.). (2022). *Bildungsstandards für das Fach Mathematik. Erster Schulabschluss (ESA) und Mittlerer Schulabschluss (MSA)* (Beschluss der Kultusministerkonferenz vom 15.10.2004 und vom 04.12.2003, i.d.F. vom 23.06.2022). https://www.kmk.org/fileadmin/Dateien/veroeffentlichungen_beschluesse/2022/2022_06_23-Bista-ESA-MSA-Mathe.pdf. Zugegriffen am 05.05.2024.

Krüger, K., Sill, H.-D., & Sikora, C. (2015). *Didaktik der Stochastik in der Sekundarstufe I*. Springer Spektrum.

Kütting, H. (1994). *Didaktik der Stochastik*. BI Wissenschaftsverlag.

Maxara, C. (2010). *Stochastische Simulation von Zufallsexperimenten mit Fathom*. Franzbecker.

Meyer, J. (2006). Ein einfacher Zugang zu nichtparametrischen Tests. In J. Meyer & R. Oldenburg (Hrsg.), *Materialien für einen realitätsbezogenen Mathematikunterricht* (Bd. 9, S. 141–152). *(Schriftenreihe der ISTRON – Gruppe)*. Franzbecker.

Riemer, W., & Siller, H.-S. (2020). Risiko. *mathematik lehren, 220*, 2–7.

Riemer, W. (2023). *Statistik unterrichten – eine handlungsorientierte Didaktik der Stochastik*. Fried-rich Verlag.

Schrage, G. (1992). Ein Geburtstagsproblem. *Stochastik in der Schule, 12*(2), 30–36.

Schüller, K., & Busch, P. (2019). Data Literacy: *Ein Systematic Review*. Hochschulforum Digitalisie-rung. https://hochschulforumdigitalisierung.de/sites/default/files/dateien/HFD_AP_Nr_46_DALI_Systematic_Review_WEB.pdf. Zugegriffen am 05.05.2024.

Strick, K. H. (2020). *Stochastische Paradoxien. Springer Spektrum*. https://doi.org/10.1007/978-3-658-29583-7

Siller, H.-S., & Maaß, J. (2009). Fußball EM mit Sportwetten. In A. Brinkmann & R. Oldenburg (Hrsg.), *Materialien für einen realitätsbezogenen Mathematikunterricht 14* (S. 95–112). Franzbecker.

Siller, H.-S., Habeck, D., Salih, A., & Fefler, W. (2015). Sportwetten und Großereignisse als Chance für den Mathematikunterricht. *Praxis der Mathematik in der Schule, 66*, 42–46.

Siller, H.-S., Günster, S., & Geiger, V. (2024). Mathematics as a central focus in STEM – theoretical insights and practical insights from a special study program within pre-service (pro-spective) teacher education. In L. Yeping, Z. Zheng, & S. Naiqing (Hrsg.), Disciplinary and In-terdisciplinary Education in STEM. Advances in STEM Education.Springer. https://doi.org/10.1007/978-3-031-52924-5_15

Siller, H.-S., Elschenbroich, H. J., Greefrath, G., & Vorhölter, K. (2023). Mathematical modelling of exponential growth as a rich learning environment for mathematics classrooms. *ZDM Mathema-tics Education, 55*, 17–33. https://doi.org/10.1007/s11858-022-01433-8

Trauerstein, H. (1990). Zur Simulation mit Zufallsziffern im Mathematikunterricht der Sekundar-stufe I. *Stochastik in der Schule, 10*(2), 2–30.

Wörler, J. (2015). *Konkrete Kunst als Ausgangspunkt für mathematisches Simulieren und Modellie-ren*. WTM.

Herausgegeben von
Prof. Dr. Friedhelm Padberg, Universität Bielefeld
Prof. Dr. Andreas Büchter, Universität Duisburg-Essen

Bisher erschienene Bände (Auswahl):

Didaktik der Mathematik

K. Akinwunmi/A. S. Steinweg, Algebraisches Denken im Arithmetikunterricht der Grundschule (P)

T. Bardy/P. Bardy: Mathematisch begabte Kinder und Jugendliche (P)

C. Benz/A. Peter-Koop/M. Grüßing: Frühe mathematische Bildung (P)

M. Franke/S. Reinhold: Didaktik der Geometrie (P)

M. Franke/S. Ruwisch: Didaktik des Sachrechnens in der Grundschule (P)

K. Hasemann/H. Gasteiger: Anfangsunterricht Mathematik (P)

K. Heckmann/F. Padberg: Unterrichtsentwürfe Mathematik Primarstufe, Band 1 (P)

K. Heckmann/F. Padberg: Unterrichtsentwürfe Mathematik Primarstufe, Band 2 (P)

F. Käpnick/R. Benölken: Mathematiklernen in der Grundschule (P)

G. Krauthausen: Digitale Medien im Mathematikunterricht der Grundschule (P)

G. Krauthausen: Einführung in die Mathematikdidaktik (P)

G. Krummheuer/M. Fetzer: Der Alltag im Mathematikunterricht (P)

F. Padberg/C. Benz: Didaktik der Arithmetik (P)

E. Rathgeb-Schnierer/C. Rechtsteiner: Rechnen lernen und Flexibilität entwickeln (P)

E. Rathgeb-Schnierer/S. Schuler/S. Schütte: Mathematikunterricht in der Grundschule (P)

P. Scherer/E. Moser Opitz: Fördern im Mathematikunterricht der Primarstufe (P)

H.-D. Sill/G. Kurtzmann: Didaktik der Stochastik in der Primarstufe (P)

A.-S. Steinweg: Algebra in der Grundschule (P)

G. Greefrath et al., *Digitalisierung im Mathematikunterricht*, Mathematik Primarstufe und Sekundarstufe I + II, https://doi.org/10.1007/978-3-662-68682-9

G. Hinrichs: Modellierung im Mathematikunterricht (P/S)

S. Krauss/A. Lindl: Professionswissen von Mathematiklehrkräften (P/S)

A. Pallack: Digitale Medien im Mathematikunterricht der Sekundarstufen I + II (P/S)

A. Schulz/S. Wartha: Zahlen und Operationen am Übergang Primar-/Sekundarstufe (P/S)

R. Danckwerts/D. Vogel: Analysis verständlich unterrichten (S)

C. Geldermann/F. Padberg/U. Sprekelmeyer: Unterrichtsentwürfe Mathematik Sekundarstufe II (S)

G. Greefrath: Didaktik des Sachrechnens in der Sekundarstufe (S)

G. Greefrath: Anwendungen und Modellieren im Mathematikunterricht (S)

G. Greefrath/R. Oldenburg/H.-S. Siller/V. Ulm/H.-G. Weigand: Didaktik der Analysis für die Sekundarstufe II (S)

G. Greefrath/R. Oldenburg/H.-S. Siller/V. Ulm/H.-G. Weigand: Digitalisierung im Mathematikunterricht (S)

K. Heckmann/F. Padberg: Unterrichtsentwürfe Mathematik Sekundarstufe I (S)

W. Henn/A. Filler: Didaktik der Analytischen Geometrie und Linearen Algebra (S)

K. Krüger/H.-D. Sill/C. Sikora: Didaktik der Stochastik in der Sekundarstufe (S)

F. Padberg/S. Wartha: Didaktik der Bruchrechnung (S)

V. Ulm/M. Zehnder: Mathematische Begabung in der Sekundarstufe (S)

H.-J. Vollrath/J. Roth: Grundlagen des Mathematikunterrichts in der Sekundarstufe (S)

H.-G. Weigand et al.: Didaktik der Geometrie für die Sekundarstufe I (S)

H.-G. Weigand/A. Schüler-Meyer/G. Pinkernell: Didaktik der Algebra (S)

H.-G. Weigand/T. Weth: Computer im Mathematikunterricht (S)

Mathematik

M. Helmerich/K. Lengnink: Einführung Mathematik Primarstufe – Geometrie (P)

K. Appell/J. Appell: Mengen – Zahlen – Zahlbereiche (P/S)

A. Büchter/F. Padberg: Arithmetik und Zahlentheorie (P/S)

A. Büchter/F. Padberg: Einführung in die Arithmetik (P/S)

A. Filler: Elementare Lineare Algebra (P/S)

H. Humenberger/B. Schuppar: Anschauliche Elementargeometrie (P/S)

H. Humenberger/B. Schuppar: Mit Funktionen Zusammenhänge und Veränderungen beschreiben (P/S)

S. Krauter/C. Bescherer: Erlebnis Elementargeometrie (P/S)

H. Kütting/M. Sauer: Elementare Stochastik (P/S)

T. Leuders: Erlebnis Algebra (P/S)

T. Leuders: Erlebnis Arithmetik (P/S)

F. Padberg/A. Büchter: Elementare Zahlentheorie (P/S)

F. Padberg/R. Danckwerts/M. Stein: Zahlbereiche (P/S)

H. Albrecht: Elementare Koordinatengeometrie (S)

H. Albrecht: Geometrie und GPS (S)

B. Barzel/M. Glade/M. Klinger: Algebra und Funktionen – Fachlich und Fachdidaktisch (S)

S. Bauer, Mathematisches Modellieren (S)

A. Büchter/H.-W. Henn: Elementare Analysis (S)

H. Kautschitsch/G. Kadunz: Elemente der Codierungstheorie (S)

B. Schuppar: Geometrie auf der Kugel – Alltägliche Phänomene rund um Erde und Himmel (S)

B. Schuppar/H. Humenberger: Elementare Numerik für die Sekundarstufe (S)

G. Wittmann: Elementare Funktionen und ihre Anwendungen (S)

P: Schwerpunkt Primarstufe
S: Schwerpunkt Sekundarstufe

Stichwortverzeichnis

Printed in the United States
by Baker & Taylor Publisher Services